聪明妻子必备宝典

妻子言行决定丈夫成败

妻子尖酸刻薄，丈夫只会垂头丧气；
妻子口吐芬芳，丈夫就会斗志昂扬。
妻子锱铢必较，丈夫只能一败涂地；
妻子行事贤明，丈夫可以兴家立业。

想做一个失败男人背后的劳心**黄脸婆**？
还是想做一个成功的男人背后的**幸福小女人**？
一切都**由**自己主控！
女人的**言行**决定男人**成败**，更决定自己的**幸福**！

王亚茹 编著

中国纺织出版社

内 容 提 要

女人，要学会终止那些苛刻、尖酸的言语，否则男人会一败涂地。聪明的女人会用得体的言行去感染他的男人，从而让自己更加幸福。

本书分为 16 章，深入分析了女人的言行以及女人的言行背后男人的心理细节，让女性读者能够精准地把握男人的心思，说出最能打动男人心的妙语，做出最能赢得男人心的行为。修炼自己成为一个智慧贤淑的女人，从而塑造出属于自己的成功男人。

图书在版编目（CIP）数据

妻子言行决定丈夫成败/ 王亚茹编著. —北京：中国纺织出版社，2013.2（2024.4重印）

ISBN 978-7-5064-9412-0

Ⅰ.①妻… Ⅱ.①王… Ⅲ.①女性—修养—通俗读物
Ⅳ.①B825－49

中国版本图书馆 CIP 数据核字（2012）第 270075 号

策划编辑：闫 星　　责任编辑：曲小月　　责任印制：储志伟

中国纺织出版社出版发行
地址：北京东直门南大街 6 号　邮政编码：100027
邮购电话：010—64168110　传真：010—64168231
http://www.c-textilep.com
E-mail:faxing@c-textilep.com
北京兰星球彩色印刷有限公司印刷　各地新华书店经销
2013 年 2 月第 1 版　2024年4月第2次印刷
开本：710×1000　1/16　印张：20
字数：246 千字　定价：85.00 元

凡购本书，如有缺页、倒页、脱页，由本社图书营销中心调换

前言

在这个世界里，只有两个人，一个是男人，一个是女人。男人和女人结合在一起就组成了一个家庭。然而，男人选择什么样的女人做伴侣，不仅对家庭有很大的影响，而且对男人的一生都有巨大的影响。

俗话说："男人的一半是女人。"在生活中，我们会发现有的女人可以成为男人走向成功的"助动气""催化剂"，她们站在男人的身后，支撑着男人；而有的女人却不能成为男人背后的智慧女人，反而会成为男人远行的险滩礁石，最后让男人沉没于无底的深渊。无庸置疑，女人的言行对男人的影响是重要的，而且是致命的。一个正直豪爽、淡泊名利的男人，其背后定有一位贤惠善良的女人；而一个阴险狡诈的男人，背后绝对有一个刁蛮凶悍的女人。聪明的女人可以塑造出好男人。一个好女人会懂得如何使家庭幸福，她会用自己良好的品行修养赢得朋友、爱人以及家人的心。

作家刘墉曾说："女人呐，最能干的有'帮夫运'，最幸福的有'旺夫运'。"有"帮夫运"的女人往往是能干的，但是在其风光成绩的背后，是以牺牲男人的面子、自尊为代价的。这样的女人或许会给男人带来影响，但却难以铸就男人的成功。而有"旺夫运"的女人才是真正地影响男人一生的女人。她们温柔体贴、善解人意、聪慧敏感又有着较强的洞察力，她可以从男人生活的点滴表露中思考问题。开心时与男人一起分享；当男人有难言之隐时，可以从其举手投足中发现并及时地送上安慰。聪慧的女人从来不过分地表露自己，她不会追求奢侈的生活，但懂得把自己打扮得赏心悦目，一言一行总显得大方得体。她们的心胸是豁达的，同时也是坚韧的。即便她们拥有过人的才智，却甘愿牺牲自我，去成全男人一个人的精彩。她们既相信男人的胆识和才能，也可以包容男人的挫折，不因男人的成功而自喜，也不因男人的失败而悲观。当男人一筹莫展的时候，她成为男人身边的助手，帮助男人开阔思路，成为男人事业中的左臂右膀。

在家庭生活中，女人的一言一行都可以给男人带来关键性的影响。当一个女人说出一句经过理性思考的话时，就足以改变一个男人对自己的看法，或许还会促使他变得更优秀，促成他最后的成功。当一个女人能给失败的男人送来安慰，能委屈自己退居幕后操持家庭时，从而也就免去了男人的后顾之忧。有了这样的女人，男人做事还会畏首畏脚吗？每一个男人都具备成功的潜质，聪明的女人应该学会用欣赏的目光和话语去激发男人体内所隐藏的巨大潜能，男人成功了，最终受益的依然是女人自己。在本书中，我们将为你描述在生活与事业中，女人带给男人方方面面的影响。我们通过真实的案例，揭示出女人的言行对男人造成的影响。如果你还在为老公的无所事事而烦恼，如果你还在抱怨自己的男人不够成功，那么不妨先从这本书开始，深刻地反省自己是否是一个聪慧贤淑的好女人。假如男人是可以依靠的大山，那就让自己成为一片宁静的港湾，从细微的言行中，给予男人潜移默化的影响，铸就男人最后的成功。

编著者

2012年4月

目录 CONTENTS

第1章

活出自我，想成就男人先要成就自己

我们常说："一个成功的男人背后一定会有一个智慧的女人。"在现代家庭中，女人对男人的事业、生活的影响可谓是多方面的，而且是异常重要的。虽然我们不能否认女人对男人影响的重要性，但更关键的是，女人在成就男人之前，应该先选择成就自己。

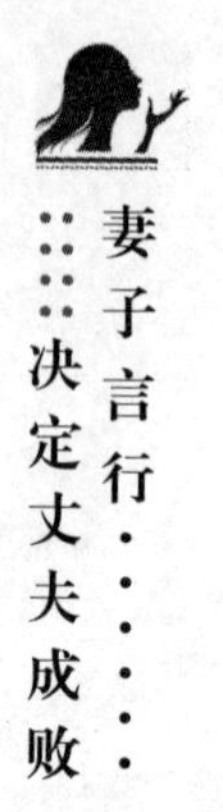

独立的女人让男人更有动力

曾在书上看到这样一句话:“聪明的女人懂得真正的幸福是与爱人共同创造、共同生活,要自己独立才能在婚姻中站得更稳。”“女人要独立”,这个口号已经喊了很久了,但多少女人会采取实际行动呢?在这里我们更需要阐明一个观点,女人独立,不仅仅是为自己,同时也是为了男人,因为独立的女人让男人更有动力。独立的女人,她定然是个多面能手,她几乎能处理好所有的突发情况。在这种情况下,男人完全可以为自己的事业放手一搏,因为他对家里的女人很放心,不仅不会被她所牵绊,反而会激发出自己内心无限的动力。女人学会了独立,可以说是免去了男人的后顾之忧,他会集中全部的力量向前冲,为自己的事业拼搏、努力,并最终赢得事业的成功。

再来看看身边那些依赖性极强的女人:当男人在外面正参加一个重要的会议时,会接到她的电话,“家里的马桶坏了,怎么办?”当男人拼命地在外面与客户周旋,浑身疲惫的时候,会接到她的电话,“我在机场,手机钱包丢了,怎么办?”她们总是会在男人繁忙的时候找点麻烦,从而让男人无法安心地工作,或者带着情绪工作,无论是哪样的结局,对男人事业的不利影响都是存在的。而独立的女人总是会尝试着自己解决问题,当男人回到家时,她们会当一个笑话说给对方听,从而让男人明白:你不在,很多事情我可以独立完成,你不用担心。

阿黄是家里最小的女儿,但她却一点也不娇气,什么事情她总是抢着干,亲自动手,相比较两个姐姐,她似乎显得更独立。

18 岁那年,阿黄拿着远方寄来的通知书,沉浸在远离家乡的兴奋中,而身边的爸妈却满脸忧虑:这个最小的女儿可以照顾好自己吗?四年过去了,

在外地读书的阿黄从来没抱怨过什么，她在那边读书、兼职，样样都做得很好。

大学毕业后，阿黄应聘到一家学校当老师。就在那一年，她与大学的男朋友结婚，组成了一个幸福的家庭。与大多数女性不一样，阿黄从来不主张自己做全职太太，而是要求继续上班，而且将这个条件作为结婚时的条件之一。虽然老公家里条件不错，她完全可以安心地在家相夫教子，但阿黄还是坚持要上班。她对老公说："我若是天天待在家里，你肯定会担心我的情况怎么样，会不会无聊，会不会与社会脱节，这样就会让你分心。我们在一起这么久，你应该知道我各方面都比较独立，即便出去工作，我也可以做得很好，你不要担心我。"看着阿黄倔强的脸，老公只好无奈地答应了。

就像阿黄所说的那样，她将自己的工作做得有声有色，不到两年就升职做了主任。平时闲暇时还会写点文章投稿，为家里的小金库积累了不少财富。老公逢人便说："阿黄简直是我坚强的后盾，看着她的事业那么出色，我怎么敢怠慢呢?"

独立的女人在展现自己价值的同时，其实也很好地推动了男人，就像阿黄的老公所说的："看着身为女人的她工作都那么出色，自己作为男人，难道还要怠工吗?"更何况，独立的女人会将生活的各方面都安排得有条不紊，对于家中的大小事，男人自然可以放心，他也就可以毫无顾虑地都放在事业上了。由于全力地付出结果往往是成功的。

那么，女人需要在哪些方面独立呢?

1. 经济独立

如果是已经成家的女人，虽然没有未婚女人那么大的危机感，但在条件允许的情况下，最好是有一份自己喜欢的工作。若是长期地需要男人养家，连自己都需要男人养活，那给男人带来的不是动力，而是压力。因此，女人一定要经济独立，至少能养活自己，给男人分担一部分的压力，推动男人积极地向前发展。

2. 思想独立

思想独立对于女人而言是很重要的，对一些事情要有自己的见解，而不是人云亦云，这只会让男人觉得你没有主见、没有思想，事事都需要依靠别人。对此，女人在思想上一定要独立，并且独具自己的个性，但这需要恰到好处，而不是随意张扬。

3. 生活独立

所谓的生活独立，大致包括简单的家务活。女人一定要学会做家务，并不是说你需要有多能干，但至少会洗衣服，会拖地。男人奔波劳碌了一天回到家，所希望见到的是一个干净整洁的家，而不是乱糟糟的家。而且女人永远不要期望男人为自己分担多少的家务和生活琐事，他通常会认为你连这点小事都做不好，更别说其他的了，自然会看轻你，甚至还有可能会影响两人以后的关系。

高职毕业的台湾名女人何丽玲曾说："女人能年轻多久？可以无忧无虑多久？身为依赖成习的女性，有时候该思考'如果有一天发生意外状况，我有没有能力自给自足？'"终有一天我们必须靠自己想办法过日子，只有自己才能保障自己的未来，同时给予男人无限的动力。

牵挂你的男人，但不要依附于他

在美丽的伊甸园里，上帝创造了亚当，但他经常会不开心，总觉得生活中少了点什么。于是，上帝取了他的一块肋骨，创造了一个女人——夏娃。就这样，亚当和夏娃血肉相连，无法分割。男人为了自己的肋骨，小心地呵护着女人；女人为了自己，依附着男人。其实，就在女人依附男人的同时，她已经失去了自己。有不少女人持有这样的观点：女人依附男人，那是天经地义的事情。大到从经济上依靠男人，小到自己的喜怒哀乐都取决于男人，在这样的举动下，其实女人自己失去了很多东西。或许女人会说，这是我的福气，从来不用去操心什么，我为了男人而活。但是她们往往忽视了，在依附男人生活的同时，自己早已失去了本该属于自己的精彩。女人在两个人的世界里开始变得卑微，要看着男人的脸色生活，每天的日子也是在等待中消磨着，甚至离开了男人，她们就不知道自己的生活该怎么办。聪明的女人，一定是需要牵挂你的男人，但不要依附于他。

王姐结婚五年了，这期间分分合合、吵吵闹闹，有好几次都差点走到了感情的尽头。每每想起过去的往事，王姐就唏嘘不已，她常常感叹："我现在算是明白了，对于男人，就好像放风筝一样，要有松有紧。你可以牵挂他，但千万不要依附于他，否则只能是自己折磨自己，到最后还会陪葬一段感情。"

在过去，王姐是一个视感情如生命的人，她几乎将所有的心思都放在了她老公的身上，在她的世界里从来没有自己。那时候，王姐每天只是在家里照顾孩子、做饭烧菜、打扫清洁，老公则在外面工作养家。但即便是这样，哪怕有一点点风吹草动，王姐就大肆做文章，偶尔看到老公与某个女同事讲了几句电话，她就会大吵大闹，整日以泪洗面。老公拼命地解释："我们只是普通的同事。"但王姐从来不听。到了晚上，她常常是整夜整夜地失眠，看着入睡的老公，她觉得自己似乎在用生命爱这个男人，但他却从来不懂自己。难道自己的感情就真的这样卑贱吗？

如此反复几次，老公厌烦了，脱口说出"离婚"二字。刚听到这两个字时，王姐感觉天好像就要塌下来似的。离婚了，自己怎么活呢？拿什么养活自己呢？而眼前这个男人就是自己的命，没有了命，怎么活下去呢？无奈的王姐找到朋友诉说心中的苦闷，朋友听了只是微笑着说："我觉得你们还没有走到离婚的地步，你只是太依附于他，尤其是感情，你好像把所有生活的

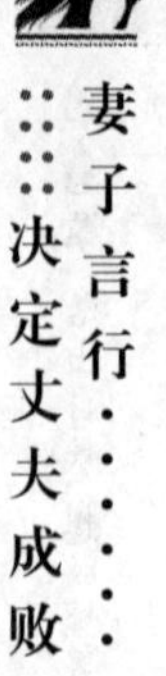

重点都放在了他身上，浑然忘记了自己。你应该将精力分散开，多关心关心其他的事情。你可以牵挂他，但没有必要依附于他，这样你会失去自我，从而变得微不足道，他自然会厌烦你的。”

在朋友的建议下，王姐找了一份工作，整天地早出晚归。她已经没有心思对老公的行为进行捕风捉影了，新鲜的生活让她忘记了以前的不快。每天回到家，她就将工作中有趣的事情讲给老公听。渐渐地，两人的感情开始升温，浑然忘记了过去的小插曲，而王姐经历了这些事情后也开始变得释然起来，偶尔看见老公与女同事一起工作，她还会友好地打个招呼。

之前的王姐依附着男人生活，将自己生活的所有重心都集中在了男人身上，喜怒哀乐全是围绕着男人转，结果是捕风捉影、无理取闹。时间长了，男人自然感到厌烦，提出离婚。这一下王姐更是受不了，感觉天要塌下来似的，这些行为其实就是典型的依附型。

1. 不要在经济上依附男人

生活中，那些经济上依附男人的女人，与其说是靠男人养活，还不如说是一只寄生虫。在动物世界中，就连非常细小的动物都懂得通过劳动来养活自己，更何况作为人类的高级动物呢？当你卑微地成为一只寄生虫、花男人钱、靠男人养活的时候，男人就有借口说：“是我养活了你。”在男人面前，女人的自尊简直可以低进尘埃里了。

2. 感情上更不要依附男人

那些在感情上依附男人的女人就变得更卑微了。她们似乎找不到自己存在的价值，只有在男人那里，她们才感觉到自己活着。她们将所有的感情都寄托在男人的身上，仅有的一点自我也变得支离破碎。她们为了男人伤心而哭，为了男人快乐而笑，而对于她们自己而言，好像没有一点点生存的价值。

女人要拥有自己的朋友圈

就中国传统女性而言，她们一直受着“三从四德”的约束。三从就是“未嫁从父、既嫁从夫、夫死从子”，四德就是“妇德、妇言、妇容、妇功”。其中，“三从”约束了女人的生活圈子，似乎女人只能围绕着男人转，此外便无其他的生活圈子了。实际上，这样的传统思想早就应该被遗弃了。女人应该走出狭小的圈子，接触更多的朋友，最好是拥有自己的朋友圈子，否则就只能被社会淘汰。所谓“近朱者赤，近墨者黑”，和什么样的朋友在一起，时间长了，就会成为什么样的人。和乐观的朋友在一起，心境会变得坦然，人也会变得朝气蓬勃；和有品位的朋友在一起，耳熏目染，自然也会逐渐变得有品位。女人不能太把男人当做生活的重心，如果你太在乎男人，甚至丢弃了自己的朋友圈子，那最后只能使自己落入俗套里了。

某时尚编辑这样说道：“我认为中国女性的魅力目前最缺损的就是内涵。从宏观看，目前年轻的中国女性一般情况下都可以接受到良好的教育，但相对深度的东西却太少了。她们可能在某些领域中相对成功，但对于一些社会问题的敏感度和认知度还不够。所以，走出自己狭小的圈子，多交朋友，对于女人开阔眼界、增加魅力十分有帮助。”

小月大学时认识了男朋友阿平，阿平是一个占有欲很强的人，他只喜欢小月天天围着自己转。如果小月跟朋友一起出去，阿平就不太高兴。虽然阿平如此的行为让小月有些为难，但她心里还是很欣慰，男朋友这样的行为恰恰表明他是很在乎自己的，连自己跟朋友在一起都嫉妒。

于是，为了安抚男朋友，小月渐渐地疏远了朋友，在她的圈子里只剩下阿平一个人，两人天天腻在一起，感情也还可以。大学毕业后两人结了婚。

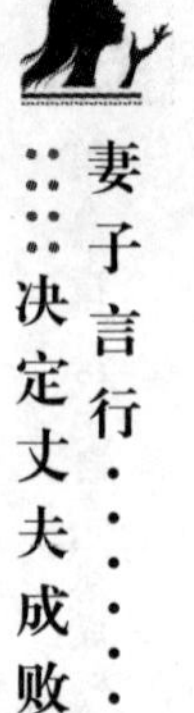

阿平开始将重心放在事业上，而小月还是将重心放在阿平身上，天天追着阿平问这要那的，结果搞得阿平烦不胜烦，被问得急了，阿平就说："没事就出去跟你朋友聚聚，啥事都找我，我还工作不？"朋友？小月这才意识到自己已经远离朋友很久了，想想自己现在的处境，确实是需要一群朋友，否则只会无聊透顶。

小月开始联系之前的老朋友，还结交了一些新朋友，经常出去参加宴会、吃饭。开始了新生活的小月觉得这才是自己想要的生活，以前总是一个人守着阿平太无聊了。现在好了，有时跟朋友在一起，有时跟老公在一起，生活更觉得充实了。而且在朋友的影响下，小月学会了穿衣打扮，浑身更添时尚气息，看起来更有魅力了。这些变化，使得她与阿平之间的感情变得更密切，两人似乎又找到了大学时候的感觉。

当女人的圈子只剩下男人的时候，那将意味着她所有的心思和精力都是放在这个人身上的。不可避免的，她会挑剔对方的一言一行，甚至无端地找事吵架，多少夫妻都是这样走到了感情的尽头。女人天性比较敏感，她喜欢对男人的言行进行无端地猜测，然后胡思乱想，最后自己生出许多烦恼，其实这是自己在折磨自己。一旦女人有了朋友圈子，那就不一样了，她会将一部分时间和精力花在经营朋友圈子上面。这样一来，她放松了对男人的看管，两人反而会显得亲近许多。

1. 朋友圈子可以为你带来爱情之外的新鲜感

每一个女人，除了爱人之外，都要有三五个朋友。这样，你在空闲之余可以和朋友聊聊天、谈谈心，也能够为爱情带来一些新鲜感。你在男人工作繁忙的时候，可以做些自己喜欢的事情，也可以和朋友喝杯咖啡，聊聊时尚、美容方面的话题，做个快乐的女人。这比你无所事事，甚至胡思乱想要强得多。当你见了朋友回来再看到他时，你的心里就会充满愉悦的心情，这对于你们的感情保持甜蜜也是相当有用的。

2. 朋友圈子可以有效地提升自己

在朋友圈子里，有最流行的服饰，最前卫的时尚，以及极致品位的生活方式，而这些都可以有效地提升自己。当然，我们在选择朋友时也需要注意，一定要选择比自己更优秀或更有品位的朋友，这样才可以完善自己、提升自己。

对于女人而言，拥有自己的朋友圈子，不仅可以很好地完善自己、充实自己，而且还能够将放在男人身上的全部精力分散出来，从而成就自我。生活中，女人需要提升自己，而最有效的途径就是从朋友那里获取。比如，美容、时尚等关于女性特有的话题，女人不可能跟男人分享，她们所能想到的就是那群无话不说、无话不谈的朋友。所以，女人拥有自己的朋友圈子可以有效地提升自己，同时也是一种独立的生活方式。

参与社会活动，让男人更重视你

在过去，男人对于抛头露面的女人颇有微词，似乎这是一种有悖道德的行为。但现代社会，男人更欣赏那些在宴会上熠熠生辉的女人。在厨房女人是无法优雅美丽的，只有在社交活动中，女人自信而优雅的风采才会展现出来。男人们常说的一句话是“女人要进得厨房，上得厅堂”，其中，“上得厅堂”就是指社交活动。女人不仅仅要能照顾家里，更需要走出家庭，融入社会这个大集体。当你陪着男人出席宴会，展现出应有的礼节以及迷人的风采时，那就是男人最大的骄傲。反之，如果你不懂得社交礼节，根本不参加社会活动，那你只能一辈子淹没在厨房的锅碗交响曲里，而男人出门参加某些活动，他也是无法带你出去的，因为怕你有失礼仪，同时也丢了自己的身份。所以，女人必须要有意识地参加社交活动，这样才能让男人更加重

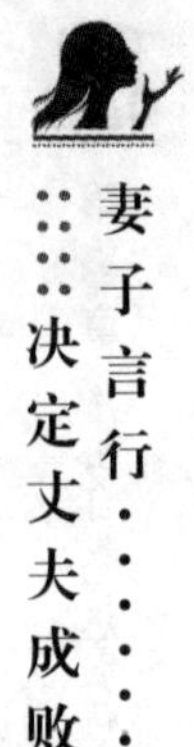

视你。

王小姐性格内向，平日里见着陌生人，话也不多说一句，她从来不跟老公出去见朋友。她说："我不喜欢那种场合，吃饭都很不舒服，我会很不自在。"老公只是回应说："这表示你的交际能力还有限。"虽然没多做评价，但还是显得不怎么高兴。

这天，老公的几个朋友远道而来，老公要求她一起去吃饭，说了几次之后，她总算答应下来了。席间，王小姐只顾吃自己的，不说话，连招呼都没打。几个朋友敬酒，王小姐竟然无意中将自己的酒杯抬高了。老公看见了，心生不悦，小声嘀咕着："别人敬酒，你应该双手举酒杯，低于别人的酒杯，这些小礼节都不懂，真不知道你学会了什么。"王小姐虽然没说话，但心里也有气，心想：我不来，偏偏叫我来，来了还说我这不对那也不对，早知道就不来了。

当晚回家后，两人因为这件小事吵了一架，从这以后，老公再也不提一起出去参加活动的事情了。

参加交际活动并不像想象中那么简单，其中的一些礼节很多，稍有不慎就会做错。对此，女人更需要多学多看。只有习得一身娴熟的交际本领，女人才能备受男人的欣赏与青睐，同时也可以展现自己的魅力和价值。

朱小姐只是一个公司的普通白领，但她所建立起来的人脉资源却极其丰富。除了拥有众多的媒体朋友外，世界500强的公司联合利华、三菱电器、通用磨坊都是她的客户。不仅如此，她还将自己的这些有名望的朋友介绍给做生意的老公，以此更让老公的生意蒸蒸日上。

由于朱小姐本身是公关部的，几乎每天都在忙碌中度过，有时候需要将中国文化介绍给外国客人，在圣诞节时举办宴会。举办各种新闻发布会，还会亲自参加这种宴会，多年的历练使得她不仅建立了一张无所不包的关系网，而且还练就了娴熟的交际能力。

平日里，如果老公的公司有宴会，她也会盛装出席：精致的妆容、优雅的姿态、高雅的谈吐，都让在场的人敬佩不已。多少人纷纷在她的老公面前称赞朱小姐："你真是好福气，你老婆不仅人漂亮，而且很会说话。"老公在点头微笑的时候，总是忍不住将目光转向朱小姐，那眼里全是浓浓的情意。

参加社交活动，所考验的是一个人的交际能力。同时，在这个过程中，我们还可以结识更多的新朋友，所以单就女人而言，参加社交活动是很有益处的。平时在家里，你只跟父母、老公、孩子打交道，人际圈子比较狭窄，所培养出来的交际能力也是很有限的。在这样的情况下，女人更应该走出家门，像男人一样多参加社交活动，提升自信，不断地完善自我，而且还给了一个在男人面前展现风采的机会。

1. 社交活动可以扩充人脉资源

在日常的社会交际中，总是有许多层出不穷的活动，如慈善晚会、新品发布会、某某周年庆、画廊酒会等商务聚会，还有很多鸡尾酒会、圣诞宴会等。其实，并不是人们热衷于举办这样形形色色的宴会活动，而是基于人们进行正常社交的心理需求。在一个大型的社交活动中，有多少有品位的人，有多少达官显贵，有多少功成名就的知名人士，而你作为社交活动中的一员，自然有机会一睹他们的容颜，更有机会与他们建立良好的人际关系，为自己，同时也为你的男人扩充人脉资源。

2. 参加社交活动可以"长"男人面子

那些大型的社交活动，差不多每一个男宾客都会有女宾客陪同，如果你不想自己老公身边的位置被别的女人所占据，那就要学会参加社交活动，学会装扮自己，提升自己的涵养，在宴会中给足男人面子。

女人仅仅待在家里是留不住男人的心的。女人只有走出去，适时地展现自己的风采与魅力，才能引起男人的重视，让其眼前一亮。而且，通过交际所赢得的人脉资源，对于男人的事业是很有益的。换而言之，如果女人的

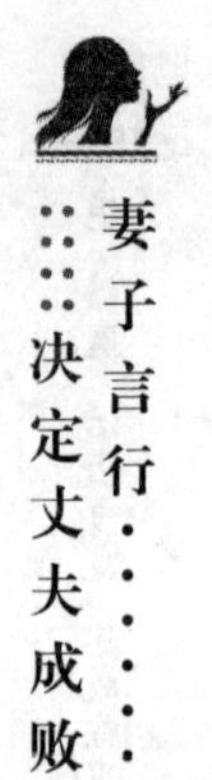

交际能力是一流的，那就不愧为男人身边的贤内助了。

提升内涵，女人的学识能成就男人

一个有内涵、有学识的女人，她身边的男人一定不会太差，因为女人的学识往往成就了男人。女人的美丽，不是外在散发出来的青春与靓丽，而是由内而外散发出来的书卷气息。生活中的大多数女人，只是关注外在的容颜，却忽视了心灵的呵护。当她们把自己的外表装点得十分精致的时候，心灵却是空空如也，也难怪男人常称女人为“花瓶”。女人有学识，才会有内涵，才会影响到身边的男人。男人，不管在什么年纪，在他们身上总有洗不掉的孩子气，他们需要女人管教，需要被指导。当然，如果女人想要指导男人走向成功，那必须的条件就是提升内涵，增加自己的学识，否则会成为男人事业发展的阻碍。

李敖，台湾当代学者，说话以犀利著称，他几乎没怎么夸奖过人。但是，胡因梦，这个与他有过半生姻缘的女人，他却是十分夸赞。他曾说：“如果有一个新女性，又漂亮又漂泊，又迷人又迷茫，又优游又优秀，又伤感又性感，又不可理解又不可理喻，一定不是别人，是胡因梦。”似乎在那段姻缘中，胡因梦的学识与涵养对李敖还是有着深刻影响的。

胡因梦，1953 年出生，辅仁大学德文系肄业，20 岁主演《云深不知处》，从此开始了 15 年的演艺生涯。她在 35 岁时毅然决定停止演艺工作，专心有关“身心灵”探索的翻译与写作，第一次将克里希那穆提的著作引介到台湾，并著有《胡言梦语》《茵梦湖》等书。

在她二十多年的翻译过程中，她认为翻译是一种自我洗涤，她从容淡然地说道：“就像做义工一样，将思想引介过来，回馈给社会，做和演艺工作截

然不同的事情。”同时她认为：“好的翻译不能直译，还有心灵相译的部分，然后是节奏感，翻译最重要的是韵律……”她很知性，李敖的前妻身份让她备受关注，但现在的她依然备受瞩目，她凭着自己的聪慧以及自己独特的追求，做了自己喜欢的事情。

我们只听说过“大凡成功的男人背后一定有一个智慧的女人”，其实还有一句话“优秀的女人往往铸就了成功的男人”。那些有涵养、有学识的女人，她们总是潜移默化地影响着身边的男人，慢慢地让身边的男人也逐渐变得优秀。当然，这并不是夸大优秀女人的作用，但事实情况大多数是这样，女人优雅的内涵往往会影响身边的男人。

梅琳达出生于美国达拉斯市一个中产阶级家庭，她从小就聪明好学，1987 年获得了美国杜克大学的计算机和经济学两个学士学位。一年后，梅琳达又获得了杜克商学院工商管理硕士学位。毕业后，梅琳达进入微软公司工作。她在一次新闻发布会上认识了微软公司创立者比尔·盖茨，两人很快坠入爱河，并于 1994 年结婚。两人结婚后，梅琳达低调处事，她和丈夫育有 3 个孩子，10 岁的长女珍妮弗、7 岁的长子罗里和 4 岁的次女菲比。为了照顾孩子们，梅琳达辞去工作，当起了全职主妇。

虽然身为世界首富、微软公司总裁比尔·盖茨的夫人，梅琳达·盖茨却一直很低调内敛，不喜欢抛头露面，她多年来只是在家里扮演着贤妻良母的角色。

2000 年，盖茨夫妇把他们原先建立的两个基金会合并，成立了“比尔和梅琳达·盖茨基金会”，并成为世界上最大的基金会。梅琳达虽然为基金会做了大量的工作，但她却从不宣扬。“我不想声张我为基金会做出的贡献，”梅琳达说，“我喜欢做幕后工作。”

梅琳达，一个学识与修养极致的女人，她却愿意生活在成功男人比尔·盖茨的背后。可以想象，在她身上那些可贵的品质一定会慢慢地影响那个成功的男人,从而让他更成功。梅琳达说:"我不想声张我为基金会做出的贡献,我喜欢做幕后工作。"与此相呼应的行动,就是比尔·盖茨为全世界的慈善工作所做出的贡献。

1.多读书

读书的女人,不管走到哪里都是一道美丽的风景线,也许她没有天姿国色,但她有一种内在的气质:超凡脱俗的优雅谈吐,无需修饰的清丽容颜,天然质朴,像水一样柔软,像风一样迷人,像花一样绚丽。而这些内在的气质与涵养,都会慢慢地影响身边的男人。

2.多充实自己

如果你只是天天看肥皂剧,又怎么能有内涵呢?又怎么会铸就男人成功呢?如果你想将好的东西教给身边的男人,那首先就是充实自己,不断地学习新东西,提升自己,然后在两个人相处的过程中,慢慢地通过自己的言行去影响他,促使他改变一些不实在的想法,从而走向成功。

修炼女人魅力,让男人更青睐

一直以来,男人总是以坚强的外表、强悍的体魄出现在世界里。在他们的骨子里,有一种想要征服别人的欲望,尤其是那些有魅力的女人,更是他们选择的对象。越是普通、容易被征服的女人,男人越是不放在眼里,因为他们觉得即便是征服了也毫无成就感。他们就好像是调皮的孩子,对于随手放在旁边的洋娃娃不感兴趣,即便拿在手里,不久也会放开,因为他没有那种征服的感觉。童年的我们都有过这样的经历:当我们看到橱窗里好看、漂亮的玩具时,就会有一种想要的欲望,越是难买就越是想要。人们普遍地有这样一种心理,对于越是好的东西、越是不容易得手,想去征服的欲望就

越强烈。男人对女人，就是这样一种心理。当然，男人想要征服一个女人，还需要这个女人具备一定的条件，那就是魅力。在女人身上，必须有让男人心动的东西，或是内涵，或是气质，或是惊为天人的容颜等等。

小李是化妆品公司的销售总监，为了维持自己良好的外在形象，她特别注重保持和控制自己的体重。在她的家里，从大学开始就买了一个小型的体重秤，她几乎每周都会称一次自己的体重，以保持好身材。

她专门为自己定做了有着均衡营养却又不会导致身体发胖的膳食菜单，即便是在外面就餐，她也会饭前先喝一碗汤，一直坚持每顿只吃七分饱，即使看见自己最喜欢吃的菜肴，她也能克制住自己。所以，当她看见很多女同事为了抢那剩下的菜肴，常常不顾形象互相争夺时，她就微笑着摇头。平时的她，并不像很多女孩子一样偏爱零食，倒是经常在冰箱里摆满了水果、牛奶，还有一些绿色蔬菜。工作休息之余，她还会在家里练练瑜伽、做做运动。公司放长假的时候，她还会约上几个朋友一起出去爬山、徒步旅行。在她看来，好身材并不只是苗条，还需要健康。

小李做销售总监已经两年了，她靓丽的身材以及姣好的面容经常受到客户的赞美，而且公司里追她的同事都可以排成长队了，但小李并不着急，她只是慢慢地等待那个让自己心动的男人出现。

小李保持身材的苗条，其实也是一种修炼魅力女人的途径。一个有魅力的女人，必须是外在和内在的双重修炼，才可以给人眼前一亮的感觉，才会激发出男人想要征服的欲望。对此，女人不能只是重视自己的内在而忽视了外在的装饰。即便你五官平平，也没有理由放弃对自己的改造，可以瘦身，可以化妆，可以让自己的皮肤变得更白，哪怕是一点点的努力，都可以为你的整体形象加分不少。

小娜是一位时尚模特，她有很多的追求者，几乎每天都能上报纸的头版头条。其实，她的容颜在众多佳丽中并不是最出色的，但是她却凭着自己优

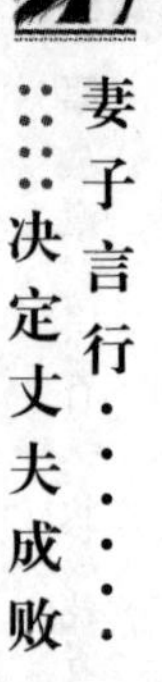

雅的气质而屡次登上各大时尚周刊的封面。在平时的日常生活中,她总是素颜朝天,打扮得像邻家妹妹。与众多明星不同的是,她既不喜欢泡夜店,也不喜欢待在酒吧,她最喜欢待的地方居然是图书馆。她坦言,自己当初无意间踏入了模特这个领域,耽误了自己的学业,这是她最大的遗憾。因此,她在休息之余总是会多看一些书,充充电。正是这样内外兼修,小娜才能如此自信地站在镁光灯下,迎接人们赞叹的目光。

实际上,小娜 26 岁才正式走红,她从来没有隐瞒过自己的年龄,她说:“也许我这个年龄是有些晚了,但是女人是越成熟才越有魅力。当年我也是一个不自信的女孩,不相信自己会成功,觉得自己没有别人漂亮,也没有别人有个性。”小娜认为一个美丽的女人首先就要有自信:“我觉得自信的女人最美丽,她们容易散发出吸引人的气质,我也经常被有自信的女人吸引,希望自己也能够像她们一样。”

自信也是女人的一种魅力。越是自信的女人,越是引得男人关注。因为有自信,即便长得很普通也可以光鲜靓丽起来。小娜之所以得到那么多男性的追求,其实就是源于她内在的自信。

1. 外在的修饰

做一个魅力女人,并不是一个遥不可及的梦,它体现在我们生活的每一个细节之中。魅力女人,更注重外在的修饰,她们有着精致的面部装扮、适宜的发型、得体大方的服饰、婀娜多姿的身段。有了外在的美丽,才会更显内在的深厚。

2. 内在的修养

女人还应该拥有内在的修养与内涵,就好像一个优雅的公主,散发着无限的女人味。因为内在的修养,女人所拥有的财富是无价的。有修养的女人,在她们的身上是看不到茫然和焦躁的,而是流露出一种岁月历练后的美丽与智慧。

第2章

夫成妇就，做成功男人背后的智慧女人

事业是男人的生命，但与此同时也是男人天性中的天然缺陷，他们往往会在打拼事业的过程中遇到困难和阻力。在男人拼搏事业的过程中，作为男人背后的女人，若是想成就男人，就应该学会做一个智慧的女人。

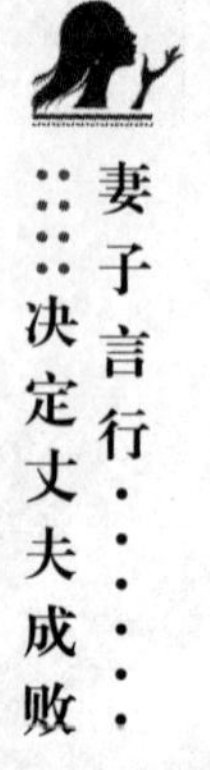

做成功男人心尖上的女人

女人,应该站立在成功男人的心尖上,紧紧地抓住他的心,让他一辈子都难以忘怀。当然,若是想成为男人心尖上的女人,首先这个女人就是一个极富智慧的人,一个能为男人出谋划策的女人,一个能成为男人事业发展中左臂右膀的女人,也只有这样的女人才会被男人记在心里,放在心尖上。智慧的女人不仅不会削弱和破坏丈夫的事业,反而会树立一个良好的榜样,促使他做出更出色的成绩。女人不仅可以在生活上给予男人关心和照顾,同时还能当男人事业上的伙伴和帮手,成为幕后的诸葛亮,为男人指点迷津、出谋划策。男人无论处于什么样的年纪,他们在生活中都好像是一个永远长不大的孩子,他们需要一个极富智慧的女人,照料他们的生活起居,引导他们在事业的重大转折时期做出明智的决策,这样才能铸就男人事业的成功。

1943 年,李嘉诚的父亲病逝,他决定中止学业,打工挣钱。在同一时期,庄明月以优异的成绩从英华女子中学毕业后进入香港大学,后来又留学于日本明治大学。但是,她从来没嫌弃过李嘉诚,不管是当茶楼里的堂倌,还是当钟表公司的学徒,庄明月对李嘉诚都是痴心不改、一往情深。可以说,正是因为她在精神上对李嘉诚的慰藉与支持,才鼓舞着他战胜了一个又一个的挫折。

1950 年,年仅 22 岁的李嘉诚在筲箕湾创办长江塑胶厂。这一举措使得庄明月更加欣赏他,并为他感到自豪。办厂初期,曾经出过质量事故,李嘉诚再一次体会到世态炎凉。在危难之中,不变的是庄明月对李嘉诚的一片赤诚之心。

以世俗的眼光来看，他们并不是门当户对。庄明月出身富贵名门，受过高等教育，才貌双全；而李嘉诚出身寒微，只读过初中。因此，他们的婚姻遭到了庄明月的父亲甚至李嘉诚母亲的反对。因为执著，他们走到了最后。婚后的庄明月与李嘉诚一起打天下，她加入长江工业公司，其流利的英语和日语、谦和勤勉的作风，深得同事们的尊敬。

1964 年 8 月和 1966 年 11 月，李泽钜和李泽楷兄弟相继出生，庄明月渐渐地退居幕后，相夫教子，孝敬家婆。在她的悉心教导下，李泽钜、李泽楷兄弟勤奋好学，先后赴美国大学深造。

1972 年 11 月，长江实业上市，这是李嘉诚事业的重大转折点。庄明月出任执行董事，成为公司决策层的核心人物之一。其实，在李嘉诚不少明智的决策中，都有着庄明月的智慧和心血。但庄明月在公众面前表现得十分低调，她很少露面，也从来不接受记者的访问。因此，人们在谈论李嘉诚的时候，很少会提到庄明月。

也许人们并不知道庄明月的智慧与品性，但李嘉诚对其坚贞的爱情却是最好的见证。庄明月因心脏病逝世时，李嘉诚只有 60 出头，他身体硬朗、精神奕奕，同时又是香港著名的富豪，在他身边自然有不少主动示爱的美女。在香港，很多富豪都是以绯闻为荣，但李嘉诚却是一块白璧，人们都知道李嘉诚和庄明月情深似海，至今都没人敢向他提及续弦之事。我们不能否认的事实是：庄明月就是李嘉诚心尖上的那个女人。

智慧女人是男人最好的助手和参谋，男人往往会在意有思想的女人提出的建议，有时甚至比别的男人对他提出的建议更有效。对于身边的女人而言，男人总是更在意她们对自己决策的看法。在这时，若是女人给予适时的支持，那定然可以造就优秀成功的男人。仅仅从女人在男人事业中所起的作用来看，女人的参谋作用是不能小觑的。

那么，如何成为成功男人心尖上的女人呢？

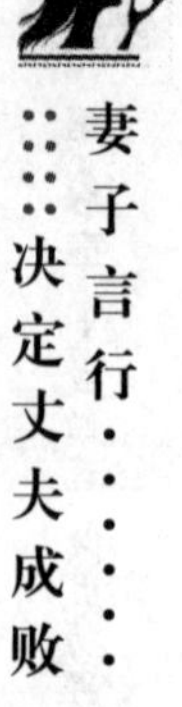

1. 生活中的照料

女人首先要管好男人的饮食起居，时刻提醒他需要完成的工作和各种活动，管理好他的各种物品，关注其身体健康，因为强健的身体是事业成功的本钱。

2. 事业中的指点迷津

在工作中，女人要善于协助他整理各种资料，包括名片、书信、书籍、资料等，做个有心人，尽可能多地收集对他事业有用的信息。管理好他的金钱，合理地利用经济资源，管理好账目。此外，还需要做好公关工作，为男人解决工作和生活中遇到的难题。

好女人的言行可以让男人功成名就

生活中，千万不能忽视女人言行的力量，它可以成就一个男人，也可以让一个男人一败涂地。有人曾说："我确信，一个男人不但可以成为理想中的人，而且还可以成为妻子所期望的人。妻子的人生观，以及她对自己男人干劲的鼓舞程度，与男人事业的成败有着很大的关系。"男人事业的成功是靠好女人的言行塑造出来的，这话确实是不道理的。有时候，外表强硬的男人也会脆弱得像一只纸老虎，而外表柔弱的女人则可以坚强得像钢铁一样。当一个男人在追求事业的路途上身心疲惫时，好女人的言行可以给予男人最大的支持，鼓励其继续前进。那些女人所表现出来的言行将会成为纸老虎的钢骨，从而让男人变得更坚强，乃至百战百胜。在功成名就之后，好女人只是安静地坐着，分享着男人成功的喜悦。

刘永好，四川新希望集团董事长，他常说："老婆是我的金钥匙。"在刘永好成功的路上，少不了妻子李巍的言行激励。

有一次，刘永好在街上叫卖鹌鹑蛋，竟然遇到了自己的学生，他尴尬极了，窘迫地将头埋得很低，晚上回到家更是唉声叹气。这时，李巍并没有数落他没本事，而是鼓励他："抬起头来！甭管别人怎么看怎么想，经商并不下贱。"听了妻子的一番话，刘永好的心里满是感激，同时也暗暗地下决心：我一定要干出一番事业来。

在身边亲戚朋友的帮助下，刘永好的事业开始慢慢起步。在这个关键时刻，为了拓展市场，刘永好不得不连夜加班，若是到了鹌鹑蛋销售的旺季，他几乎每天只睡三四个小时，而且很多时候都是半夜12点之后才回到家。当然，所有的艰辛与汗水换来的是硕果累累，刘永好的事业开始有了起色，几个兄弟合伙成立了新希望集团。为了加速企业发展，他们一致决定：所有的夫人回家相夫教子。

这个决定对于妻子李巍而言有些突然，一下子让自己放弃工作，这并不容易，但李巍还是以自己的行动支持了丈夫的决策。她说："夫妻就是一个共同体，生活就像是在踩跷跷板，一头起来，另一头就要下去。而女人，一定是配合平衡的那一头，这样，感情和日子才能和谐稳定。"于是，她决定让丈夫刘永好去奔跑，她所能给予的背后支持就是让他安心回家，给丈夫和儿女一个温馨宁静的港湾。

谈到刘永好，李巍曾说："男人有时候也像个孩子，当他的事业在蹒跚起步或处于困境的时候，他也充满了期盼和犹豫。妻子这个时候更应该像坚强、慈爱的妈妈，在他摔跤的时候扶起他，牵着他的手，给他最温暖的目光和最灿烂的笑容，一定要鼓励他走好每一步。"在陪伴丈夫刘永好的途中，这位智慧的女人——李巍正是以自己的言行铸就了男人的成功。当丈夫灰心丧气的时候，她用言语进行鼓励："甭管别人怎么想，抬起头来！"当丈夫成功之后，她用自己的实际行动让丈夫对家庭放心。李巍这个好女人身上所体现出来的一言一行，都铸就了刘永好最后的成功。

1. 会说的才是最具智慧的女人

有时候，一个女人说出一句经过理性思考的话，就可以改变一个男人对事情的看法，也会促使其变得更优秀，并产生无比强大的力量。例如，男人陷入了困境，他在这时最需要的就是女人的鼓励。在这个关键时刻，女人一句积极的话语就可以产生惊人的力量。当然，如果你说了一句打击的话，那就有可能成为杀死男人志气的有力武器。所以，对于男人而言，会说话的女人才是最具智慧的。

2. 会做事才是好女人

女人，不仅仅要会说话，更需要会做事，以自己的实际行动来配合男人的脚步。当男人希望你站出来为他呐喊加油的时候，女人需要适时地出现；当男人需要你安心在家，免去自己的后顾之忧的时候，女人需要以实际行动让男人吃下一颗定心丸。

好妻子引领丈夫步入成功之门

卡耐基夫人曾说："每个女人的身体里都蕴藏着巨大的财富，它能让我们的生命焕发光彩，而我们唯一需要做的，只是激发自己正视以及使用这些财富的勇气。"你相信吗？好女人往往是引领丈夫走向成功的那个人。或许，女人本身并没有意识到自己有这样的能力，但事实确实是这样。在追求成功的路途中，男人很容易迷失方向，很容易因为一点打击而变得沮丧，甚至自暴自弃。当然，并不是他们缺乏能力，而是由于他们很容易放弃，很容易否定自己，在这个关键时刻，好妻子就可以引领着丈夫步入成功之门，从分岔的小路重返大路，从而赢得成功。对于男人而言，成功既是遥不可及的，同时也是容易获得的，只是在大多数时候，他们很容易迷失方向，与成功

失之交臂。如果说男人是凭借着能力赢得成功，那女人就是推动着男人走向成功的助推器。

唐骏和孙春蓝结婚后没多久，唐骏就获得了美国微软公司所伸出的橄榄枝。这时唐骏很犹豫，到微软就意味着要关掉自己的三家公司。躺在产床上的孙春蓝对唐骏说："我们不是已经意识到，自己的企业任它怎么快速发展，都很难赶超微软吗？微软的奥秘在哪里？要当老板，在美国100美元可以注册一家公司，难道你想不像洞悉微软强大的秘密吗？"听了妻子的话，唐骏毅然卖掉公司，进入了微软。

进入微软公司的时候，唐骏只是一个普通的程序员。他抓住了机会，指出了多语言版本开发的一个问题，技术改进后，他成了开发部门的高级经理。后来，微软采用唐骏的方案，在英文版发布了三个星期以后就推出了中文版，唐骏的努力为微软公司创造了数额巨大的效益。在微软八年之后，唐骏成为微软大中国区技术中心的总经理。

听到这个消息，孙春蓝整整考虑了一个月，写了一封信，叫丈夫到了上海之后再看。到了上海之后，他打开了妻子的信，在很大的信笺上，却只有两句短语："你对你的部下能像对女儿唐惟子那样吗？你的公司离好家庭还有多远？"

领悟到妻子话里的含义，唐骏明白了。他开始组织运动会、拓展训练、井冈山之行等。即便是在火车上，他也没忘记团队建设。上了火车，每位微软员工都在自己的软卧包厢内发现了事先放好的，写着"Merry Christmas"的礼物袋，里面有饼干、草莓、杨梅等小食品及矿泉水、湿纸巾、毛巾，甚至牙具等；另外，他们还发现了装饰彩纸、彩笔等各种装饰用品。广播里传出了主持人——微软两位员工的声音，告诉大家现在每节车厢的乘客要用手里的东西装饰各自的车厢，然后以唐骏为首的微软中国高层主管们将一一巡视，并评出最有创意奖。

在妻子孙春蓝的启示、激励下，唐骏从一个平凡得连女朋友都没有的大学生走到了微软中国区技术中心总经理的位置。在前进的路上，我们不能否认唐骏所付出的努力以及其拥有的卓越能力，但所不能磨灭的依然是妻子引领的方向，一次次铸就唐骏的成功，使得他的人生更有目标，更有计划，最终赢得了自己的整个人生。

1. 为男人提出好的想法

在看问题上，男人和女人是互补的。精明的女人经常会留意身边所发生的事情，用女性特有的思维进行分析、整理。这样一来，男人就有了一半成功的可能性。智慧的女人几乎拥有所有女人的共性，她们知道自己想些什么、需要些什么，可以说，好女人是男人的信息资料库。

2. 为男人确立目标

许多男人胸怀大志，而且也有一身本领，但就是毫无目标可言，他们总是迷茫地走着，不知道自己究竟该怎么走下去。在这个关键时刻，好妻子应该像灯塔一样为男人指明方向，引导他们走向成功之门，最终采摘成功的果实。

聪明的女人要学会打造优秀的男人

有女人曾说："与其遇到一个优秀的男人，还不如自己亲手打造一个优秀的男人。"这句话说出了大多数聪明女人的心声。她们当然明白，在这个世界上，若是真的想遇到一个很优秀的男人，而且他身上的每个品性都符合自己的审美观点，那几率简直是少之又少，或者说根本不可能遇到。但是，如果在男人的身上有某些优秀的特质，再加上聪明女人的精雕细琢，那最后肯定会打造出一个优秀的男人。"打造"这个词道破了男人需要挖掘出更深

层次的一面，同时也揭示了女人的智慧。男人一辈子最大的幸运就是遇到一个聪明的女人，也许在遇到那个女人之前，他只是一个很平凡的男人，但因为爱情，他慢慢地受到女人的影响，逐渐地变成一个各方面都优秀的男人，这是不难想象的。所以在生活中，我们经常发现，在聪明女人身边的男人，他们总是会呈现出越来越优秀的趋势。

著名的央视主持人李咏说到妻子哈文，他最常说的一句话就是："是老婆把我打造成精品男人的。"

李咏与哈文的爱情源于一次大学舞会。当时李咏其貌不扬，他邀请哈文跳舞，被哈文拒绝后，坚持道："你要是不答应，我就把你硬拉上去……"

两个人正式恋爱后，李咏为了自己与哈文能多一点生活费，在炎热的夏天，他每天骑自行车二十公里去给译制片配音，一分钟只有六毛钱。因为价格太低了，开始一起去的二十多个同学最后只剩下李咏一个人在坚持。毕业后，两人分隔两地，但每次做完节目，李咏都会马上赶去天津，对李咏如此的坚持，哈文说："如果两个人想过到一起，只要你肯坚持，那肯定有办法过下去。"

李咏坦言自己是一个古怪且恶习很多的人，而妻子哈文却对生活细节要求很高。不过，聪明的她从来不指着李咏大呼小叫，叫他该做什么不该做什么。平时李咏前脚进门，哈文后脚就替李咏将乱扔的鞋子整齐地放在鞋架上；李咏随手扔在沙发上的外套，哈文无论手里干着什么活，都要停下来将他的外套挂在衣架上再接着去做。这样一次两次后，李咏终于感到不好意思了，渐渐地开始纠正自己的坏习惯。

有了如此聪明的老婆哈文，李咏说："我喜欢成熟的女人，到目前为止，成熟的适合我的只有我老婆。审美疲劳谁都会有，要靠你自己去调节。人需要有社会责任，我已经有了漂亮的老婆、可爱的女儿，瞎动那些心思干吗，我没那个精力！"同时，李咏说："没有哈文，我混不到今天。我是一个浑身都

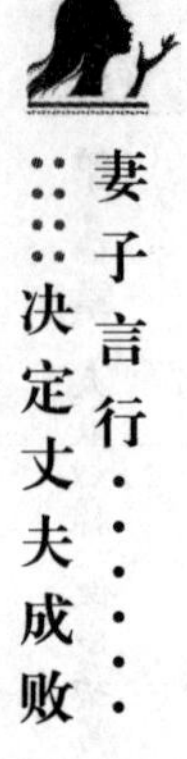

是坏习惯的人，是我老婆将我打造成精品的！”

如何打造优秀的男人，女人是需要很多智慧的。

1. 学会欣赏男人

选择李咏做老公，哈文坦言是出于对他的欣赏：“李咏非常有才华，画画得非常好，字也写得很漂亮，他说话非常有鼓动性和感染力。另外，他比较体贴，非常细心。男人的责任感，除了支撑一个家，还要带给这个家安宁、幸福，他完成得很好。”因为怀着欣赏的态度，哈文才想要打造他，帮助他纠正那些坏习惯。

2. 与其唠叨指责，不如潜移默化

对于男人身上的缺点，许多女人无法忍受，就想着抱怨、指责，以为这样就可以让男人改掉那些坏习惯。其实不然，越是唠叨，男人的坏习惯越是加剧，最终无法收拾。聪明的女人懂得潜移默化，她在不露声色中将那些好的习惯和品性传递给男人，时间长了，男人自然会改变不少。

做男人生活与事业上的“好伙伴”

女人，不仅仅需要做男人的生活伴侣，还需要做其事业的合作伙伴。现代社会，如果女人只是窝在家里看电视剧，或者在厨房里忙碌，已经是落伍了。新时代的女性，应该走出家门，与男人们一起并肩作战。社会竞争日益激烈，在强大的压力下，男人们身心疲惫。在家里，他们需要无微不至的关怀；在工作中，他们更需要一位女诸葛。一个人一生中的精力是很有限的，大脑的容量也是有限的。作为男人身后的女人，必须具备丰富的知识。聪明的女人是男人的知识能源储蓄库，需要随时给身边的男人提供知识养料，为他的判断提供依据，以便他能以最快的速度做出正确的决定。因此，女人

除了做好家庭后勤工作以外，还需要当好男人事业上的助手，关心男人的事业。不要忽视女人在某些方面的智慧与才能，比如，女人独具的非凡的想象力就是男人们所缺少的，这也可以为其事业增添不少光彩。

1995年，在大多数中国人还不知道互联网是什么东西的时候，马云丢掉高校老师的铁饭碗投身互联网。在这时，从相识、相知到相爱，多年以来相濡以沫的妻子张瑛没说半句反对的话，而是陪着丈夫东拼西凑地拿出了10万块钱。当年，就在那个只有一间屋子的办公室里，两人"一块钱一块钱地数着花"，一起创办了中国互联网历史上第一个B2B网页。

张瑛和马云是大学同学，毕业之后就领了结婚证。张瑛所看中的是这个男人颇具的才华，但婚后她一直生活在惶恐之中，因为他的意外状况层出不穷。马云忽然辞职了，说要做自己的事业，说想凑50万做电子商务网站。很快马云就找了16个人抱成了团，其中有他的同事、学生、朋友。马云劝张瑛："我们如果是一支军队，你就是政委，有你在，大家才会觉得稳妥。"就这样，张瑛点头了，18人踏上了一条船——阿里巴巴。

开始创业的日子是辛苦的，马云有了什么点子，一通电话，10分钟之后就在家里开会，他满嘴的B2B、C2C、社区之类的专业术语，张瑛一点儿也听不懂。但只要马云他们开会，她也就跟着忙起来：如果是白天开会，她就在厨房做饭；如果是半夜开会，她就在厨房做夜宵。就这样，张瑛顶着政委的虚职，干着勤杂工的事情。而且，由于盈利比较少，连伙食费都不够，张瑛有时候想：自己的老师当得好好的，为什么就成了一个倒贴伙食费的老妈子呢？

后来，阿里巴巴成功了，张瑛成为了阿里巴巴中国事业部总经理，但他们的孩子却成为了牺牲品。在长期的忙碌中，他们已经忘记管教孩子了。对此，马云对张瑛说："你辞职吧，我们家现在比阿里巴巴更需要你，你离开阿里巴巴，少的只是一份薪水；可你不回家，儿子将来变坏了，多少钱都拉不

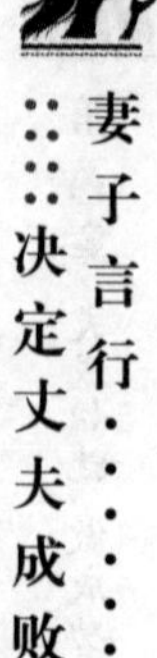

回来,儿子跟钱,你挑一样,你要哪个?”听了马云的话,张瑛虽然心有不甘,但最终还是回归家庭,担起了照顾儿子的重任。

马云曾说:“张瑛以前是我事业上的搭档,我有今天,她没有功劳也有苦劳,我也一直把她当做生产资料,但现在我觉得,作为太太,她更适合做生活资料。”看到这样的话,我们不禁哑然失笑,也许只有马云这样满脑子都是事业的人才会将自己的太太当做资料。但他话里的含义却是不言而喻的,张瑛不仅仅是他生活中的伴侣,更是他事业中的伙伴。

1. 同进同退

夫妻本来就是一体的,两人需要同进同退。就像聪明的女人张瑛一样,她刚结婚时本来打算做个贤妻良母,结果被马云“骗”进阿里巴巴,好不容易功成名就了,却又接到马云的“指令”:辞职回家做全职太太。在这里,所谓的同进同退,就是跟着男人的脚步,适时地前进,适时地退却,同时兼顾家庭和事业。

2. 女人也需要一颗事业心

不要以为女人就只能待在厨房,女人一样可以走出家门与男人并肩作战。对于女人而言,也需要有一颗事业心,即便你不想成为女强人,但如果男人需要,你依然可以成为其左臂右膀,为其出谋划策。

让自己成为男人事业的最大动力

在生活中,男人一直以外表强悍示人,但并不意味着他在每时每刻都是充满着力量的。他看似无坚不摧,难以击倒,其实也不过是最普通的一个人。他也有沮丧、失意的时候,他也需要有一个坚实的臂膀作为依靠。聪明的女人,她懂得让自己成为男人事业中最大的动力,不停地鼓励他、激励他,最终推动着他走向成功。当所有的人都讥讽他正在做的事情不能成功的时候，女人需要第一时间肯定他，这样他才有力量继续做下去，才有源源不断的动力支撑着他走下去。当然，女人要想让自己成为男人事业中最大的动力，还必须拥有一定的智慧，那就是如何鼓舞男人的志气，为其加油呐喊。

盛大网络董事长陈天桥说："财富榜对我们来讲不过是网络游戏，大家玩一场下来看看，我打了 15 级、他打了 21 级、丁磊的级别最高，仅此而已。或者在游戏中你是大侠、他是强盗、我是普通老百姓，但在现实生活中可能正好相反。我们只是按照胡润或福布斯的游戏规则扮演了财富榜上的角色而已。"盛大网络 21 岁了，而陈天桥和妻子雒芊芊也走过了 21 个年头，他们的婚姻随着盛大一起成长。

说到自己的成功，陈天桥始终觉得太太的支持是盛大能够发展到今天的最大动力。从复旦毕业之后的陈天桥踏入社会就进入了上海陆家嘴集团，干得风生水起的他在四年后毅然离开，因为"那不是我的理想"。后来，在另外一家证券公司遇到了雒芊芊，认识她并暗恋四个月之后，陈天桥开始大胆进攻，后来在回忆这段事情时，他说："在证券公司，最大的受益就是'骗'到手一个老婆。"

1999 年，集资了 50 万人民币之后，两人毅然下海，开始做卡通网站。陈天桥回忆说："直觉告诉我互联网是非常有前途的，但以往的工作经验让我觉得，一个公司要赢利需要的是资金流和物流，而物流是比资金流更难解决的问题，也就是说电话线不能代替物流与配送，只有数码娱乐产品如卡通、游戏才可以通过电话线来传输。"

雒芊芊从来不接受媒体访问，在公司甘为幕后英雄。熟悉她的人都知道，这个漂亮、贤淑的女孩，可以说是陈天桥最得力的伙伴。在公司同事的印象中，雒芊芊随和、不爱张扬，这对说起话来就滔滔不绝、很有激情的陈天桥而言，性格上正好互补。

陈天桥表示妻子是最了解自己的人,他曾说:“一年半前,很多人认为手机游戏是最大的发展方向,而我认为面对家庭的电视是一个很大的方向。除了我太太和我弟弟比较了解我以外,其他所有人都反对我,认为手机游戏会发展得比较快,我用了三个月去说服他们。后来证明我当时的决定是正确的。”

在所有人都反对陈天桥创办电视游戏的时候,作为妻子的雒芊芊却大力支持。有这样聪明的妻子,陈天桥的每句话里都透露着令人羡慕的甜蜜:“上个礼拜天我在看书,我太太逗着宝宝在窗边玩,我放下书跟我太太说,如果十年前有个算命先生给我把这个照片拍下来,说十年后你有这么漂亮的太太,这么漂亮的小孩,你在家里放松地看书,那时候我绝对会想我太幸福了,也太满足了。所以我一直都没有为被人们称为所谓的首富而自豪,但我经常会为我有一个好太太和一个可爱的女儿而自豪。”陈天桥常说妻子的支持是自己能够发展到今天的最大动力。

1. 在所有人不看好的情况下,跟他站在一起

虽然男人外表比较强硬,但其内心一样是脆弱的,他们在决定做某件事情的时候,尤其希望得到身边女人的支持,哪怕只是一句“我赞成”“你行的”,这些都可以成为他们拼搏前进的动力。在所有的朋友都不看好的情况下,也要与他站在一起,同进同退,这才是夫妻。

2. 多鼓励,少打击

当男人好不容易有了好的想法时,那就多鼓励他,这样他才能想出更好的点子。即便你觉得这个想法不切实际,太过于幻想,也不要打击,一定要以鼓励为主。打击的结果意味着他没有信心再继续下去了,就连身边最亲近的人都打击自己,这对于男人而言也是难以接受的,他只会变得越来越沮丧。所以,对于男人所有的想法和观点,一定要多鼓励,少打击。

让自己的一句话成为男人的信念

老人常说这样一句话："男人的成功，在女人的嘴巴上。"有时候，女人的一句话就可以改变男人的一生，甚至会成为他们奋斗一生的信念。虽然女人的一些话并不会带来什么实质性的帮助，但若是鼓励的话，就可以为男人下次的成功积累能量。许多女人的一句话，都能够成为男人拼搏事业的信念。他会将那句话放在心底，多年以后，他依然记得，并且为有这样的成绩对女人感到莫大的感激。当然，能够成为男人一生信念的话，肯定是鼓励的、激励人心的，而绝不是一些消极沮丧的话。

王先生是台湾的一位建筑大亨，曾经因为炒作股市失利欠下了好几亿的债，当他走投无路，站在公司的顶楼准备往下跳的时候，他太太正在街上带着孩子买东西，忽然间她的眼皮猛跳，心里非常不安，立即打手机正给准备自杀的老公，开口第一句话就是："失败了可以东山再起，只要活着，再大的难关都会渡过……"于是，王先生打消了跳楼的念头，心里萌生出一股强大的力量。

几年以后，王先生竟然用惊人的速度把债款几乎全部还清。这种重生的力量是他准备跳楼的时候不敢想象的，是他太太的那句话激发了他的惊人潜能，而且那句话也成为了他一生的信念。

西方哲学家曾说："愚蠢的女人，才会为眼前不小心倒掉的牛奶难过；聪明的女人，则看出了日后避免牛奶瓶倒翻的方法。"在关键时刻，女人的一句话往往能决定男人的一生，也决定了自己的幸福与否。聪明的女人，在男人失意或面临巨大压力的时候，总是会说一些鼓励人的话。

记得第一次见面，他很有些沮丧，因为大学四级英语没过，看上去有点

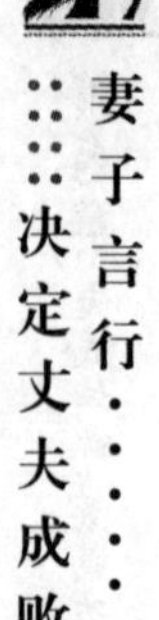

垂头丧气。但她却一脸笑容地安慰:“没事,下次一定能做好的!”因为这句话和那个善意的笑容,他紧皱的眉头舒展开了。

恋爱后,每每遇到不开心的事情,她总是笑着说:“没事,一定会好起来的!”听到这句话,他心里就暖暖的,好像有一阵清风吹过,浑身紧张的毛孔都舒展开了。结婚后,他本来找了一份稳定的工作,但有想法的他在所有人反对的情况下辞去了工作,决定下海做生意。不料,第一次创业就失败了。看着满屋子的狼藉,他沮丧了,开始质疑自己当初的决定是否有错。但是她却打开了一扇窗,刺眼的阳光照射进来,她回过头来笑着说:“没事,一定会好起来的!”看着这幅景象,他心里没来由地涌出一股力量,他紧握拳头对自己说:“我也相信,一定会好起来的。”

果然,在她的话语的鼓励下,他屡败屡战,终在三年以后创办了自己的公司。开业第一天,他带着她出现在全体员工面前,大声宣布:“没有她,就没有我的今天,她一直在鼓励我‘没事的,一定会好起来的’,这句话成为我心底无比坚强的信念,也将会成为我们公司的名言,每当你们遇到了什么挫折,就要想起这句话‘没事的,一定会好起来的’。”

最智慧的女人,就是在男人碰到逆境时可以平心静气地激励男人、安慰男人的女人,这种女人才是最让男人尊敬和爱慕的。其实,女人是无法代替男人去做什么的,她无法代替男人去还债,也不能让男人的事业起死回生,但能够以一句话激励男人的女人,却可以唤起男人勇敢地面对问题的力量,以及以后反败为胜的决心和毅力。女人所唤起的是男人的求生意志,当男人没有了求生的念头,即便手脚健好也是行尸走肉;相对的,当男人有旺盛的求生意志,就算没有脚也会勇敢地活下去。

1. 做个会说话的女人

在某些关键时刻,女人的一句话,可以是不可思议的惊人力量,也可以是压死男人的最后一根稻草,因此,会毁掉男人的一辈子。例如,“你说什么？又赔了几百万？你到底在做什么啊，怎么总是失败呢，这样迟早会破产的”；“股票也不是到今天就不动了，会跌就一定会再爬起来，别想太多了”。相比较这两句话，前一句话有可能会成为男人的致命伤，而后一句话就会成为男人一生的信念。

2. 给予男人积极的语言暗示

尤其是在男人遇到困难的时候，一定要给予他积极的语言暗示，而不是消极的话语。例如，“世上没有解决不了的事情，出去散散心吧”“面包会有的，牛奶会有的”“一切都会好起来的”等，你所暗示的是所有的不幸都将会过去，美好的明天一定会到来。这样的话，男人听了会感到欣慰，同时也会成为他内心坚定不可动摇的信念。

第3章

善解他意，让其感觉人生处处皆是美味

在生活中，女人要善解男人内心深处的心思。当然，善解人意并不是一味地迎合和纵容对方，而是指在遇到事情时，能尽量地用自己的心去体会对方的心，用自己的感觉去体会对方的感觉。在这个浮躁的社会里，善解人意的女人是家庭的港湾，是男人心灵休憩的圣地。

了解他的喜好，给予适当的支持

在现实生活中，我们经常发现这样一个有趣的现象：一起生活多年的夫妻，当在谈到对方的喜好时却是一副茫然的样子。为什么会这样呢？因为在大多数时候，女人都缺少那么一点细微的心思，不能够很好地了解身边的这个男人。在这个浮躁的社会里，女人所关注的往往是男人的外在条件：是否有钱、工作是否稳定、外形是否英俊。她们过分地看重外在的条件，而忽视了其兴趣爱好方面。许多女人甚至坦言："偶然间遇到他与朋友一起玩，才知道原来他喜欢篮球。"为什么在这之前，自己没能发现他的喜好呢？要想自己成为称职的好妻子，那就应该善于了解男人的喜好并给予适当的支持，这对于男人而言无疑就是最大的安慰。当男人疲惫的时候，你建议一起去做他喜欢的事情，他的内心对你该是多么大的感激啊。

每个人对于自己的兴趣爱好总会怀有一种疯狂的迷恋，如果身边的人跟自己一样喜欢那些东西，那就是最美的事情。但男人经常抱怨的是："你不了解我，我喜欢的东西，你从来不支持。"有时候，明明知道男人喜欢看足球赛、体育节目，但调皮的妻子却是紧紧地拽住遥控板或者在深更半夜抱怨还在电视机前兴奋异常的他。结果，男人就会感觉到妻子其实并不了解自己。男人有时候也像个孩子一样，他们希望够能找到一个知心的人，能了解自己内心的女人，这样他们才感觉生活有方向，有新的希望。

小丹与老公结婚两三年了，说到对老公的了解，她只能说："他每个月工资五千，在银行上班，工作比较稳定，有两套房子，爸妈是双职工……"小丹觉得，这些是自己应该了解的，至于其他的东西，她没有兴趣知道，也不想知道。

但是结婚后，小丹发现了一个奇怪的现象：每逢周末，老公总是避开自己出去玩一天。他出门前只是简单地交代："今天有几个朋友聚聚，我晚上可能不回来吃饭了。"小丹本身是一个宅女，她也懒得跟着出门，就没追问。等老公出了门，她也约了几个朋友一起去逛街。不过，这样的现象几乎从来没变过，婚后生了孩子的小丹有点怀疑：难道老公这是打着幌子出去玩吗？

于是，老公再一次出门会朋友的时候，小丹就说："你们平时都玩些什么啊？"提到这个话题，老公有点莫名的兴奋："打桌球，我们朋友参加了一个俱乐部，每周末都有活动，我从高中就开始迷桌球了。"桌球？认识他这么久，还不知道他有这样的爱好。小丹心有疑虑，索性提出："这个周末我也没事，我可以跟你一起去看看吗？"老公迟疑了一下，说："行啊，只是我担心你无聊。"小丹微笑着说："不会啊，不是你最喜欢的吗？"

于是两人一起出门去了桌球俱乐部。小丹只是安静地待在一旁，看着神采奕奕的老公走来走去。她注意到，因为桌球，本来不怎么言语的老公突然变得爱说话了，他一边跟小丹讲解桌球的技巧和方式，一边跟朋友开着玩笑。原来，当一个男人沉浸在自己所喜欢的运动之中时，他是那么迷人。小丹有点后悔，为什么在过去的三年就没有发现老公的这个爱好呢？

于是，在以后的每个周末，小丹都会将孩子送到父母那里，然后陪着老公一起去桌球俱乐部。小丹觉得，既然是老公的喜好，那就应该大力支持。通过对老公喜好的了解，还可以重新了解老公这个人，当然了，在这个过程中，还能够增加彼此之间的感情。

在过去的时间中，小丹不了解老公的爱好，虽然这对两人之间的感情并不会造成太大的影响，但彼此之间总会少了点什么，长久下去，两人的信任便会出现问题，继而是感情出现问题。善解他意的女人则不会这样，她会细心地了解男人的喜好，并给予适当的支持，以此走进男人的内心世界。

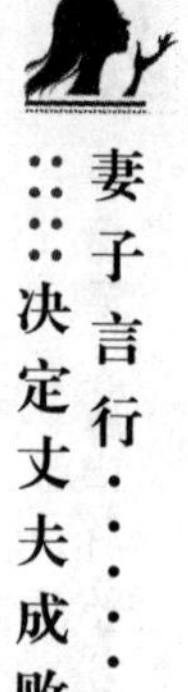

1. 即使你不懂,也需要支持

由于两性之间的区别,男人喜欢的大多是体育、法制等,而女人所喜欢的则是偶像剧、逛街。有时候,虽然你不懂男人们所喜好的东西,如足球赛,但你一样可以支持他。在半夜如果被他兴奋的声音吵醒了,不要大吼大叫,不妨也坐下来,陪着他一起熬夜看欧洲杯吧。

2. 可以将他的喜好变成自己的喜好

有的女人兴趣广泛,即便是男人喜欢的,她也有可能喜欢。如果你对身边的男人不是特别了解,那不妨先从对方的喜好入手,将对方的喜好变成自己的喜好,以此来了解对方,真正地走进男人的心里。

顺其心意,理解男人的吹牛心理

有这样一个小故事:一名年轻的男子到礼品店买情人节卡片,女店员帮他挑了一张很雅致的香水卡片,卡片上写着“为我唯一的挚爱,献上最衷心的祝福”。男人看了大喜说:“这正是我想说的,就是这张!”当女店员要求将卡片包起来的时候,男子说:“请给我来十张同样的卡片。”在这个小故事中,这个年轻的男子显现出了男性特有的行为:撒谎。如果说得俗气一点,这就是男人的吹牛心理。通常情况下,男人喜欢在女人和其他男人面前夸大自己的能力、表现和重要性。据英国的一项调查显示,在 18 岁到 40 岁之间的男人,有 10% 夸大他们的年薪,有 25% 则夸大他们的能力。实际上,男人对女人所说的爱情谎言,有一大部分也是在夸大自己的能力。当然,男人们如此明显的吹牛心理,主要源于其爱面子和争强好胜的心理。作为他们身边的女人,应该顺其心意,理解男人的吹牛心理。

有时候,男人的吹牛心理达会到一种匪夷所思的地步。据说,自诩为钓

鱼高手的美国小说家海明威有一次钓不到鱼，居然到市场上买鱼回家表示那是他钓的。或许听到这样的故事，女人都会感觉吃惊，但男人的心理确实是这样的。他们为了爱情更甜蜜、自己更伟大、世界更美好而吹牛，而且他们的谎言显得很粗糙，经常吹牛不打草稿，很容易被拆穿。在现实生活中，许多女人不屑于男人这样的行为。当男人在吹牛的时候，她们则会毫不留情地当面拆穿，结果可想而知，两人必定是大吵一架。其实，男人喜欢吹牛这是基于心理而言，并不是什么大逆不道的行为，只要不是太过于夸张，女人听后笑笑就可以了，千万别觉得这样的男人靠不住，甚至当面给他难堪。

小蕊在厨房里做饭，远远地听着老公在客厅里高谈阔论："当年，我在北京只是一个无业游民，没有工作，身上也没有存款，我只借了五千块就成立了现在的运输公司，可想这其中的过程有多难……"小蕊笑了，老公又在吹牛了，这不禁让她想起去年的时候，因为老公吹牛而吵架的事情。

去年也是这一天，小蕊早早地起床去买菜，因为那天是老公39岁生日，邀请了不少朋友，虽然家里有保姆帮忙，但很多事情还是需要自己去操持才放心。到了晚上，下了班的朋友陆续到了家里，老公就坐在客厅忙碌了起来。他最喜欢的就是吹牛，恰恰这也是小蕊最讨厌的一点，她觉得一个男人应该实诚，而不是夸大事实，以显示自己卓越的能力，但今天是老公的生日，不如就让他尽情地吹吧。

小蕊先是坐在旁边，面带微笑地听他讲当年的创业故事，一边听着，一边在心里说：这人又在那里瞎吹了。老公一边吹牛，一边喝酒，可能是酒精的缘故，他越吹越玄乎，好像自己多了不起似的。小蕊有点不悦，怎么越说越离谱呢？她看着满脸通红的老公，忍不住回应了两句："别扯那些没用的，你怎么越吹越神乎呢？"老公有点生气："怎么能说我是在吹呢？我说的可都是实话。"小蕊不客气地说："什么实话？你是怎么发家的，我还不知道啊，瞧你，成功了就不知道自己是谁了，逮着什么吹什么，你怎么成了这样子？"在众多朋友面前，老公的脸色有些难看，索性一摔杯子进了书房。小蕊一边整理东西，一边抱怨："男人怎么都这样子呢？"

后来，小蕊才知道，自己当面拆穿老公的谎言，给他难堪，是多么愚蠢的错误。她也渐渐地明白，大凡男人都有爱吹牛的毛病，那只是基于面子和自尊心的需要，既然他们喜欢，那就由他去吧。

当男人兴致勃勃地吹牛的时候，女人要顺从其心意，这样可以增加男人的自信。男人既是刚强的，又是脆弱的，他们将荣誉和脸皮看得比生命还重要。善解人意的女人会知道男人的精神世界有哪些禁区，如何去保护男人的尊严不受侵犯，不去与在吹牛的男人斗智斗勇。

1. 用心倾听男人"吹牛"是一种宽容

男人喜欢吹牛往往是一种缺乏自信的表现。女人如果不能倾听男人，男人的自信心就难以建立，甚至会崩溃。男人有时候会沉迷于吹牛的状态中，看着身边的人对自己充满崇敬的表情，他们的自尊心就大为满足，于是乎越吹越起劲。这时，作为女人要给予理解，吹牛只不过是男人寻求自尊心的一种方式，善解人意的女人要给予他们这样的机会。

2. 千万不要当面拆穿男人的"谎言"

男人在吹牛的时候免不了会夸大某些事实，这对于明白真相的女人而言听起来不是滋味，但也千万不要当面拆穿男人的谎言，他们只是希望自己展现在别人面前的是一个无所不能、完美无缺的人，这并不是应该被指责的。所以顺从男人的心意吧，不要让他感到扫兴。

别为钱计较，男人需要钱来支撑场面

现实生活中，女人特有的细腻心思决定着她们凡事都喜欢以自己作为

衡量标准。例如，在金钱问题上，如果她们自己比较节约，那她一定会对男人的开销进行严格管制并斤斤计较，她们经常挂在嘴边的就是："你怎么又花了这么多？"其实，女人不应该为钱计较太多，因为处在这个社会，男人需要钱来支撑场面。中国传统文化决定着男人比女人更需要交际，更需要寻求事业的成功。然而，人际交往难道不需要钱吗？仅仅凭着苍白无力的语言可以维系人与人之间的关系吗？说到底，人与人之间是互惠互利的，这其中的"利"还包括金钱。例如，男人在外面请朋友帮忙，必然所付出的就是请客吃饭，必要时还会额外给点礼物，这些都是需要用钱的，这也是男人必须应酬的场面。试想，如果一个男人在外面请客吃饭，竟然发现兜里只有可怜的几十块，这时候他该作何感想呢？所以，想做善解人意的好妻子，还需要给予男人支撑场面的本钱，别和男人在"钱"的问题上斤斤计较。

人们嘴里经常流传着这样一句话："要想管住一个男人，就应该管住他的口袋。"在一些家庭里，财政大权都是掌握在女人的手里，她们一相情愿地认为，只要管住了男人的口袋，就可以管住他们的心。其实这样的理解有失偏颇。对任何男人而言，他们处在这个社会，荷包都需要鼓鼓的，这样出门才有底气，才能办好事。有的女人只喜欢拿一百块钱放在身上，这样可以钳制自己少花钱；而男人通常是放几千块钱在身边，以备不时之需。这是因为男人的社会性比较强，他们更需要用钱来支撑场面，仅仅凭着身躯是难以办成事的。口袋里没钱，走半步都困难，而一个男人如果因为妻子的管制，手里根本没什么钱，那必然是难以干成大事的。在金钱方面，女人要理解男人，有的钱是应该花的，你若是太斤斤计较，只会阻碍男人的前程。

小杨是出了名的"妻管严"，他生活、工作的方方面面都被老婆管制得十分严格，尤其是金钱上。小杨在一家小公司做业务部经理，虽然公司比较小，但他大小算是一个经理。但据同事们所知，小杨一天的生活费只有 20 元，按他老婆的规划：7 元的烟钱，剩下的 13 元则是早上和中午的饭钱。

于是，小杨每天就揣着20元钱出门，有时候到了下午，钱花得连坐公交车回家的车费都没有了。他只好可怜地找到办公室里的同事："我还差一块钱的车费，借点给我。"那表情、那语气，同事看了都心酸，赶紧拿几块钱给他并声明："不要还了！"若是遇上大客户，公司肯定是需要请客吃饭的，这时小杨会提前打电话回办公室："中午可能要请客户吃饭，请财务部预支点钱给我。"如果财务部太忙而回应说："你先垫着，吃完饭回来报账。"那小杨则会可怜地说："我哪有钱垫啊，我自己的中午饭都成问题了。"

时间长了，整个公司的同事都觉得小杨简直不像个男人，整天被老婆管制着。同事们私底下议论纷纷，小杨也耳有所闻，他忍不住回家跟老婆谈判："老婆，这个生活费可不可以多给一点，你也知道一个男人在外面花钱的地方太多了，像我这样每天只有20元，简直出不了门……"老婆回答说："平时家里的开支都是我安排，你要是生活费提高了，那其他费用就不够了，你也知道，我们每个月还有几千块钱的月供，你就节约一点啦，等咱们的工资提了，我就给你加生活费。"听到老婆这样的话，平时脾气温和的小杨也忍不住生气了："为什么你不能理解我呢？我是个男人，像你这样管着我，我还是个男人吗？天天到公司，同事们都看我的笑话，我的面子、自尊何在？"

在上面这个案例中，小杨的老婆对金钱的管制未免太过于苛刻，简直到了无法容忍的地步，就像小杨所说的"一天20元，连家门都出不了"，更别说还需要人际交往。对于家里的财政开支，女人可以掌管，但与此同时也需要尽量地给男人充裕的金钱，以备其不时之需。女人需要理解，男人往往是需要用钱来支撑场面的。

1. 在金钱上，给足男人面子

男人出门在外，最尴尬的就是"囊中羞涩"，作为女人，需要理解男人的这一心理。不管在什么时候，再穷也不能穷了男人的口袋。男人大多在外面，他们需要交际、需要办事，这些都需要用钱支撑场面。做一个善解人意

的好妻子,尤其是在金钱上,需要给足男人面子。

2. 钱本身就是挣来花的

女人若是太过于计较金钱,无异于变相阻碍了男人的脚步。有时候,男人办事需要金钱,例如,请人吃饭等。这时候,女人不要太计较钱,你应该明白,如果男人事业成功了,那还在乎这些钱吗?而且钱本身就是挣来花的,总是斤斤计较,只会让自己太累。

别总拿别人的幸福与自己比较

女人不要去羡慕别人所拥有的幸福,你以为你没有的,可能正在来的路上;你以为她拥有的,可能正在去的途中。喜欢比较的女人们常常看到的风景是:一个人总是仰望和羡慕别人的幸福,一回头,却发现自己正被仰望和羡慕着。其实每个人都是幸福的,只是你的幸福,常常是在别人的眼里。幸福这座山原本就没有顶、没有头,我们不要站在旁边羡慕他人的幸福,其实幸福一直在你身边。只要我们还有生命,还有可以创造奇迹的双手,我们就没有理由成为旁观者,更没有理由去抱怨生活和身边的男人。在生活中,特别是女人,她们总是不由自主地去羡慕别人所拥有的东西,羡慕别人的工作,羡慕朋友买的新房子,羡慕别人的车子等,唯独忽视了一点,我们自己也是别人所羡慕的对象。可谓风景在别处,说的就是这个道理。

有这样一则有趣的寓言:“猪说假如让我再活一次,我要做一头牛,工作虽然累点,但名声好,让人爱怜;牛说假如让我再活一次,我要做一头猪,吃罢睡,睡罢吃,不出力,不流汗,活得赛神仙;鹰说假如让我再活一次,我要做一只鸡,渴有水,饿有米,住有房,还受人保护;鸡说假如让我再活一次,我要做一只鹰,可以翱翔天空,云游四海,任意捕兔杀鸡。”其实,这样的现象不仅

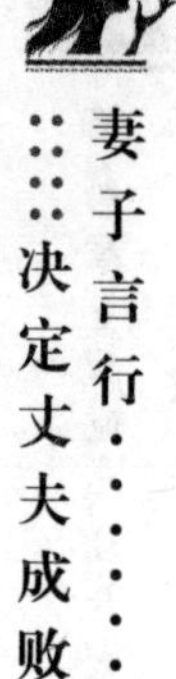

仅是动物。人,尤其是女人也往往喜欢拿自己的生活与别人做比较,结果是“人比人,气死人”。比较之后,发现自己什么都不如别人,自然免不了生出许多抱怨,她们开始抱怨男人没能力,开始抱怨生活。最终,那些细碎的语言就如同导火线一样,点燃了夫妻之间的战火。

在老公的眼里,小文什么都好,就是喜欢比较,比较之后就开始抱怨,然后两人就开始吵架。在小文看来,什么都是别人家里的好。她经常在老公面前说的就是:“你看别人的老老公多体贴,下着这么大的雨,他硬是从城东坐车到城西,接老婆下班回家。你呢,你什么时候去接过我啊?嫁给你真是受委屈了,你说那样的好男人,我怎么没早点遇到呢?”“你看邻居的房子,装修得多气派,全是欧式的风格,材料用的都是进口的,人家那口子多会挣钱。你呢,天天窝在一个发不起工资的单位,别提有多窝囊了。”以前听到小文的抱怨,老公还会沉默,但听得多了,老公也不服气了,怎么自己就比别人家差了?结果两人又是一顿大吵。

这天,小文回到家又是一脸的垂头丧气。她说:“你看我们公司同事的老公个个都升职加薪了,阿丽的老公还被派出国进修去了,瞧瞧你,没出息的样子,我当初怎么就选了你这样的男人啊。”坐在沙发上看电视的老公气不打一处来,扔下报纸回答道:“你除了会抱怨,还会别的吗?你说遇到我这样的人不幸,我看我遇到你这样的人才倒霉,每天在公司已经够累了,回家还听你论这家长那家短的,别人的生活就是那么幸福吗?你亲眼所见吗?我是一个活生生的男人,不是你比较来比较去的什么东西。”说完老公摔门而去,小文待在那里,半天没回过神来。

她一个人坐在客厅,仔细地回忆自己的行为,难道自己真的像老公所说的那样,除了抱怨还是抱怨吗?难道羡慕别人的幸福也有错吗?猛然,她想起了同事对自己的夸赞:“小文,待我可真羡慕你,儿子聪明伶俐,老公帅气能干,哪像我,虽然老公连连升职加薪,但天天不见人影,这哪是人过的日子呀。”看看自己的家里，温馨整洁，到处都是老公的创意设计，家里的装修全是老公当初一个人设计的，当时自己还狠狠地夸奖了，怎么现在自己就变成这个样子了呢？

当你羡慕别人的幸福生活时，为什么不与自己相比较呢，看看自己是否越来越好了，是否离自己期望的目标越来越近了，经常给自己鼓励，同时也鼓励身边的男人，你会发现，自己的生活是越过越好。说不定你在羡慕别人幸福的同时，别人也正在羡慕你呢。

1. 硬币有反面也有正面

在这个世界上，并不存在十全十美的人，那些我们所羡慕的人同时也在承受着他们的不如意。正所谓家家有本难念的经，人虚荣的本性使得他们把自己风光的一面展现给世人，但又有谁能真正看到别人风光的背后呢？其实每件事都有两面，就好像硬币一样，有正面就有负面。

2. 与其羡慕别人，不如好好经营自己的生活

别人的生活再幸福，那也是永远羡慕不来的。羡慕别人幸福的生活，那是因为我们期待完美，期望可以活得更好，但我们却忽视了一点，每个人的境遇不一样，别人的幸福是无法模仿的。与其仰望别人的幸福，不如鼓励身边的男人，学会经营自己的生活；与其羡慕别人的好运气，不如借鉴别人努力的过程。

适度理解男人所说的谎言

喜欢撒谎似乎是男人的本性，当然，大部分男人撒谎都不是出于害人的目的，而是为了掩饰自己的缺点或是所犯下的错误。因为这些缺点或错误一旦暴露出来，可能他们会处于难堪的位置，在女人面前颜面尽失。因此，

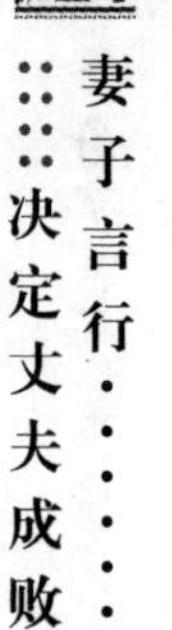

男人通常不会承认自己说谎，一旦自己的谎言被拆穿，他们又会找出一大堆不得不说谎的理由。谎言其实就是有意说不真实的话，从心理角度说，是以欺骗的方式歪曲事实真相以达到某个人目的的一种不良行为。为了自尊和面子，男人学会了说谎。作为女人，应该适当地理解男人所说的谎言。善解人意的女人通常都是在外面把面子给男人留足，因为男人总是自我感觉良好，在很多时候，他们都把"面子"视作生存的第一位。理解男人的谎言，这对于夫妻两人的相处是很有帮助的，因为得到女人的理解，男人才会尽量不说谎。

心理咨询室接到了一位已婚女士的来信：

我想咨询一下，如果说一个男人在外面欠债了不告诉自己的老婆，他撒谎的目的是为了什么？我现在刚刚到我老公的公司上班，最近我才知道他原来欠了公司里好几位同事的钱，我不知道他怎么会有这样的外债。最近我们发工资的时候，正好他不在，老板就将工资给了我，没想到有好几个同事都找我要钱，我才知道他原来欠别人的钱，而且数额不小。

我问他，他就回答说："用了。"其他什么都不说，我觉得他对我很不诚实。一件不小的事情，他竟然这样简单地回答我，直觉告诉我他在欺骗我。他好像一直在欺骗我，有时候他外出，我打电话给他，问他在哪里，在干什么，他会敷衍几句，不跟我说实话。我简直觉得他的人品有问题，怎么这样到处撒谎呢？

在本案例中，苦恼的女士并不知道，男人有时候是有难言之隐的，一般不会轻易地对自己的亲人，特别是自己最心爱的女人去说，这是女人难以理解的。有的女人就因为这样和男人吵架，甚至怀疑男人的人品，其实这是对男人的曲解。男人在外面有应酬，这些都是需要钱来铺垫的，但女人总会严格地控制男人的收支情况。如果是这样，男人有自己的小金库，有时会向同事或朋友借钱，这也是男人无奈的举动。对于这样的一些情况，女人要学会去理解。

小周是一名出色的飞行员。有一天，他带着女朋友一起在空中观赏美景。不幸的是，飞机在沙漠里遇到了沙尘暴而被迫降落，但它已经严重地损毁，无法恢复起飞。与此同时，通讯设备也全部被损坏，与外界的通讯联络中断。了解到这样的情况，女朋友深深地陷入绝望之中。

这时，小周好像没事一样，说："不要惊慌，我不仅是一名优秀的飞行员，还是一名杰出的飞机设计师，只要我们齐心协力，就能修好飞机。"这句话犹如一颗定心丸，稳定了女朋友的情绪。于是，他们共同与飞沙作斗争。

十几天过去了，飞机依然没有修好，但有一对往返沙漠里的商人路过此地，搭救了他们。这时女朋友才知道，小周根本不是什么飞机设计师，只是一名飞行员而已。意识到男朋友在欺骗自己，她忍不住嚷嚷："我的命都快保不住了，你居然还忍心欺骗我?"小周不紧不慢地说："我不是怕你担心吗?假如我当时不撒谎，你还能活到现在吗?"

有时候，善意的谎言可以为我们的生活带来奇迹。谎言的本质其实是对矛盾的暂时回避。短期掩盖真相的谎言，长期可能是一种善意。对于男人而言，不说谎是不可能的，他可以长期掩盖某种真相以欺骗女人，也可以短期掩盖某种真相以欺骗所有的女人。

1. 谎言与道德无关

女人需要明白的是，谎言本身与道德是无关的。因此，如果男人对你说谎了，并不证明他不爱你，或许他只是用另外一种方式爱你。在更多的时候，男人撒谎，不仅仅是一种欺瞒，更多的是为了让彼此的感情少一些麻烦，或者让爱情变得更完美。善解人意的女人不会将男人所有的谎言都理解为欺骗或背叛，她们清楚地知道，理解男人善意的谎言比自寻烦恼更明智。

2. 学会理解男人的谎言

在生活中，我们不能否认男人习惯于撒谎，而且往往是欺骗自己身边的

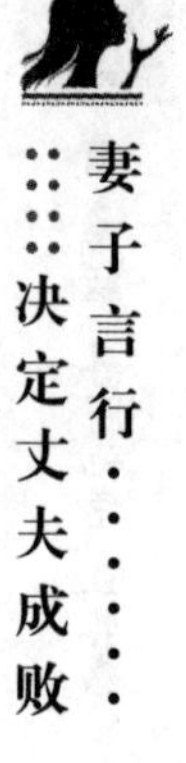

女人。但是,并不是所有的谎言都是极具伤害性的,有的谎言是男人不想女人被伤害才选择说谎。对这样的情况,女人要适度理解,需要分辨出男人所说谎言的真伪,如果是善意的谎言、无奈的谎言,不妨原谅他。

他的脾气是你所要包容的

有这样一句话:“世界上没有一百分的一个人,只有五十分的两个人。”婚姻是夫妻的结合体,两个五十分的人凑到一起,才能算是一百分。所以,无论你觉得自己有多完美,在对方面前,你也只有五十分,同时,对方也只有五十分。婚姻是两个性格迥异的人住在一起,即便是牙齿和舌头经常在一起,有时候牙齿也免不了会咬到舌头,更何况是两个人,时间长了,夫妻之间也免不了磕磕碰碰的。当然,造成矛盾和冲突的源头在于彼此之间的脾气,并不是说谁的脾气不好,而是每个人都有自己的脾气,相爱虽然简单,但相处太难。如果你想维持一桩美满的婚姻,想做一个善解人意的好妻子,那就要学会包容男人的脾气。

有一个年轻的女子,她非常幸运地得到了一颗硕大而美丽的珍珠。然而她并不满足,因为在那颗珍珠上面有一个小小的斑点,她考虑,若是将这个小小的斑点剔除,那它肯定会成为世界上最珍贵的宝物。于是,她就狠下心削去了珍珠的表层,可是斑点还在;她继续削去了一层又一层,直到最后那个斑点没有了,而珍珠也不复存在了。这时,她心痛不已,一病不起,临终前,她对家人说:“若当时我就不去计较那一个小斑点,现在我手里还会握着一颗美丽的珍珠。”跟珍珠一样,在这个世界上不存在绝对完美的东西,夫妻之间更需要包容,包容对方的脾气,更多地看到对方的好处,不能斤斤计较,更不能肆意地讽刺男人的缺点。真正的幸福,不是让我们冒着背负终生之

憾的危险，去剔除对方身上那一点点微不足道的瑕疵，而是需要我们把握好手里的那一颗实实在在的珍珠。

张姐是一个脾气温和的女人，她几乎从来不生气，对于老公的脾气，她均是一一包容。当初，第一次带男朋友回家，母亲说："一看他的样子，就知道他脾气不怎么好，找老公就需要找一个脾气好的人。"张姐笑着说："虽然他脾气是差了点，但其他方面都很不错，工作很认真，对我也很好，我脾气好，完全可以包容他的脾气。"母亲叹了口气说："丫头啊，你就是心眼实在，人家都是男人包容女人的脾气，你却要包容他的脾气。"张姐撒娇说："哪里，咱们是互相包容。"

婚后，张姐从未与老公吵过架，每每老公的脾气爆发，张姐就选择沉默，或者打趣几句，不与之发生正面冲突。老公是典型的山东人，暴脾气，脾气一来了就摔东西，家里的碗筷不知道被他摔坏了多少。但张姐并不正面抱怨，而是开玩笑地建议："麻烦你，下次可不可以选择一些摔不坏的东西？"这时气已经消了的老公便会摸着自己的头，不好意思地笑了。

有好几次，老公摔东西被张姐的姐姐看见了，便拉着张姐说："你怎么能够容忍这样一个暴脾气的男人？我若是你，早休了他了。"张姐笑了笑："他也就这样一点脾气，包容一下就好了，他现在脾气都改了很多，比当初的他进步了不少，我已经知足了，摔摔东西也没什么，只要他能消气，否则，怨气积压在心里，对身体还不好呢。"姐姐没再说什么，因为她已经感觉到张姐已经领悟到婚姻的真谛了。

夫妻之间，最和谐的相处模式就是互相包容。有时候，我们总是称"个性不合"，难道这就是分道扬镳的理由吗？如果说真的是脾气不和，那也应该是彼此不够包容。耍脾气并不是女性特有的专利，女人有脾气，男人更有脾气，女人在希望男人能包容自己的小脾气的同时，也需要理解男人，包容男人的坏脾气。

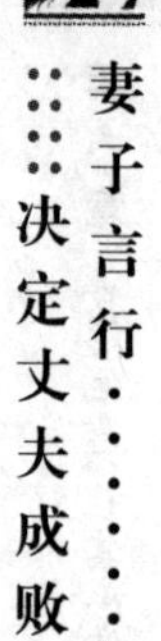

1. 包容本身是一种理解

对男人脾气的包容，不是忍受，不是憋屈，而是一种理解，一种原谅后的宽容。在家庭中，两个人相处，因为个性而造成的冲突是难以避免的。不过，我们更应该明白，没有哪种脾气是完美的，只有环境的不同使人们展现出这种脾气好的或坏的一面。在你享受对方这种脾气带来的益处时，也需要承受这种脾气带来的伤害。

2. 你的包容对男人而言很重要

有时候，男人就像一个小孩子，他们希望得到女性的包容，他们偶尔也会发发小脾气，这时作为在他身边最亲近的人，需要学会包容，以自己母性般的胸怀包容他的脾气，这对于男人而言是很重要的。

第4章

言语杀手，尖酸的话语最易摧毁男人的心

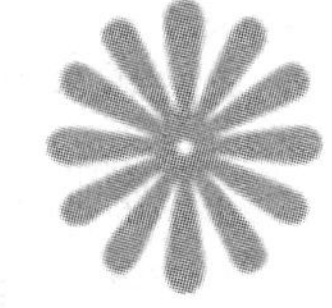

在一个家庭中，两个人相处，作为成功男人背后的女人，更需要修炼语言的涵养。小心语言杀手，稍有不慎就会摧毁男人的心，例如，唠叨、数落、讽刺、指手画脚都会对男人的心造成不可避免的伤痕。对此，女人要学会说话，尤其是对身边的男人说话更需要注意。

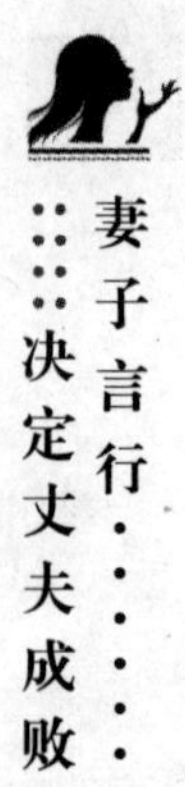

强势女人只会造就无能的男人

我们经常会陷入这样一个纠结的话题:是女人太强势,还是男人太无能?在生活中,我们经常会看到有的家庭呈现出阴盛阳衰的趋势。在这个家庭里,好像总是女人占上风,男人完全没有地位似的。其实,大凡太强势的女人,她只能造就无能的男人,许多女人习惯于对男人颐指气使,好像让爱人俯首称臣是一件很值得骄傲的事情。实际上,她们都忽视了,在抬高自己的同时已经践踏了男人的自尊,同时也毁掉了这个有机会成功的男人。在爱情与婚姻的天地中,说话柔弱的女人更让人同情。反之,说话太强势的女人不见得被人称颂。在男人眼中,最不可理喻的就是所谓的女强人,为了事业变成了男人婆。不仅如此,在家里说话总是将姿态放得很高,将身边的男人当成了自己的下属,不是指责就是抱怨。结果让原本有心无力的男人更无心事业,他所想的就是尽早脱离这个不平衡的家庭。

在现实生活中,每天下班之后,女强人会把外面的冷漠也带回家。她们在对男人倾吐疲于奔命的感受时往往会放高自己的姿态,还带着一种发泄的情绪,这让男人听了,好像她在责怪自己做得不够,甚至像是在命令他更卖命地工作似的。这样的女人是男人难以接受的。对男人而言,家是一个休息的地方,回到家里就可以完全地放松自己。本来,男人所面临的压力就已经够大了,如果妻子说话太强势,这会让男人觉得自己的工作毫无意义,从而增加自己的挫败感,妻子所责备的那些话就是男人失败的象征。因此,男人所需要的是一个说话温柔体贴的女人,他希望得到的是妻子善解人意的安慰和温柔的鼓励。

英国女王维多利亚算得上一个女强人,但她却聪明地将自己格外的柔

情展现在家庭中。在丈夫阿尔伯特亲王面前，她不是高高在上的英国女王，而是一位平凡的妻子。

有一次，女王跟丈夫阿尔伯特亲王吵架了，想要和好，但丈夫闭门不出，不见女王。女王主动道歉，去敲丈夫的门。丈夫问："谁？"维多利亚回答说："英国女王。"结果，门没有打开，又敲了几次，里面还是没反应。女王明白了，马上换了温柔的腔调："对不起，亲爱的，我是你的妻子。"于是，门立即打开了。

1861年12月，阿尔伯特因伤寒去世，女王永失真爱，这成为了女王的致命伤痛。以后每逢丈夫的祭日，她都会在自己的日记中写下相同的话语："你的去世是一个巨大的悲剧，我的人生从此支离破碎。"她给亲戚写信说："世界已经死去了。"她说："他的观点就是我的法律。"由于悲伤过度，女王一度过着近似幽居的生活。最后，在首相迪斯雷利的劝说下，她才重新扬起了生活的风帆。

在家庭里，维多利亚不再是那个高高在上的女王，而是一个温柔体贴的妻子。在这个小故事中，当丈夫阿尔伯特问："谁？"维多利亚回答："英国女王。"这样的语气明显是强势的，果然，丈夫并没有开门。而后维多利亚温柔地回答："对不起，亲爱的，我是你的妻子。"丈夫才开了门。在生活中，我们并不是不主张女人成为强人，而是即便你在外面是呼风唤雨的女强人，但回到家里，就应该卸下强人的面具，成为贤淑温柔的妻子，尤其是说话方面更需要注意，否则只会挫伤男人的自尊心。

1. 说话不能颐指气使

许多女人习惯的口吻就是："赶紧去把饭菜弄好，我吃了还要赶着去上班""昨天交代你去做的事情，怎么到现在还没有动静，你怎么搞得？"这样的语气，一听就是上司对下属说话的腔调，偏偏许多女人将这样的语气带进家里，最终的结果可想而知，在你的强势下，男人真的变得越来越无能了。

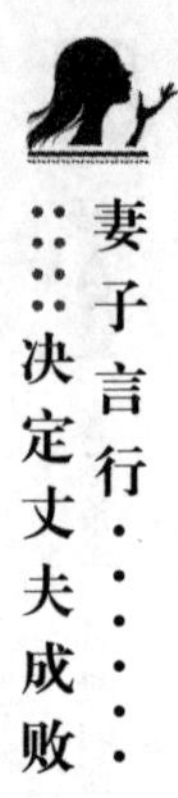

2. 夫妻关系本身是平衡的

在一个家庭中，就算是他爱你比你爱他多得多，但你们所处的位置是平等的。也就是说，你们的姿态是平等的，你不能凌驾于他之上，他也不会把你的身份当做保姆。彼此之间需要互相尊重，说话尽量以温和为主，适时地还可以向他撒娇，这样才能使彼此之间的感情升温。

不给面子的数落令男人丧失信心

在生活中，有的女人并不能很好地理解“男人把面子看得比生命还重要”这句话，情绪冲动的她们往往会逞一时的口舌之快，经常作出的行为就是当着众人的面指责男人，或者在他人在场的情况下，将男人的种种不是事无巨细地数落一遍，这样做的后果是大大地伤害了男人的自尊心，让男人们恼怒不已，时间长了，男人对这样习惯于当面指责自己的女人感到厌恶和讨厌。作为一名好妻子，在有外人在场的场合，应该在男人做错什么事情的时候，悄悄地帮他圆场；在男人有什么漏洞的时候，慢慢地替他补上。即便男人有百般的不是，也必须等到只有你们两个人的时候，你才能好好地将自己的所思所想讲给他听。在只有两个人在一起的时候，与他细细地一论长短，其实男人通常心里都很清楚谁对谁错，只要你给足了面子，他必然会在以后的生活中给予回报。否则，一个女人如果在面子上与男人一争高低，那不管是自己处于上风还是下风，最后的输家必然是你自己，因为你会失去男人对你一切美好的感觉，使他的心变得越来越凉。

有时候，我们经常听到有些女人不分场合地数落男人：“你怎么就这么没眼力劲儿，没看见被没叠，地没擦呀？你说你，一个大男人成天待在家里，有什么出息？一瞅你我就来气，外面不成，回家也不干呀？你说，我哪儿指得上你”“怎么了，又喝酒了吧？你说你跟你那帮狐朋狗友成天混在一起有什么出息？我看着他们没一个顺眼的，你呀，这辈子算是没什么指望了！”“我不爱跟你回去，一看见你爸妈我就来气，上次我就嫌有一道菜不好吃，这下她倒好了，唠叨了那么多，你爸还添油加醋，来你们家我就是受气的呀？”这些语言就好像一根根针，针针刺在男人的心上，他们感觉到自己的自尊被践踏了。时间长了，他们的感情也会发生转移，他们更倾向于那些生活中细声安慰自己的女人。

这是一个苦闷男人的自述：

我是家里的独生子，父母性格暴躁，这对我的性格有很大的影响。长大后，我比较内向，沉默寡言，甚至感到孤独，我暗暗下决心，我以后的家庭绝不能像我父母一样。通过别人的介绍，我认识了现在的老婆，她很早就在社会上打拼，思维比较活跃，社会阅历广，结婚这么多年，我们刚开始的感情很好，一聊可以聊几个小时，但最近两年，她却总是当众数落我。

我们家开了个茶馆。有一次，一个顾客来喝茶，但他觉得电视不好看，就不想泡茶，我让他付钱，但对方不肯，老婆就和顾客吵了起来。我是站在一旁，左右不是。老婆见我无动于衷，不帮腔，就当着许多人的面数落我：“我不是数落你，这个人就是欺负你、骂你，你连话都不敢说。”我心想，这是做生意，自然是以和为贵。结果，老婆见我不吱声，越说越起劲：“你根本不是个男人，你太懦弱了。”这样的话对于任何人而言都是无法接受的，是一件很伤自尊的事情，旁边的人都说她看不起我。

她数落我已经成为了家常便饭，真的很伤我的感情，我甚至有点怀疑婚姻，内心感到很难受。以前吵架了都是我找她谈话，但事情过后，她一样会数落我，这两天，我没搭理她，她也没主动找我说话。她从来没对我说为何数落我，为何做出如此伤男人自尊的事情。

最近这几天，我睡眠不好，我对以后的日子失去了信心，再这样下去，真

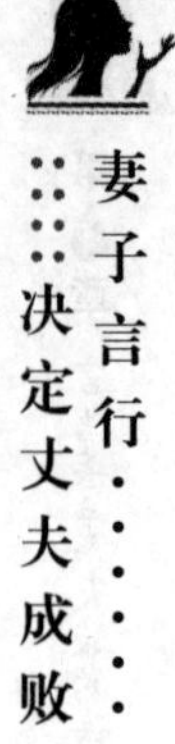

的可能会离婚。

在上面的案例中，这位男子童年成长的阴影驱之不散，父母经常吵架，因此遇事隐忍成为了思维惯性，他内心害怕复制过去所见到的场景，总是想息事宁人。而主人公的老婆也是一个不太理解男人的女人，她几乎从来不懂得尊重男人，缺乏一定的智慧。试想，在外人面前让老公颜面扫地，这对于自己有什么好处呢？

1. 为自己的情绪找一个合理的发泄渠道

生活的压力让每一个人变得很无奈，有时候忍不住心中的烦恼时，总想找个人发泄一通。对于那些结婚后的男女，他们错误地将这样的情绪发泄到对方身上。在这场悲剧中，发泄者大多数是女人，而被发泄者必定是男人。对于这样的情况，女人应该为自己的情绪找一个合理的发泄渠道，例如，跑步、跟朋友谈心，而不是指责男人。

2. 拒绝语言暴力

自尊和面子对于男人而言比生命还重要，可是就有那么一些女人喜欢用各种语言暴力来挫伤男人的面子。许多女人经常张嘴闭嘴就骂男人“无能”，这无异于男人的死穴。听到这样的话，男人势必会脸红耳赤，甚至有想打人的冲动，但骂自己的却是自己深爱的人，真是伤透了心。如果你觉得男人没出息，那就想办法引导他们往正确的方向发展，而不是用偏激的语言去刺伤他们。

唠叨的女人会让男人失去耐心

在美国有这样一个惊人的数据：每年有2000个杀妻犯承认杀妻是因为妻子太爱唠叨了。唠叨这个词语似乎是男人用来形容女人的专利。在现实

生活中，许多女人不会承认自己唠叨，她们觉得自己只是在提醒男人将要去做什么事情，以及这件事情怎么去完成，如做家务、吃药、修理马桶，整理卧室等。在女人看来，唠叨其实是自己关心的一种表现。然而，当女人不断地重复自己的命令的时候，男人却只听到一个声音：唠叨。那些唠叨的女人会让男人失去耐心，唠叨就好像是漏水的龙头一样，把男人的耐心消耗殆尽，并且在他们的心里逐渐积累起一种厌恶。在对世界各国的男人调查中发现，他们最讨厌的事情就是唠叨。在香港，一位丈夫用锤子砸了妻子的脑袋，造成其大脑损伤，但最终法官给这个丈夫判的刑期很短，因为他认为妻子太唠叨，使得丈夫失去了理智。

当然，我们从来不怀疑女人唠叨的出发点是为了关心，也正因为如此，唠叨总是会发生在关系比较亲密的人之间，如妻子和丈夫、母亲和孩子等。家庭里的妻子们总是家务缠身，在生活中感觉到力量弱小，无法直接改变自己的处境，所以，她们向身边的男人开始唠叨。当女人发现男人还有一些事情没能完成的时候，她的唠叨就开始了。但女人唠叨的行为却是令人厌恶的，那些常常在家里唠叨的女人是一些对自己的处境不满又无力自拔的人，她明白在生活中还有其他更精彩的东西，但她不愿意承认自己在家里所扮演的弱小角色，她感到很迷茫，她甚至连自己做什么都不知道。

小舞是一个喜欢唠叨的女人，老公形容她的嘴总是喋喋不休，除了睡觉的时候，她的嘴巴几乎都在说话。老公经常开玩笑说："在你身上，可以说最大限度地发挥了嘴巴的作用。"当然，那时候还是新婚。如果现在小舞开始唠叨，那老公肯定会摔门而去。

两人刚认识的时候，小舞就开始发挥出自己母性的特性了。对着男朋友的衣服，她总是说："衣服要洗干净，收了之后要叠整齐，看你的衣服，就好像从垃圾桶里捡来的。"这时男朋友总会用手刮刮小舞的鼻子，笑着说："以后我的衣服就交给你了。"对男朋友的生活习惯，她总是唠叨："你都成年了，

怎么还玩通宵游戏？这样对身体不好，而且还会影响你第二天的工作。”这时男朋友马上就会答应说：“知道啦，知道啦，我的小唠叨婆。”那时候的唠叨夹杂着甜蜜的味道，但结婚后就变了。

婚后，两人的生活变得平淡了，但小舞的唠叨不仅没有缩减，反而变本加厉。从早上起床，她的嘴巴就开始动了：“今天天气预报说好像有雷阵雨，记得带上雨伞，在抽屉里的，可别忘记了。还有啊，今天不要穿你那双皮鞋了，那鞋子勾水，把裤子弄脏了不好洗……”还没等她说完，老公已经不耐烦地拿着公事包出门了。

中午，小舞拨通老公的电话，继续唠叨：“中午吃的什么？你胃不好，不要吃油腻的，平时带着小王一起去参加饭局，让他给你挡酒，免得又喝得胃出血……”电话那边，正忙着看文件的老公直接挂断了电话。

晚上，老公半夜才回家。小舞还坐在沙发上，看见他回来了，唠叨说：“怎么这样晚才回来，我很担心你的，每天都是早出晚归，你一天到晚在忙什么？……”老公终于忍不住了：“你一天除了唠叨就是唠叨，能不能让我安静一会儿，我每天在外面工作已经够累了，回家还听你唠叨，你真是要我的命啊。”说完，气冲冲地摔门而去，留下一脸吃惊的小舞。

对于男人而言，最受不了女人吹毛求疵、无休无止的抱怨和唠叨了。结果，夫妻之间的关系已经到了那样的地步：他们唯一的交流就是女人斥责男人今天还没有做什么，这周还没有做什么，这个月还没有做什么，甚至指责男人从结婚以来还没有做什么。女人的唠叨，让男人失去了耐心，他们下了班不愿意回家，而是主动向老板要求加班。女人愿意相信吗？男人宁愿工作也不愿意回家，因为听女人无休止的抱怨是对自己最大的折磨。

1. 克制自己的母性情结

女人觉得自己是家里惟一有理智的成年人，她们觉得男人就好像一个小孩子。女人唠叨的根源在于，当她们看到自己的另一半这个样子，就开始将他当成淘气的男孩，而非能干的男人。而对男人而言，你越当他是孩子，他就越表现得像个孩子。

2. 行动比言语更有影响力

如果你习惯了唠叨，男人还是不愿意听你的，那就不妨将语言化作行动。如果你想让男人养成回家之后就换鞋子的习惯，那就在他走到家门口的时候，无论你有多忙都亲自将拖鞋递上去，这样一次两次之后，男人自然会养成良好的习惯。

较真小事的女人是在扼杀婚姻

女人不同于男人，她们的心眼比较小，很容易在一些小事情上计较。就这点来说，男人就比较洒脱了，因为在他们看来，只要不是太大的事情，那就不是事情。但女人的心眼就如针眼般，她们容不得太多的事情，而且无论事情过去多久，她们总是反复地提及此事。当然，她们也明白，即便无数次地提到这件事情，但对于结果而言是于事无补的，但她们就是忍不住。好像女人的天性就容易在小事情上较真，然后紧抓住不放，结果既让男人厌烦，同时也让自己埋下一个心结。对此，女人要学会洒脱一点，对生活中的小事情不要较真。因为你越是较真，就越是将自己陷入一个无法理清的漩涡里，到最后你就不知道你到底在计较什么。然而，在这个过程中，你三番五次地提及这件事情，已经让男人厌恶至极，已经影响到他的心情，也很容易摧毁他对你坚定不移的心。

王姐和老公结婚五年多了，女儿都三岁了，但最近竟然闹起了离婚，朋友们都以为这是两人闹着玩的，没想到过了几天，遇到王姐，发现她真的离婚了。

其实，引发离婚导火线的不过是一件小事。王姐的老公张哥是环卫局里的一位小领导，虽说官不大，但底下还管着几个人，在局里也算是小有成就，因此，身边的女同事欣赏也是很正常的。本来，局里的另外一个女的性格比较开朗，平时很喜欢跟张哥开个玩笑，两人走得比较近，但纯碎是朋友关系。但不知道怎么传的，传到王姐的耳朵里就成了两人似乎在鬼混。

王姐本身心眼就比较小，一听这事不得了，赶紧打电话给张哥："听说你们同事中有个出色的美人？"张哥听到这话，乐了："美女倒是不少，但说实话，老婆，她们都比不上你。"王姐根本不吃这一套，生气地说："少说那些没用的，先想好晚上回来怎么跟我解释吧。"说完，王姐就挂断了电话，留下张哥在电话那头一愣一愣地，解释什么事情呢？

晚上回到家，张哥只觉得家里很冷清，冷锅冷灶，而王姐则是阴着脸坐在沙发上。张哥放下皮包，问道："又是怎么啦？这是生的哪门子气？"王姐阴阳怪气地说："说说你跟那个女人的事情吧。"张哥突然觉得不对劲："什么女人？"王姐一下子拔高了音调："还有什么女人？你背着我藏在外面的女人，你说说，你都背着我干了什么，你们单位里的那个女人怎么回事，你说啊。"张哥意识到王姐真的生气了，只好和气地解释："我不知道你听到了什么，但确实只是朋友，我们只是单纯的朋友关系，仅此而已。"王姐冷笑一声："朋友，什么朋友？朋友会一起出去吃夜宵吗？"张哥丈二和尚摸不着头脑："夜宵？夜宵不都是同事一起出去吃的吗，又不是单独地跟她在一起。"王姐瞬间就爆发了："那你的意思是很想单独出去吗？你说说你心里到底是怎么想的？到底还有没有这个家，如果没有，咱们就离婚。"

听到"离婚"这两个字，张哥再也忍不住了："一点小事情就说离婚，每天总是不停地找这个事情吵，那个事情吵，你到底烦不烦呢？你不累，我都累了，总是这样，我跟你说了，只是朋友，那就只是朋友，你非要较真，行啊，离婚就离婚了，跟你这样的女人过日子实在太累了。"

结果，两人说办就办，第二天马上就办了离婚手续。过了一段日子，王姐无意中听说张哥还是一个人，他在外面也确实没什么女人，单位里的那个女同事也只是朋友而已。听到这个消息的王姐，已经无法说清楚自己内心的感受了。

如果说较真小事的女人是在扼杀自己的婚姻，这话其实一点也不夸张。通常就男人的思维而言，他们更容易忘记小事情，也不会有翻旧账的习惯。女人就不一样了，即便是男人身上出现了绿豆芝麻点大的事情，她也觉得好像天塌下来了。于是不断地争吵，直到吵累了，她还是执著地追问："这件事情到底是什么样的?"结果搞得男人烦不胜烦，最终只能无奈地回应一句："你以为是怎么样就是怎么样。"如果两个人就此不解释，那估计真的有可能导致婚姻破裂。在事后，如果女人发现原来扼杀婚姻的元凶是自己，那她不知道会是什么样的心情。

1. 不要斤斤计较

女人天生的小性子很容易使得自己在小事情上斤斤计较，尤其是对于男人在某些方面的缺点或错误，她们更是时有时无地揪出来说一番，好像这样可以证明自己的胜利。其实这些话只会摧毁男人那颗爱你的心，在无数次的言语打击中，男人的心会变得淡漠起来。

2. 不要翻旧账

女人喜欢较真的事情之一就是喜欢翻旧账，或许只是几年前的一件绿豆芝麻大的事情，但她却记得非常清楚，到了几年之后她也会翻出来，揭老伤疤。而这正是男人最厌恶的，聪明的女人会忘记过去，从来不会翻旧账。

攀比的话语会令男人轻视自己

在女人无数的语言中，男人最讨厌的就是说自己没能力，而最不喜欢的

方式就是变相地说自己没能力。而女人总是在犯这样的错误，例如，她们常常说攀比的话，“邻居家的孩子成绩真好，哪像我家里的，尽调皮，一点也不听话”“连过去最不起眼的同学都买车了，我还是最原始的交通工具”“朋友们都买了新房子，我还住在小胡同里，真是憋屈”。攀比就好像一条毒蛇，专门啃噬人的心灵。当女人发现在某些方面别人有你所没有，别人能你所能不能，通过一番比较之后，攀比的心就有了。在攀比心理的引导下，女人们逐渐走向了一条不归路，总是咽不下攀比的这口气，结果无形之中给了男人很大的压力。因为男人的责任在于，给予所爱的女人以幸福，但如果这个女人总是抱怨自己的生活并不如意，总是羡慕别人的生活，这时男人就在怀疑自己的能力，同时他也会轻视这位攀比的女人。

女人天生爱攀比，女孩子时比容貌，恋爱时比老公，结婚后比孩子，这样做难道不累吗？女人的攀比心理往往源于内心的嫉妒。攀比也分为主动和被动，主动的攀比是自寻烦恼，目的是显示自己的优越，以获得心灵的某种满足感；被动的攀比是狼狈不堪的，无比的懊恼，整天都在为别人有而自己没有的东西而烦心，这样以获取生活下去的某些精神动力。在攀比过程中，不论是令自己骄傲的，还是令自己悲伤的，她们都喜欢一股脑儿地朝着身边的男人发泄。例如，看了别人隆重的婚礼，她自己也想把婚礼办得隆重一些；看见别人的手机、照相机、电脑、摄像机，就决心要买更好的。当然，女人的攀比与虚荣心本来并不是多大的错误，只是在更多的时候会影响到身边的男人，尤其是那些攀比的语言会令男人轻视自己。

安安在公司里待了一两年了，眼看着与自己同进公司的同事都升职加薪了，自己还是一身空，不禁悲从心来。但如果你仔细地观察她日常的言行，发现她总是热衷于比较，几乎每天回家她都在抱怨：“我可比不了同事们啊，也难怪我依然还是一名普通的员工，小王是总经理的表弟，小张的老婆跟主任沾亲带故，他们可都是有家底的人啊，我哪能跟他们比啊，看来我只

能安心地在这个位置上待着了，哪里也去不了……”每当她开始抱怨的时候，老公就赶紧躲进书房，免得心烦。

这天，安安又在家里抱怨了：“我最好的朋友雯雯也成为总经理助理了，这可怎么办呢？她的命可真好，能得到总经理的青睐。”老公坐在一旁看报纸，没好气地说：“不是我说你，你一天都在攀比什么呀，你瞧你，什么都不干，只想着升职加薪，那肯定是不现实的。你羡慕她们，嫉妒她们，为什么不能变得跟她们一样呢？你现在的状态让我觉得可怜又可悲！女人的虚荣心、攀比心真是可怕啊。”

当你不断地在男人面前说着攀比的话，他听得多了也就会不乐意了。虽然你只是抱怨自己的生活不如意，但男人总会觉得你是在变相地说他没能力让你过好日子。而且男人最讨厌的就是物质的女人，再想想你在他面前的抱怨，自然会轻视你，看不起你。

1. 努力做好自己

《论语》里有“见善如不及，见不善如探汤”“见贤思齐，见不贤而内自省也”等论述。攀比，但不攀比奢华，不攀比安乐，不攀比享受，不攀比金钱和权力……比较本身是一种与时俱进的精神，更是一种锐意进取的精神。女人何不心宽体胖一些，自得其乐，努力一使自己做得更好，让别人望其项背呢？

2. 知足常乐

女人要有一份知足常乐的心态，有爱自己的男人，有可爱的孩子，这就是一个温馨的家。有了这一切，还有什么不能满足的呢？对于男人的事业与工作，要多鼓励，多赞赏，即便是遇到更成功的男人，也不要存在攀比的心理，而是要用你的语言肯定自己的老公做出的成绩。

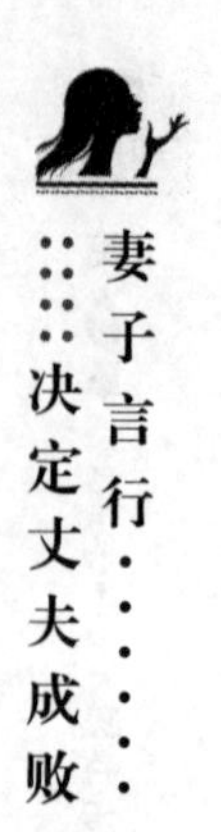

男人厌恶女人讽刺的言辞

女人的心思比较敏感，心眼小，体现在语言上则是尖酸刻薄，尤其是对于自己厌恶的人和事，她们的嘴上几乎是从来不留情的，冷嘲热讽、尖锐犀利，可以说是活脱脱一个泼妇的形象。其实，女人不知道，在某些时候自己的言语会激怒男人，惹男人厌恶，如讽刺的言辞。女人的讽刺对于男人而言，威力不亚于任何一种打击。当女人在讽刺一个男人的时候，其实是在心里已经认为这个男人今后没有什么前途可言了，这样的感觉对男人来说是深痛恶绝的。他们厌恶被人看不起，尤其是自己身边的女人，这让他们感觉很受伤，同时也会更加厌恶这个女人。女人，如果你想让自己身边的男人有出息，不要讽刺他，也不要嘲讽他，而是尽量欣赏他的优点，鼓励他，赞赏他，这样他才有激情去干一番事业。

小梅是一个挺能说的女孩子，跟大多数能说会道的女人一样，她说话言辞比较犀利，习惯于对人冷嘲热讽。在恋爱的时候，男朋友就发现了小梅的这个习惯，例如，约会迟到的时候，小梅就会酸溜溜地说："又跟哪位女生讲电话了，到现在才来。"这时男朋友总会赔上笑脸，说几句好话才算完事。

结婚后，小梅的话越发尖锐了，经常当着家人或朋友的面就讽刺老公："我看你怎么越混越回去了？这次公司人事变动又没你？像你这样没本事的男人，我真是后悔当初为什么瞎眼看上了你。"这时老公的脸一阵红一阵白，嘴唇蠕动着，想说点什么，但最后还是什么都没说。

最近，小梅发现老公总是行踪不定，经常打电话给他都是不理不睬的。小梅觉得奇怪，难道老公有外遇了？果然，没等小梅亲自去发现，老公就主动摊牌了："我们离婚吧，我觉得跟你生活在一起很累，你最大的缺点就是喜

欢讽刺我，你觉得这样快乐吗？你知道我内心的痛苦吗？我是男人，我要自尊，我要面子，我也会累，你总是这样打击我，我怎么办？简直是身心疲惫，我渴望有人能安慰我，哪怕她不说一句话，静静地陪着我就可以了，而不是像你这样讽刺我、打击我，嫌我这样不好那样不好。"小梅呆住了，没想到一向好强的自己竟然是先被老公抛弃了。但即便在这时，她也忍不住讽刺："像你这样的男人，也只有那些愚蠢女人的才看得上你。"老公没说一句话，只留下一份离婚协议书就走了。

讽刺比辱骂更打击人。虽然讽刺的言辞中几乎不带脏字，但却句句击中人心。在日常交际中，最忌讳的就是使用这样的言辞，不管是对下属，还是对家人或朋友。因此，作为女人，更不应该以这样刻薄的语言来对待自己身边的男人，这样只会让男人对你更加厌恶。有的女人觉得男人没本事，就开始对其进行挖苦、冷嘲热讽，一句句刻薄的语言："你有本事吗？""瞧瞧别人，你连别人的一个手指头都比不上"等，甚至更具讽刺性的语言像毒刺一样插进男人的内心，这让男人听了是又急又气，内心的痛苦不言而喻，这只会导致他们加快离开你的脚步。

1. 将讽刺转化为欣赏

对男人，女人要学会欣赏、赞赏其优点，鼓励其进步，这样他才有信心勇往直前。反之，若是一味地讽刺，那不仅会打击男人的自尊心，而且还会影响彼此之间的感情。因此，聪明的女人要学会将讽刺转化为对男人的欣赏，这样男人才会更爱你。

2. 男人渴望被安慰，被理解

对于那些处于事业低谷的男人，他们渴望被理解，被安慰，而不是一句比一句更狠毒的讽刺言辞。如果你对其进行如此的心理打击，那他将会永远地沉沦下去，同时对女人感到十分厌恶。

第5章

推心置腹，控制他不如用心体恤他

夫妻之间应该推心置腹，而不是想着如何去控制男人。在女人面前，男人更像是一个小孩子，你越是想控制他，他越是想挣脱你的控制，最终夫妻反目。因此，如果你想控制他，还不如用心去体恤他，让他真正地成为自己理想中的男人。

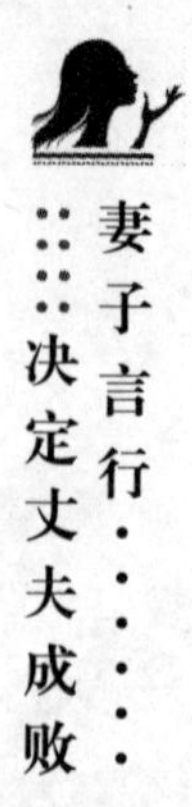

不要总想让男人按自己的意愿做事

在生活中,我们总是看到这样的景象:一些像跟班似的男生,背着女朋友的包包鞍前马后,全然不顾男人的形象。当然,走在他身边的女人肯定没有失去生活自理能力,只是习惯于让男人按照自己的意愿做事,最终导致男人没有了尊严。而造成这一切的却是那些妄图掌控男人的极端膨胀女人。在这些女人看来,自己掌控了男人就好像有了莫大的尊严,其实越是这样的男人就越是不可靠,他之所以还能忍受你的掌控欲,那是因为他的心里还有你。但若是这样长期下去,他肯定会在你"高高在上"的姿态下转身离去。女人若是不想让自己的爱情遭遇风暴,就应该在维护自己尊严的同时给男人同样的空间和尊重,这样男人才会更加爱你。

在家庭中,有些女人的形象就好像是一个全职保姆,而且还是一个姿态蛮高的保姆,因为她总是会强迫男人按照自己的意愿去做事。例如,出门穿什么衣服、浴巾放在哪里,家里的每样东西都必须按照她所说的放在固定的地方,不然她就开始唠叨,甚至发脾气。电脑是开着还是关着她也会管,而且在她说了之后就应该马上去做,否则她又会生气。在这样的严格控制下,男人就好像一只被关在笼子里的小鸟,毫无自由。人的内心深处总是住着一个叛逆的小孩,你叫他这样做,他偏偏那样做。男人也是一样的,他们就好像飘在天空中的风筝,如果你把线拽得太紧,他只会拼命地挣脱,最终线断了,他也自由了。

王云是一个掌控欲较强的女人,她身上的这个特点从结婚那天起,老公就知道了。结婚的时候,婚礼的所有安排都是王云设计的,老公好心地提出建议,却总是被一句话驳回:"这个事情必须得这样,否则搞砸了婚礼,我跟

你没完。”

婚后，王云的掌控欲越来越明显。她包揽了老公所有的一切事物。她先去商场以自己的眼光给老公买了很多衣服，将老公柜子里以前的衣服全部塞进垃圾箱里。然后小到牙刷，大到电脑的牌子，她都按照自己的想法购买。结果可苦了老公，本来他是一个衣着中规中矩的人，但王云所买的都是些时尚花哨的衣服。穿着这身去公司，被同事们看了不少笑话。

最让老公受不了的是，王云总是指使自己做这做那，例如，老公回家说：“最近，公司人事部可能有变动。”王云就会“出谋划策”：“你得想办法上升，这样才有出路，总是这样怎么行，这样明天我去给你的领导送个红包怎么样?”老公暗暗叫苦，嘴上说着：“你还是别去了，省得最后把事情搞砸了。”王云还是去了，结果可想而知。本来老公是有机会晋升的，让王云一闹腾，领导硬生生地将晋升的文件压了下来。

出了这样的事情，老公生气了，大吼：“你怎么总是这样？什么都想管着我，控制我，小到衣着打扮，大到公司的事情，你管得未免太宽了吧。你这样，我真的很累，好像每天我做的都不是我自己，而是你训练出来的傀儡一样……”

女人总是想让男人按照自己的意愿做事，其实这本身就是一种对男人的控制。而男人是一种强势的群体，他们通常会将自己的面子和自尊看得比生命都重要，因此，不会任由别人侵犯。如果女人跨越了这个边界，只会惹来男人的怒气和厌恶，时间长了，有可能两人之间的感情也会出现问题。

1. 对男人就好像放风筝一样

很多人都放过风筝，而如何有技巧地掌控风筝线，不让风筝挣断，这才是最高明的。女人对男人就好像放风筝一样，你要给男人充分的自由，用心去体恤他的工作。这样男人的心才会紧紧地留在你那里，而不会飞向别处。

2.“控制男人”的想法往往会起反作用

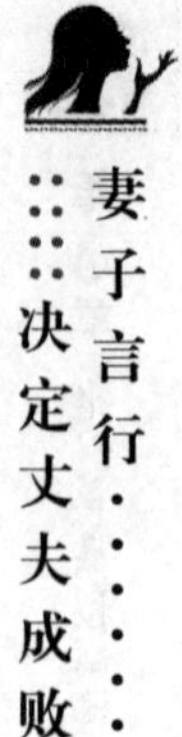

许多女人聚在一起，所谈论的话题就是“如何控制男人，将男人玩弄于股掌之间”，但她们都忽视了，男人并不是物件，他们也是有思想和梦想自由的人。女人一旦产生“控制男人”的想法，往往会使两个人的关系发生变化，因为男人讨厌被人控制，而且还是被最亲近的人控制，他们心中会对你产生极大的反感，而这将成为两人之间的关系亮起红灯的导火线。

换位思考，理解他的工作处境

男人总是抱怨：“女人不理解自己的工作。”而女人总是不客气地回敬：“谁知道你是在工作还是在干别的。”就这样，他们总是为一些琐碎的事情吵架，然后分居、离婚。社会传统文化要求男人比女人更具备社会性，如果说女人的自我价值是体现在家里，那男人的自我价值更多的是体现在社会中。即便两人同在一个公司上班，但男人的交际应酬往往比女人多得多，这就是男人与女人社会性的差异。对于女人，要学会理解男人的工作处境。在工作的处理过程中，应酬和交际是必须的，这并非是男人所希望的生活。如果说男人天天酒醉晚归，那有时候也是为了工作，为了将工作完成得更好。女人所需要做的只是善意的提醒、体贴的关心，而不是捕风捉影，更不应该胡乱吃醋，最终搞得两人的关系很僵。

俗话说：“无酒不成席。”对男人而言，喝酒是最重要的交际途径之一，有时候男人在外应酬，晚上很晚才回家，而且一身酒气，想必大多数女人都遇到过这样的情景。聪明的女人从来不会歇斯底里地吼叫，而是细心地照顾酒醉的他，因为她们能够理解男人的工作环境。男人为了应酬喝醉是很正常的，这是可以理解的，他们为了应酬也是很辛苦的，应该要学会体谅一下。在当今社会，应酬是必不可少的，女人的理解会换来男人最真心的回报。

老公已经连续一个多星期半夜才回家了，每天半夜被他吵醒之后就辗转难眠，小菲虽然心里有点担心，但还是表现得很释然。昨天，老公发信息给自己说，单子基本谈成了，从今天开始就可以早早地回家陪她了。可是，就在小菲正在厨房准备晚饭的时候，老公的手机又不合时宜地响了起来。他无奈的眼神中透露出一个讯息，又有应酬。小菲收起脸上一闪而过的失望，只是笑着说："工作要紧，你还是赶快去吧，免得他们等，跟我吃饭，什么时候都可以的，记得少喝点酒，有了健康的身体才能更好地工作。"说完，小菲为老公找来外套，并体贴地为他披上。

半夜两点，小菲还没睡着，她并不是担心老公在外面有什么，而是担心他是不是喝醉了。三点多，听到门响了，小菲穿着睡衣出来。果然，老公醉醺醺的，满身酒气，走路歪歪倒倒，小菲赶紧上前扶住他的胳膊，帮助他平躺在沙发上。然后去厨房端来早就准备好的蜂蜜水，一点点地灌进老公的嘴里，一边拿着热毛巾擦干老公脸上的汗珠。没过多久，老公"哇"地一声吐出来了，小菲撑起老公的背轻抚几下，安慰说："没事，吐出来就好了，让你别喝那么多，就是不听，现在知道难受了吧。"

第二天早上醒来，老公发现自己睡在沙发上，身上盖着毯子，而小菲则趴在自己旁边睡着了，看着地上的一片狼藉，他明白了，没来由地生出一些内疚。这个体贴的女人，从来不抱怨什么，自己大半夜回来她也不生气，反而是细心地照顾自己。

从这以后，老公晚上都是很早回家，将能推的应酬都推了，只为了回家陪小菲，两人几乎又找回了结婚当初的甜蜜。

一个男人，若是没有应酬，哪里会有人际关系呢？小菲的处理方式值得借鉴，她并没有向老公袒露自己的担心和猜疑，她只是理解老公，细心地照顾喝醉酒的老公。这样反而会让老公生出几分内疚，在愧疚之余，他就会有意识地减少应酬的次数，将更多的精力和重心放在家庭，当然这也是小菲所

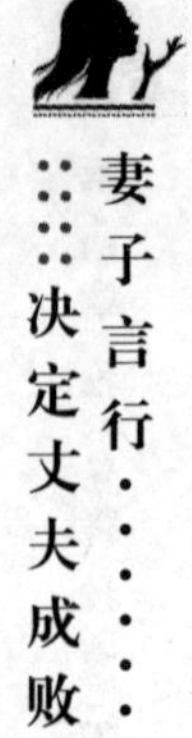

希望的。

1. 男人晚归，不要胡乱猜疑

许多女人一见男人晚归了，就以为男人在外面有了女人，总是胡乱猜疑，甚至以质问的语气：“去哪里疯了，这么晚才回来。”试想，如果男人真的是因为工作应酬才晚归，你这样的语气和架势，只会点燃他心中的怒火，他只能责怪你不理解他的工作。好妻子则不会这样，她只会关心地问：“吃过晚饭了吗？冰箱里有菜，要不我去给你热热。”所谓理解万岁，不过就是如此。

2. 男人有应酬时，不要经常打电话“查岗”

明知道男人在外面有应酬，就不要三番五次地打电话，这只会惹得他生气，而且还会影响他谈工作的心情。有的女人在这时会陷入一个疯狂的状态，打电话质问男人在哪里。男人越是不接电话，她打得越疯狂还给他身边的朋友打，这样的做法只会让男人觉得毫无尊严，自然会对你心生厌恶。

控制人的方式会令他反感，令己疲惫

对于男人而言，最不能忍受的事情就是被人控制，而且是最心爱的女人打着爱情的幌子控制自己。然而，尽管许多女人都知道这样控制人的方式会令男人反感，但她们还是会忍不住去做，在查得一些蛛丝马迹之后，自己一个人纠结其中，每天反复地想着同样一件事情，结果令自己身心疲惫。在家庭中，男人女人都有精神空白，如果男人没有办法达到女性的标准，那女人应该找一些事情填满自己的精神空白，例如，多接触艺术、多读书、重视生活情趣、改善生活质量，而不是让自己成为典型的管家婆。实际上，那些心存“控制男人”念头的女人是一种缺乏自信的表现。婚后的她们觉得自己缺

乏一定的吸引力，因此将这种不自信的因素作为控制男人的理由。有时候女人是愚蠢的，为什么要以控制男人的方式折磨两个人呢？你想控制男人，结果是不成功，反而令男人生厌；同时，在控制男人的过程中，自己的身心也会疲倦，因为你总会有那样一些疯狂的念头。

小王是一个比较自卑的女孩子，虽然她各方面条件都不错，但她总觉得自己好像处处不如别人。可能是由于上天的宠幸，她竟然遇到了阿超，那是一个极具魅力的男人。以前上大学的时候，他就是学校里的风云人物。那时候的小王只是躲在教室的角落里偷偷地观察他，但现在，令小王不敢相信的是，他竟然成为自己的男朋友了。

在一次次确定阿超的真心之后，小王还是有患得患失的担忧。她每天总会做着相同的噩梦，那些在大学追过阿超的漂亮女孩子总是嘲笑自己："就你，能驾驭阿超吗？你根本配不上他。"梦醒之后，小王总是担心，担心有一天阿超真的跟别的女人走了，怎么办呢？

思索一番后，小王觉得需要有意识地控制阿超，了解他的圈子，看看他一天到底在做些什么。于是，她趁着阿超去洗澡的时候，将他手机里的所有电话号码都复制了过来，然后一个人在家里琢磨：这个名字很女性化，估计是个女生，每天都有联系，看来两人关系不一般。就这样，她用排除法将那些电话号码一一排除，确定了嫌疑最大的几个号码。接下来，就是每天查看阿超的手机，查看其通话时间，来往短信息，但小王又怀疑万一阿超删了所有的信息该怎么办呢？

于是，她又复印了阿超的身份证，然后去电话公司打印通话单子。在那张单子上，小王真的没有发现什么，一切都是那么正常，她总算是松了一口气，打算晚上做饭好好地犒劳一下阿超。可是，等她买菜回到家，却看到阿超铁青着脸坐在客厅。小王笑着说："怎么这么早就回来了，我还没做饭了。"阿超冷冰冰地说："不用做饭了，你今天去电话公司查我的通话记录，你什么意思？怀疑我在外面有别的女人，还是关心我跟哪些人通了电话？"小王看着在沙发上放着的那张电话单子，一下子慌了，支支吾吾："我只是，我只是有点担心……"阿超很生气地说："担心什么？你知道我最讨厌什么吗？最讨厌身边的女人查我的东西，你这是在控制我。女人为什么总是这样，胡乱猜疑，捕风捉影，我很累，这样的生活真的让我很累，我以为你很简单，才选择跟你在一起，没想到你暗中想控制我，我告诉你，我不是什么东西，不是你想控制就能控制的。"说完，阿超摔门而去。

女人"控制"男人的方式可以说是层出不穷，例如，掌控男人的聊天密码、银行密码、手机密码。其实，许多男人都是色而不淫，但女人受不了男人和陌生女人的暧昧短信，实际上女人并不了解，这些短信背后不是暧昧，而是调侃。更有甚者，有的女人允许自己结交男性朋友，虽然她并没有做什么对不起男人的事情，但这点已经让男人很不舒服了。但与此相反，如果是男人接触一些女性，即便是正常的朋友关系、同事关系，她也会大发雷霆，张口就骂，不惜破坏男人在朋友面前的形象。这样的女人是霸道而强势的，就是因为她如此偏执的行为，经常会闹得两个人吵架，时间长了，自然会影响两人感情的稳定性。

1. 信任男人

许多女人都喜欢猜疑身边的男人，当被问到为什么的时候，女人总喜欢以爱情的名义进行搪塞。但是，女人却忽视了，信任也是爱情的一部分，如果你不信任他，又怎么会全心地爱他呢？

2. 不要侵占男人的私人空间

有时候，你可以将心比心，如果男人想办法调查你，控制你、你是什么样的心情呢？在没有结婚之前，最好不要去掌控男人的聊天密码、银行密码、手机密码，即便是结婚了，也不要这样去做，这样只会让男人觉得愤怒，从而选择离开你。人与人之间最好是彼此尊重，而不是彼此猜疑。

不要要求他，可以告诉他你的希望

女人常常将自己当成是一个女王，总是要求男人这样那样，好像男人应该满足自己的所有要求，一旦自己哪些方面没能得到满足，女人就开始歇斯底里，夫妻之间的战争又开始了。懂得跟男人交心的女人从来不会向男人提出什么要求，她们只是告诉男人自己的希望，然后鼓励男人去努力，去奋斗，最终成为自己所希望的样子。从男性本身的角度说，他们是难以驾驭的，他们从来不会接受女人所提出的无理要求。换句话说，他们不愿意成为任人指使的对象，而且是被女人指使，那该是多没面子的事情啊。因此，对待男人，需要以柔情融化其内心，不能硬碰硬，除非你铁了心不想跟这个男人过日子了。不管是对于男人的事业还是生活，不能处处要求他，而是说出自己的希望之语，这样他才会朝着你所想的方向努力。

在生活中，有的女人习惯性地说："你把这个工作辞了吧，我觉得这个工作对你的事业一点帮助都没有，为什么偏是选择在这里工作呢？"还有的女人换了一种方式："我希望你能将自己的工作考虑清楚，各方面都稳定之后再做打算，你的未来是如何安排的，只希望现在的工作对你有帮助。"对于前一种说辞，男人肯定会说："工作的事情我自己知道操心，你管好你自己就行了。"而对于后一种说辞，男人则会客气地说："我知道的，我目前的打算是这样的……你觉得怎么样？"很明显，后一种方式可以向男人传递一种善意的关心，男人自然比较容易接受。

小杨和男朋友相恋半年了，两人从最初的甜蜜走到了平淡的生活。虽然在刚开始认识的时候，小杨就知晓男朋友的处境，但一回到现实的生活，她还是忍不住唠叨："我跟着你，已经算是你的幸运了，你有什么呀，我别的

什么都不要求,只希望你能买套房子,然后咱们就结婚,我要求很简单的。”一开始,男朋友还会满怀愧疚地说:“你放心,我一定会让你幸福的,就算我苦点累点,我也不会让你过苦日子。”

可小杨唠叨的次数多了,男朋友就比较厌烦了。小杨总是抱怨:“你现在这样只是安于现状,为什么不换一个工资高一点的工作呢?”男朋友回应说:“你说得容易,工资高的工作也不好找啊,我现在这样踏踏实实地上班已经不错了,我也没偷懒。”小杨想到未来的前景,心生黯淡:“像你这样,何年何月才能买房子?你让我等到什么时候啊?我真的有点累了,我想找个合适的人结婚了。”一听这话,男朋友生气了:“我每天在外面上班已经够累了,回来就听你说这说那,就听你给我提这样那样的要求,难道这样吵架就能将房子吵来吗?一生气就说自己想结婚,说了多少次了,你让我心里怎么想,有一天把我逼急了,那你就去结婚吧,我也不管了,我一个人乐得自由自在,为什么你就不能体谅我的心呢?你关心过我的工作吗?你清楚我内心的真正想法吗?你总是对我提出这样或那样的要求,给了我很大的压力,在这样的情况下,我还能好好工作吗?”

女人对男人所提出的要求,不仅仅让男人觉得不够尊重自己,而且还会给男人一种压力。在现在这个社会,男人所面临的压力比女人大得多,作为男人身边的女人,如果还不够理解男人,还要任性地给男人提出许多无理的要求,那只会让男人感到崩溃。

1. 尽量对男人说“希望的话”

说话方式不一样,别人听了感觉也会不一样。女人应该尽量地对男人说一些希望的话、憧憬的话,将自己美好的心愿说给对方听。以理解的心态对男人说这样的话,男人才会顺从于你,他才会明白你的苦心。

2. 在你提出要求之前,先问问自己为他做了什么

许多女人不够理解男人,不为男人分忧解难,但在对男人提出要求的时

候,却是振振有词。男女之间,如果你真的做得很好,不用你开口,男人也会将你喜欢的东西买来送给你;反之,如果你天天提这样,那样的要求,那男人反而会觉得厌恶,根本不会想到满足你的这些要求。

理解男性的思维,别在小事上矫情

有多少女人真正地了解男人呢?当女人总是为小事吵架的时候,可曾想过这是因为男女思维不一样呢?男人思维是比较理性的,他做什么事情没有女人考虑得那么多,他总是粗枝大叶,不够细腻,不够敏感。反之,女人是完全相反的一种动物,她心思细腻、敏感,心眼比较小,容易流泪,容易伤心、情绪化。而他们在思维上的差异就是,男人通常认为没什么大不了的事情,女人都会紧抓着不放,非要弄明白才罢休。于是,生活中,多少男男女女整天就为一些很小的事情吵架,到最后他们都不知道自己为什么就吵了起来。其实有很多时候,都在于女人太过矫情,尤其是在小事情上太过于无理取闹,结果点燃了两人之间的战火。

小娜很痴迷韩剧,她逢人就说自己最理想的老公就是《爱上女主播》里的张东健塑造的人物,成熟、稳重、儒雅,好像永远会在女人身边陪着她,包容她一切小孩子的脾气。但是,生活毕竟是生活,在现实生活中,她没有邂逅到这样的男士,甚至连该剧里男配角那样的男人也没遇到过,她只是遇到了一个平凡的男人——张凌。

张凌是一个踏实能干的男人,他不会说什么甜言蜜语,也从来不会搞什么浪漫,他只是会每天嘱咐小娜:“钱带够了吗?雨伞带了没?多拿件外套,外面风有点大……”这时小娜总会不客气地说:“知道了,知道了,你怎么比女人还啰嗦啊。”说完就头也不回地走了。

这天她有些小脾气，将老公叮嘱的“带雨伞”故意忘记，她提着小包就出门了，心里偷笑着，这好像是对那位唠叨男人的报复一般。没想到，天气真的就好像张凌所说的那样，竟然下起雨来。看着公司里的同事一个个被她们的老公接走了，小娜心里不是个滋味。虽然公司对面就有直达家里的公交车，但她还是打电话给老公说：“今天没带雨伞，你快来接我。”老公张凌说：“早上不是让你带雨伞了吗？我这会还在上班呢，你先借个伞去对面坐车，我在车站接你。”小娜在电话里吼起来：“你怎么这样？这样大的雨，我去哪里借伞，你来不来？不来我就不回家了。”电话那边，张凌叹了一口气，小娜看着外面的大雨，心想，电视剧里不都这样演吗？这时候男主角就应该风雨无阻地站在我面前，然后拥着我一起回家。

小娜站在公司等着，不断地接到张凌的信息：“没打到出租车，我走路过来。”等了大概一个小时，浑身被淋湿的张凌出现在小娜面前，小娜的脸色有点难看，嘟囔着：“一个大男人连出租车都打不到，真是倒霉遇到你。”她接过张凌递过来的雨伞，一个人走了，只剩下张凌一个人在雨中淋着。

回家后，一向不说话的张凌生气了：“你是我见过的女人中最矫情的了，下雨了是什么大事吗？让你带雨伞也不带，硬是让我去接，你可以直接到公司对面坐公交车回家，你又不是断手断脚，你怎么总是这样？在小事情上要求这要求那，我没有心思来猜你的那些小心思。”

如同男人外表那般的强健，他们对于生活中许多事情的承受能力是较强的，天大的事情发生了，他们也会咬着牙说：“没什么。”他们只是希望能将大事化小，小事化了。但女人不一样，女人天生心眼比较小，容不得半点沙子，即便是针眼一样的小事情也会揪着不放，表现得十分矫情。女人天生喜欢幻想，她们总爱做公主般的美梦，她们希望自己的生活也像童话里一样，每个细节都是完美无缺的，否则她们就会莫名地生气。其实，这就是女人的矫情，她的那些所谓的爱情的诠释，全是自己幻想出来的美好。但毕竟生活不是童话，生活中的许多事情都不会那么美好，如果太过于矫情，那只会让男女之间的感情变得更糟糕。

1. 不要太注重细节的完美

女人总是推崇细节的绝对完美，当拿着老公挑好的钻戒，不是抱怨做工不精致就是抱怨钻石太小了，殊不知，自己获得了这份礼物就应该感到知足了。男人的心思不够细腻，猜不透女人的心理，如果女人太注重细节的完美而抱怨男人这样那样，那肯定会影响到两人的关系。

2. 不要计较小事情

女人大多比较矫情，她们总是固执地认为这件事就应该这样，如果有一点点不如意，她就会生气，会借故发脾气。在生活中，许多小事情是可以忽略不计的，为什么一定要跟自己过不去呢？能忘记的事情就让它过去好了，不要在小事情上计较，要给予男人宽松的心灵环境。

让他感受到你的善解人意

女人，不一定要细致入微，但一定要善解人意。女人并不是用外表的美丽来诠释自己，而是用内在的特质来展现自己。外在的美丽固然令人瞩目，但是真正令人难以忘怀的女人却是似水柔情、细心温柔的。作为一个女人，你可以做一个女强人，但是你依然不能缺少女人的温柔与细心。当然，一个不够善解人意的女人是难以与魅力联系起来的，即便她国色天香，也绝不会受到男人们的喜欢。善解人意的女人，就像是冬日里的一枝腊梅、一片雪花，流露出无尽的娇媚；善解人意的女人，就像是一滴雨珠，“随风潜入夜，润物细无声”；善解人意的女人，更像是一只纤纤细手，知冷知热，知轻知重。

善解人意的女人会将家里的生活打理得有条不紊，会发现你毛衫上的

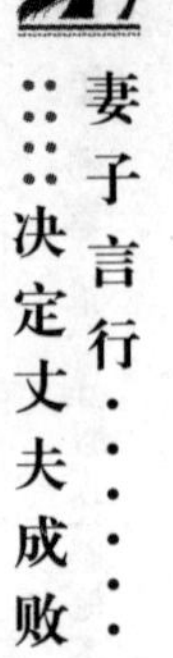

小球，会发现你袜子上的小洞，会亲手把它们处理得连你都找不到痕迹。当你无意之间说一句“我嘴里有个泡，很痛”，等你回到家，她已经为你买好了意可贴；她会小心地给你清除手指上的倒刺，还会给你买很多善存片；她还会将你明天需要穿的衬衣和领带熨好帮你挂在衣帽间。不仅仅如此，她还会分享你工作中的成功与喜悦，为你分担工作中的担心与忧虑。

青红大学毕业就嫁给了她现在的老公何冰，他们是大学同学并且相恋三年。青红是个普通的女孩子，长相普通、出身普通，但俊秀的何冰却拜倒在她的石榴裙下。很多人感到不解，好奇地问青红，青红笑得很腼腆：“其实很简单，在任何情况下，我都是把他放在第一或第二的位置，为他打点好一切，让他没有后顾之忧。”

婚后的生活真的是这样，青红为了能让老公吃上热腾腾的饭菜，晚上无论多晚，她都会等着他回来一起吃。刚开始的时候，老公说你先吃吧不用等我，可青红还是执意要等他回来吃饭。时间长了，何冰知道她很固执，于是下班后推掉了许多应酬，早点回来陪她一起吃饭。平日里的生活，青红更是安排得有条不紊，家里的事情从来不让他操心。婚后有了孩子，她每天带孩子，还要照顾他，从来没有抱怨过。何冰的事业开始慢慢地步入了正轨，公司要派遣何冰去美国进修，面对这个大好的机会，青红毫不犹豫地支持他去，并且拍着自己的胸脯说：“家里有我呢，不用担心。”在美国进修的何冰时时挂念着家里，等到回国的日子，他下了飞机就往家里赶，发现家里没有人。打电话问父母，才知道一个多月前，爸爸得了重病，作为儿媳的青红毅然接下照顾爸爸的重担，每天医院、家里来回跑，整整一个月都没有好好休息，现在爸爸的病好了，可青红却累坏了，正在医院打点滴。

何冰看着瘦了一圈的青红，心里满是愧疚：“爸爸生病了，怎么也不告诉我一声，我可以申请提前回来。”青红笑着说：“怕耽误你的工作，再说也不是什么大事，你看爸爸现在不是好了吗？”何冰抱着躺在病床上的青红，心里充

满了感激，还有满满的爱。

男人虽然表面上看起来比较刚强，但内心却渴望善解人意的女人，这样的女人会为他打点一切，生活会变得井井有条，全然没有了后顾之忧。他则会一心扑在事业上。实际上，要留住一个男人最有效的办法就是多为他考虑，让他明白你的体贴与关怀，让他明白你已经是他生活的一部分。

1. 多为对方考虑

女人的本性是温柔，这是女人所特有的标志，所以男人常常会被温柔的女人所俘获。而善解人意的女人则是恰恰懂得以情动人的，她会把自己的柔情融入到每一个关怀中，隐藏在每一个眼神里，而男人就醉倒在这样的柔情中。她们懂得凡事应该多为对方考虑，这是获取爱最好的方式，也是最有效的方式。

2. 做男人心灵的伴侣

善解人意的女人懂得做男人的左右手，她们并不甘愿做一个外表华丽而内心空空的花瓶，而是致力于帮助男人成就其事业。当男人取得了成功，在事业上做出了一番成就，女人的价值也就显现出来了。

第6章

细节关怀，贴心的小举动让男人倍感舒心

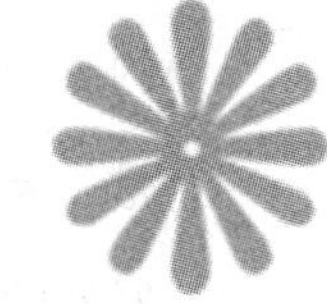

在生活中，女人要从细节去关怀身边的男人，经常做一些贴心的小举动，让男人感到舒心和幸福。男人本身就比较粗枝大叶，他们不会很好地照顾自己，这时女人就好比是一位母亲，为其做饭、洗衣，适时地说几句鼓励的话语，让男人体会到细致入微的关怀。

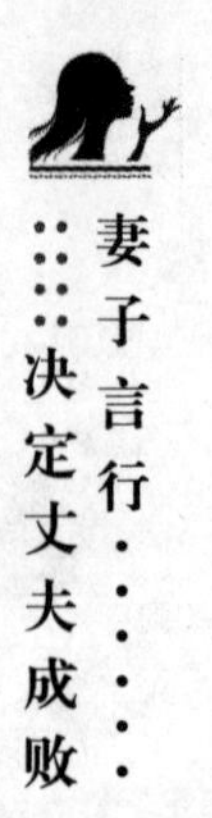

清晨关怀，一份早餐让他充满活力

每天早上，有给老公做早餐的习惯吗？女人若是被问到这个问题，想必大部分的女人都会摇头："早上最不愿意起床了，做早餐的工夫还不如在床上赖几分钟呢？""每天工作这样累，我倒是很希望有人给我做早餐呢""太累了，根本爬不起来，我是有那个心没那个力。"大部分女人表示，自己早上的上班时间也很紧，根本来不及为男人准备早餐。于是，我们就在大街上看见许多可怜的男人，一手端着豆浆，一手拿着包子，一番狼吞虎咽之后就马上冲进办公大楼，开始一天的工作。如果女人能亲眼看到男人在外面就餐的可怜样，估计都会下定决心为他做早餐了。俗话说："早上要吃好。"早上是一天最重要的时刻，如果早餐如此马虎地解决，那对男人的身体同样是没好处的。女人每天要给予男人无微不至的关怀，那第一份就是来自清晨的关怀，为其准备一份营养的早餐，让其充满活力。

在两个人的生活中，我们总是听到这样一个词语："爱心早餐。"那表示这是用爱烹饪出来的早餐，因此女人在准备早餐的时候，最好是自己亲自动手煮，而不是买一些所谓的牛奶、面包，然后递给老公。这虽是一份早餐，但却难以体现出自己的爱，因为牛奶面包是随处都可以买到的。假如你是亲自烹饪的面条或煎蛋，那则是在街上买不到的，男人见了也会觉得感动。试想，在阳光照射的厨房里，你穿着可爱的围裙，为心爱的男人煎鸡蛋，虽然手法不是很熟练，但男人看到这幅场景已经感到很满足了。吃了你亲手做的早餐，他一天都会充满力量，以工作的成绩来回报你的爱心早餐。

在恋爱的时候，阿英挺浪漫的，她经常会从家里做好早餐送到男朋友的宿舍，这时饭菜都还是热的，男朋友往往会感动得送来一个拥抱，两个人就

好像很久没见面的情侣一样，紧紧地相拥在一起。

后来，随着两人关系的转变，那些浪漫就凭空消失了。结婚后，阿英忙着上班，老公也要上班，早上往往是在洗漱间匆匆打个照面，然后就是各走各的。偶尔，阿英还会问上一句："你早上打算吃什么？"老公则会匆忙地说："我现在差不多已经没时间了，估计早上不吃了，中午一起吃吧。"阿英想说：这怎么行呢，对胃不好。但她还没说出口，老公已经匆匆出门了，阿英也收拾好东西出门了。

结婚一年后，两人偶尔也会回忆起以前的事情，聊到过去的甜蜜，老公突然很受伤地说："阿英，你多久没有为我准备早餐了？"听到这样的话，阿英心里有一丝愧疚，结婚这么久，好像自己从来没有为老公准备过早餐，难道自己真的变得懒惰了吗？看着老公消瘦的脸颊，阿英没来由地一阵心疼，她下定决心：要做一个懂关怀的妻子，每天按时地为老公准备早餐。

第二天，阿英六点就起床，悄悄地溜进厨房，开始为老公准备早餐。恋爱的时候，他最喜欢吃自己做的煎蛋了，现在就让他回味一下。正当她在厨房忙碌的时候，已经有一双手环上了她的腰，她转过头一看，原来是老公。老公嗔怪："大清早就起来闹腾，这香味我在梦里都闻到了。"阿英笑了，看着老公幸福的样子，阿英觉得自己的辛苦很值得。

于是，在以后的每天早上，不管阿英晚上睡得多晚，她早上都按时起来做早餐。而自从有了这个习惯之后，阿英发现老公变得越来越有精神了。

男人一般很少会抱怨什么，但是，如果他发现自己身边的朋友都会有老婆做的爱心早餐，而自己却总是在外面买早餐吃，他内心还是会失落的。这样细微的心理，女人是不容易发现的。对此，如果想让男人时刻都感受到自己的爱，不妨每天坚持为他准备早餐，让他感受到自己细致的关怀。

1. 最好是自己亲自动手做早餐

许多懒女人觉得，不就是准备早餐吗？那还不简单，晚上到蛋糕店买点

牛奶和面包，那就是最好的早餐了。不可否认，这也算是早餐，但比起亲自动手做的早餐，还是差了一些“关怀”。试想，当男人从睡梦中醒来就吃到了你做的还冒着热气的早餐，那该是多么幸福的事情啊。

2. 经常变换早餐的样式

当然，如果每天都做同样一种早餐，那总有一天会让他觉得腻。女人应该将自己的贤淑继续发展下去，每天可以变化不同的样式，虽然稍微麻烦了一些，但这就是一份足以感动男人的爱意。

为他打理好着装的小细节

一个男人的穿衣打扮其实可以看出他背后女人的影子。按照男性的思维以及个性，大多数男人是不懂得打理自己的，即便他懂一些服装的搭配，但整洁方面、细节方面还是会粗心大意。因此，在生活中，我们经常看到一些男人穿着讲究，但仔细观察，发现袖口处有线头，领子上还有小块的油渍，这些细微的地方其实就是女人应该注意到的。我们通常说，一个男人着装怎么样，就可以看出他背后的女人是一个什么样的人。如果女人很邋遢，连自己都收拾不好，那这个男人的着装肯定是很糟糕的。反之，如果女人爱整洁，很细致，那这个男人的着装定是非常整洁和合适的。作为男人背后的女人，需要将细致的关怀发挥到极致，例如，为男人打理好着装的小细节，让他在人前闪耀光彩，而这也是作为女人自己的骄傲。

小春是典型的全职保姆型，她本是四川女孩，在外打工时遇到了现在的老公阿强，两人私定终身。虽然这段婚姻遭到了两家人的强烈反对，但两人最终还是走到了一起。为了老公阿强能够待在他的父母身边，小春不得不远嫁他乡。

初到阿强家里，小春有些吃惊，两间破旧的平房、杂乱无章的厨房，这就是阿强的家吗？没等多想，小春就卷起袖子赶紧收拾起来。一会儿工夫，就将屋里收拾得干干净净的。本来还不太想承认儿媳妇的婆婆微微颔首，如此勤快而持家的儿媳妇，真是打着灯笼也找不着呢。

婚后，小春在家里收拾屋子，阿强则在外面开始打拼。他先是跟舅舅合伙做运输生意，等到渐渐有了起色，他就甩起袖子自己干了。小春很赞同老公的决定，她觉得男人就应该在外面打拼，而自己则将家里的一切做好，让他放心。偶然的机会，小春跟老公去一起会见朋友，见到了那些衣着光鲜的成功男人，小春意识到自己失职了：老公现在大小也算是一个老板了，怎么还能穿以前那些没品位的衣服呢？俗话说："人靠衣装，佛靠金装。"如果能将老公的行头换一换，那老公的形象就会好很多，这对于他谈生意是很有帮助的。

说干就干，小春先是买了一些时尚杂志，开始研究男士最近流行什么款式，然后没事就去街上逛逛。说来也奇怪，小春好像天生对服饰就有敏锐的眼光，在一个男装店，她几乎一眼就能挑出几身好看的衣服来。回到家，让老公换上，竟然好像变了一个人。看着镜子中的自己，阿强好像不认识了，高兴之余也不忘感激心爱的老婆。

小春觉得成功的男人是注重细节的，每天小春会将阿强换回来的衣服清洗一遍，遇到有了褶皱的衣服，就用熨烫机弄平整，那衣服就像是崭新的一样。不仅如此，在放入衣柜之前，小春还会重新检查一遍，衣服的细节，例如，有没有线头，拉链有没有坏，领子的污渍洗干净没有，直到确认这件衣服是完美无缺的，她才放心地放进衣柜里。

有了小春如此细心的打理，阿强的衣服越来越有品位。身边的朋友都赞叹："嫂子就好像是神奇的魔法师，一下子让咱们的阿强变得这样帅气。"

男人出门在外，他们最注重的就是个人形象，形象的可观性可以影响其

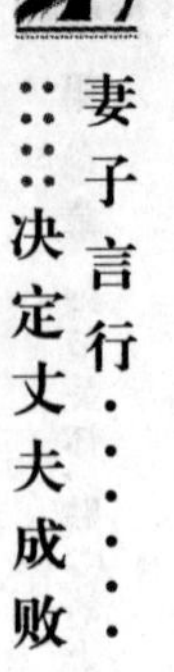

事业的发展，影响到身边的人际关系。一个形象邋遢、不注重细节的男人，他们大多不会受到上司的垂青。因为在许多人看来，连自我形象都打理不好的人是难以做好工作的。而且与客户谈判或者同事间的合作，形象可以为整体加分不少。不过，男人主要的精力都是花在工作中，他已经没有多余的时间来打理着装，更何况对于这些琐碎的事情自然是靠女人打理的。所以在这种情况下，女人不能往后退缩，要为其打理好着装的细节。女人应该明白，如果男人有了风采，那人们所能想到的定然是他背后女人的功劳。

1. 注意服饰的小问题

通常都是女人洗衣、晾衣，在这时女人应该检查衣服的一些小问题，如有没有掉线，拉链是否完好，裤腿是否有折痕……尽量将所有的细节都注意到，如此男人才能完美地展现自己的魅力。

2. 随时注意男人的着装

当两人同行外出的时候，作为女人需要细致地注意男人的着装问题，服饰搭配是否合适，领带是否松了，裤袋是否装得太满等。一旦发现问题之后，就需要及时地提醒男人，做一个细致贴心的小女人。

犒劳男人的胃，捕获男人的心

女人如何抓住一个男人的心？除了温柔体贴以外，还要有一手好厨艺。男人辛苦工作一天回到家，女人要用自己绝妙的厨艺犒劳他的胃，在这个过程中，你就可以成功地捕获男人的心。抓住男人的胃，他就没必要上饭店，也没有欲望出去应酬了，他可以天天回家陪你吃饭。俗话说："抓住男人的心，首先得抓住男人的胃。"虽然这话说的有点过了，也很俗气，但我们不得不承认它自有一番道理。我们可以试想一下，男人在外面辛苦劳累了一天，

回家后若能吃上妻子精心制作的菜肴，他肯定会将白天的劳累暂时忘记。但是，如果一天在外面工作累得半死，回到家却吃不上一顿可口的饭菜，这样能让男人有好心情吗？所以说，关怀男人应该从厨房开始，先堵住他的嘴，温暖他的胃，这样才能稳住他的心。

虽然抓住男人的胃，捕获男人的心，这并不是绝对的。但作为对男人的关怀，女人自备一手好厨艺，那倒是一个关怀男人的最佳途径。常言道："民以食为天。"一个人生活在这个世界，能够自由地呼吸氧气，全在于食物带来的能量。人是不可能离开食物而独自存在的，一天三顿，顿顿不能少，这是人活着最基本的消耗。如果你的厨艺比较好，让男人一天三顿都吃得舒心，那对他而言何尝不是一种爱的习惯呢？某一天你出差去了，估计他还会在电话里抱怨："又想念你做的红烧鱼了"。他在想念你厨艺的同时，其实也是在想念着你。此外，男人对妻子的要求是："既要进得厨房，也要上得厅堂。"条件之一就是要会做饭，如他带着三五个朋友到家里，作为妻子肯定得弄出一桌丰盛的饭菜，如果这时你什么都端不出来，你让男人的面子往哪里搁呢？所以，无论是从哪方面来说，犒劳男人的胃，对于提升两人之间的关系都是很有益处的。

阿玲刚认识小刚那会，为了显示自己的厨艺，她为小刚做了几道菜，其中有一道菜是"泥鳅炖豆腐"。后来，小刚对她说："自从我吃了你做的那道泥鳅炖豆腐，就想将来能娶你为妻该多好啊！"婚后，阿玲几乎每隔几天就做一次这道菜。

其实，泥鳅炖豆腐这道菜很简单，但阿玲却做得极有味道，而且色香味俱全，显然是花了一份心思在里面的。对于做菜，阿玲倒是天生的有些灵性。在外面吃饭点菜时，如果点了阿玲感兴趣而又不会做的菜，她会千方百计地找到人家的厨房，向厨师们学习一番，然后回家好好研究，以便做给老公吃，她最喜欢看到小刚享受美食后那种赞赏的笑容了。

不论阿玲做的菜别人吃来是不是美味,但小刚总是会在和朋友们吃饭时很骄傲地对他们说:“有时间去我家做客,我老婆做的菜不错,这一辈子使我享尽了美食。”阿玲能想得到小刚说这话时脸上幸福的表情,也能体会到小刚说这话时的骄傲和得意。

有一段时间,阿玲找到了一份记者的工作。小刚说:“我最喜欢看到你下班回家脱了制服围上围裙进入厨房的过程,那显然是一个女人从厅堂走进厨房的过程。”阿玲细细的腰身系上围裙后会显得更妩媚动人,小刚会情不自禁地从后面将她拥在怀里,把手放在她细细的腰上,嘴里说着让阿玲心甘情愿地为他做菜的甜言蜜语,这时候的阿玲在小刚的眼里是最具女人味的。

谁说女人穿着工作服才是最美丽的呢?谁说女人穿着晚礼服才是最有魅力的呢?其实,当女人系着围裙在厨房里忙活,这时候的她才是最具女性魅力的。将爱融入厨艺中,那美味的佳肴就好像是她内心的爱,让男人感到舒心和幸福。

1. 在家做饭,既省钱,也有情调

不仅仅在餐厅吃饭才有情调,在家里做饭一样也有情调,而且还省了不少钱。女人会厨艺,就好比将天下间美味的食物都搬回了家,有这样一个会做菜的老婆,男人再也不吵着下馆子了,也不会经常在外应酬了,因为他要赶着回来品尝妻子的厨艺。

2. 有一道菜是他永久的思念

一对老夫妻走过了几十个年头,但每每在回忆过去的甜蜜时,胡子花白的老头子总会唠叨:“最喜欢你做的红烧肉,吃了几十年也不腻。”其实,夫妻之间,总有那么一道菜,是永远也吃不腻的,因为有爱,因为里面含有无尽的思念。

几句话语让他对工作充满信心

每个人都有低迷的时候，男人也不例外。有可能是工作上进展得不够顺利，有可能是遇到了一些困难与挫折，有可能正处于人生的低谷时期。当男人出现低迷的时候，女人是否做了应该做的，那就是给予男人几句鼓励的话。一些女人习惯了啰嗦、指责，面对他工作中的失败，不仅不给予安慰，反而变本加厉地指责起来，说一些伤人的话语："你真是没有出息""纯粹是一个窝囊废，早知道当初就不嫁给你""自从跟着你，我就开始倒霉了"……这些杀伤力无穷的话语，无疑是雪上加霜，而你也成了落井下石的那一位。当他遭遇困难的时候，即便是陌生人也会递上一份问候，更何况是你呢。所以，即使他事业没有什么成就，也不要乱加指责，更不要随意怒骂起来，这只会使你们之间的感情越来越淡漠。不妨拿出女人的本色，给予他几句鼓励的话，用你柔弱的双肩为他支撑起坚实的大后方，给他信心，让他从困境里走出来。这是一个女人的智慧，更是一个女人的骄傲。

小路和老公都来自农村，因为共同的家境让他们有了许多共同语言。认识两年之后，他们就领证结婚了，虽然没有房子，也没有车子，甚至连婚纱照都没有拍，可是小路觉得自己很幸福，因为爱是任何物质都换不来的。

结婚后，老公工作更努力了，虽然没有较高的学历，但他非常勤奋，努力拼搏，只是为了当初许下的承诺：小路，我会给你一个美好的将来，相信我。小路的爱让他坚信自己一定会成功的。小路也经常鼓励老公："你就是最棒的，总有一天，你会有自己的公司，我相信你，一直甚至是永远。"其实并没有等到永远，过了两年，辛苦拼搏的老公赚回了人生的第一桶金，开始自己经营了一家小公司。虽然看起来似乎并不起眼，但小路说："有一天，你会把公

司做大的。”在小路的不断鼓励下，老公的公司发展越来越好，没过几年就自己买了房子，买了车子，公司也做成了大公司。

但是好景不长，可能是因为经营不善，一些管理方法出现了问题，使公司陷入了困境，老公焦虑得晚上睡不好，白天还要去公司处理事情。小路看着着急的老公，心里也很担心，但她还是一如既往地鼓励他：“这只是暂时的困难，很快就会过去的，现在可比我们才来城市的时候好得多了，那时候那样艰难我们都熬过来了，何况是现在呢。”老公看着小路认真的脸，笑了。

小路在任何时候都没有指责老公，而是一如既往地支持他、鼓励他，不断地给他坚持下去的勇气。在小路的鼓励下，老公取得了一次又一次的成功，从一次次的失败中重新站了起来。每个人的人生旅途中都会遇到种种困难和挫折，面对突如其来的打击，很多人都防不胜防，心理也崩溃了。这时候正是需要你帮助的时候，没有指责，没有质问，只是一句轻轻的鼓励，或者只是一个拥抱、一个善意的微笑，都足以点起他心中的希望，给他强大的力量，那是重新站起来的力量，是重新获得成功的力量。

1. 男人也需要被肯定、被鼓励

也许有人认为，男人那么坚强，是根本不需要鼓励的，只有弱者才会需要鼓励。事实上，无论是强者还是弱者都有最脆弱的时候。在他低迷的时候，最需要有个人给他勇气、信心，能够不断地给他打气，成为他最坚实的后盾。对于男人来说，他们的自尊同样是异常的脆弱，假如你给正处于困境的他一顿责骂，他有可能就真的一蹶不振，甚至破罐子破摔，最终毁灭了自己的一生。

所以，请在男人最需要帮助的时候用力地拉他一把，用你的语言行动告诉他，无论他是成功还是失败，你永远支持他，陪伴着他。如果你真的将这些付诸于实际行动，那么他会用一生来回报你的恩情。或许，在你的鼓励

下，他真的就成功了，重新找回了自己，他的重生证明了你的伟大，因为你的鼓励，让他对自己的工作充满了信心。

2. 女人要成为男人最坚实的后盾

男人在外工作已经够累了，如果遇到了工作中的一些问题，再强大的他也会感到沮丧。这时作为女人，应该适时地说几句安慰人的话，虽然这些话并不会提供实质性的帮助，但却可以让他对工作重新充满信心，从而为明天的成功打下基础。

茫然无措时给他一句指明方向的话

有时候，即便是很有主见的男人也会陷入迷茫之中，他们站在矛盾的边缘，不知道该往哪里走。然而男人强烈的自尊心使他不会轻易地向女人求助，只是会在那几天表现得很抑郁，不说话。其实，作为贴心的女人，应该随时注意身边的男人在想什么，他在烦恼什么。如果发现他正陷于茫然之际，不妨给他一句指明方向的话，让他走出迷茫，走上人生的康庄大道。生活并不会一帆风顺的，总是会遇到这样的困难或那样的挫折，即便是对于一个男人而言，有些事情也是难以做决定的，他们会犹豫不决。在这个人生的关键时刻，若是不及时地做出决定，那就会导致他的人生迷失了方向。聪明的女人不仅仅是男人生活中的伴侣，同时也是他人生方向的领路人，为其出谋划策，送上最细致的关怀，自然会让男人对你疼爱有加。

小华是一名普通的司机，在一家小公司上班，虽然拿着并不高的薪水，但他认真、踏实，深得老板的赏识。小华的女朋友在一家广告公司做文员，每天朝九晚五，两个人的日子过得很惬意。最近，小华公司的老板经常找他谈话，有意让他做部门经理。小华刚开始没有当回事，心想怎么会看上我

呢，还以为是老板在开玩笑。可是，最近几次，老板找自己谈话的次数越来越多，这让小华感受到了老板的诚意。

这天回家，小华笑着对女朋友说："老板让我做部门经理呢，你觉得怎么样？我觉得做普通司机会简单些，不会那么累。"女朋友一边收拾屋子，一边说："我觉得这是好事情，你不可能做司机做一辈子吧，总要有个比较好一点的工作。再说，要学会用脑子挣钱，而不是用技能挣钱，我觉得你可以把握好这个机会。"小华有点迟疑："可是做经理心太累了，每天所焦虑的事情也很多，到时候也没有多少时间陪你了。"女朋友安慰道："虽然做部门经理比较辛苦，心会很累，但会锻炼你的能力，磨炼你的脾气，这从长远来说，真的是一个好机会，你就不用担心我了，我会打理好家里的一切，你只要安心工作就好了。""可是……"小华还在犹豫，女朋友笑着打断他的话："可是什么？至少也是一个小经理啊，比你现在当司机强多了，至少表明你已经在进步了，这就是努力的结果，所以赶紧努力吧。"听了女朋友的话，小华也下定决心了。

面对老板的赏识，要晋升自己为部门经理，内心拿不定主意的小华向女朋友抛出了自己该怎么办的问题。聪慧的女朋友从长远打算来分析，给出了中肯的答案。她并没有摆出一副弱女子的姿态说"我也不知道怎么办"，或者直接说"你自己看着办吧"。她明白，小华是因为看重她才问她，所以在小华迷茫之际，她适时地说出了指明方向的话，以此让小华重新找到了自己的人生方向。

女人，不仅仅是依偎在男人身边的小鸟，还应该是站在男人身边的一棵树。只有刚柔并济的女人，才会绽放出永久的魅力。时而温柔，时而妩媚，时而聪慧，时而坚强，这样的女人才是恰好的。她会在你需要的时候给予帮助；会在你迷茫的时候点亮希望的灯塔；会在你无助的时候指明一条道路。所以这样的女人想不受异性的青睐都很困难。

1. 不要总是对他说“不知道”

当男人表示自己很无助的时候，不要总是对他说“不知道”，这比一个陌生人的话更伤人。夫妻本是同林鸟，有什么事情自然是一起商量，一句“不知道”就好像割裂了夫妻的关系，这让男人的心里如何想呢？他自然会觉得这是你的冷漠，因此，女人要善于向男人表达自己的细致关怀，适时地出出主意。

2. 不要总是说“随便你怎么样”

人们最不能忍受听到的一句话就是“随便你怎么样”，这句话里含着漠不关心的冷漠。如果对于茫然无措的男人你只能给这句话，那还不如不说更好一些。男人所需要的是体贴的关怀，而不是冷漠。

有时你的安静是对他最大的支持

女人天生就喜欢说话，但作为妻子应该明白，喋喋不休的说话对于正在烦闷中的男人是最不能忍受的。有时候，他们只是希望待在一个安静的环境里，思索一些事情，整理一些思绪，在这时女人就需要学会察言观色，适时地闭上嘴巴，给男人一个安静的环境。或许有的女人会担心，他到底出了什么事情呢？为什么不告诉我呢？有时候男人喜欢把事情藏在心里，他不说有他的理由，并不是怕这些事情被你知道，这时你的安静就是对他最大的支持。愚蠢的女人经常会做出这样的行为：在男人越是烦心的时候，自己越是不省心地唠叨这唠叨那，结果气得男人摔门而去，她才算停下来。难道一天都张着嘴说话不累吗？当某一天看到男人脸上的表情不对劲的时候，适时地闭上嘴巴，让自己休息的同时也给男人一个安静的环境。

有时候，女人并没有真正地理解男人，了解他们心中的所思所想。女人

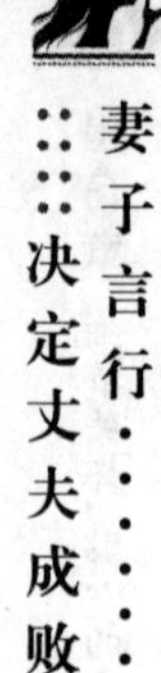

总是一相情愿地觉得做什么事情就是为男人好，但结果是做了这些事情男人却不领情，其实他所需要的是来自心灵的关怀。因为不了解，女人无法把自己内心的关怀恰到好处地送到男人的心里，这样也很容易让两人之间产生矛盾。

小萌是一个善解人意的女人，她懂得在什么时候安静，什么时候说话。随时掌握好分寸，以给予老公最细致的关怀。

老公最近在忙着创业，虽然在这之前做了充分的准备工作，但事情还是不怎么顺利。小萌没有过问老公创业的事情，只是表示了自己的支持："不管你做什么，我都支持你。如果你累了就回家，我给你做好吃的，吃饱了睡一觉，什么事情都没有了。"正因为小萌的善解人意，老公才得以放手去开拓自己的一片天地。

这两天，小萌明显地注意到老公的脸色阴晴不定，好像出了什么事情。到底是什么事情呢？小萌也很担心，但看着老公紧皱的眉头以及疲惫的神情，小萌觉得自己还是不要问了，留给他自己去解决吧。晚上，小萌做了老公最喜欢喝的鲫鱼汤，跟以往不同的是，今天的汤特别清爽，令人看一眼就很有胃口。果然，老公喝了几碗汤，小萌只是小心地叮嘱："小心烫""汤里放了你最喜欢的丸子，怎么样，很香吧。"老公只是点点头，没说话。小萌也适时地闭上了嘴巴。这时候正是老公烦心的时候，自己所能给予的最大支持就是安静，等事情处理好了，他自然会告诉自己。

最近几天小萌都没怎么说话，如果是以前她肯定会发挥唠叨的特长，但现在她什么都没说。就这样过了三五天后，老公突然眉开眼笑了，小萌知道事情肯定解决了。果然，老公回到家，来不及换鞋子，就抱着小萌大叫："资金终于到位了，我很快就成功了！为我高兴吧。"小萌笑了，才说："前几天看你很不开心，是因为资金的问题吗？"老公点点头："是的，本来已经谈妥了，但合伙人临时有变，这让我很烦心，我都害怕跟你说，怕你担心，只好阴沉着

脸不说话，只是你太了解我了，竟然没问什么，这样我也就放宽心了。经过多次谈话，合伙人终于同意了，有时候我想可能就是你的安静，让我可以很舒心地去做任何决定。”小萌嗔怪一句：“下次可不能让我这样担心了，有什么事情也可以说出来，我们一起商量嘛。”

女人常抱怨：“我省吃俭用都是为了你，做什么事情都是为你好，但你却这样对我。”听到这样的话，男人也有话说：“我需要的不是那些，我需要的只是你安静地陪着我，少唠叨，少吵架，哪怕只是安静地坐着，那就是对我最大的支持。”男人所需要的东西其实很简单，但大多数女人都做不到，她们只是按着自己的行为习惯去定义爱是什么，却浑然忘记了爱其实就是分担，就是心灵上的契合。

1. 男人最需要的是心灵上的关怀

对于男人而言，他们最需要的可能不会是物质或金钱，而是来自心爱的女人心灵上的关怀。男人在外面拼事业往往会很累，如果在这时女人还是喋喋不休，那只会让男人的心更累。有时候女人的安静就是对男人最大的支持。

2. 安静是一种无声的关怀

男人在遇到重大事情的时候，总是会要求：“你让我静一静。”有时候女人的安静也是一种无声的关怀，虽然安静不说话，但她总是关注男人的脸色、表情，是开心还是郁闷。如果开心了，那表示事情都解决了；如果还郁闷着，就表示他正在烦心中，那自己也不要打扰他了。

第7章

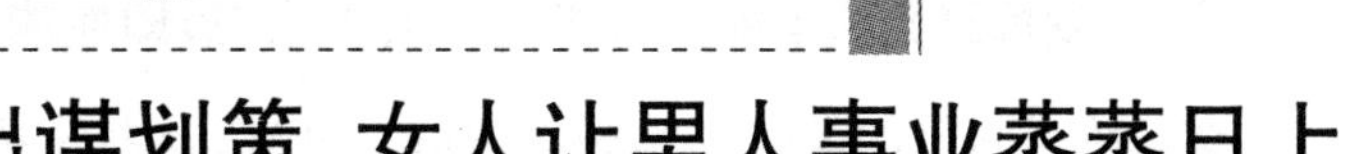

出谋划策，女人让男人事业蒸蒸日上

现代社会提倡男女平等，很多女人走出家庭，走进社会，在某些岗位上，她们甚至做得比男人更出色。由此可见，女人虽然有生理上的局限，但是也有自己的特长，完全有可能与男人平分秋色。由于女人看待问题的角度与男人不一样，所以女人往往能够启发和开阔男人的思路，使男人更加全面地看待问题。在生活中，如果一个男人的身边有一个能够为自己出谋划策的女人，那无异于如虎添翼，能够更大限度地发挥自己的能力，从而走向成功。

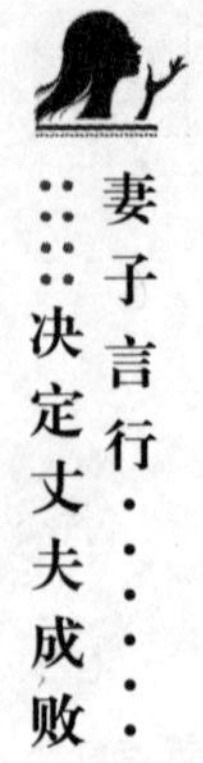

旁观者清，女人要学会为男人出点子

现代社会讲究男女平等，作为一个家庭的半边天，很多女人巾帼不让须眉，和男人一样驰骋职场，甚至有过之而无不及。不管是在家里还是在事业上，很多女人都是一把好手，两不耽误。无论是对男人还是对女人来说，婚姻都是一道人生的门槛。人类社会发展的历史决定了女人最终还是要回归家庭，发挥筑巢的本能。对于一个女人来说，即使能力再强，也必须有一个体贴疼爱自己的老公和温暖的家庭。其实，这些幸福都是女人的爱与智慧浇灌出来的。即使一个女人选择成为男人身后的女人，也要有自己充实的内心，能够在男人面临犹豫和两难选择的时候，给出男人中肯的意见。有的男人娶了老婆之后，生活每况愈下，诸事不顺。有的男人娶了老婆之后，顺风顺水，日子越发过得有声有色，事业也蓬勃发展。因此，便有了“旺夫女人”之说。很多男人都梦寐以求地想娶到旺夫的女人做老婆，那么，旺夫的女人有什么特点呢？首先，女人一定要独立、自信、有主见，这样的女人才能够在关键时刻认清形势，给男人出谋划策。俗话说，三个臭皮匠顶个诸葛亮。两个人的智慧加起来怎么也比一个人的智慧强，可想而知，只要出谋划策得当，就一定能够帮助男人成就事业。

当李明博成功地竞选韩国总统的时候，媒体开始关注他的夫人金润玉。在大选中，她为丈夫的成功当选发挥了重要的作用。12 月 20 日，韩国媒体在评论中说，李明博的夫人金润玉是他竞选的头号军师。

从李明博弃商从政那天开始，金润玉在李明博竞选首尔市长、竞争大国家党头号总统候选人以及最终成功当选总统的过程中，发挥了“重要作用”。媒体报道称，李明博卸任首尔市长职务以后，先后在党内竞选获胜，并且成

功地当选总统。在此过程中，夫人金润玉起到了重要作用。

1992 年，李明博弃商从政，以新韩国党国会议员的身份步入政界；1996 年，李明博参加国会议员选举，后来由于违反选举法被判当选无效；2002 年，李明博复出竞选首尔市长，并且获得成功。在这十年的时间里，金润玉始终都是李明博最坚定的支持者。

在李明博竞选总统期间，由于接受女婿送给她的名牌手提包以及以基督教徒的身份接受佛教法号，金润玉收到各方的猛烈抨击，曾经迫于无奈，隐身幕后。此后，虽然金润玉很少在正式场合露面，但是她私下里却通过社会服务等活动，充分展现了亲民姿态，有效地扮演了李明博的贤内助的角色。此外，她还巧妙地用自己的方式为丈夫出力——关照丈夫无暇顾及的边缘阶层、佛教界等，有效地弥补了丈夫竞选中的不足。对此，李明博曾经评价金润玉是自己“最坚强的后盾”。

在生活中，金润玉是一个性格直爽的人，虽然公众形象低调，但是她在家里却有“诤言夫人”的美誉。除了扮演好贤内助的角色之外，她还经常对李明博提出“逆耳忠言”。这些中肯的建议和意见，帮助李明博在决定性时刻做出了正确的选择。例如，李明博决定竞选总统时，家里无人支持，而且都表示反对。此时，金润玉却坚定不移地表态说：“我们不应该阻挡男人的前程。假如要阻止，早在他参加国会议员选举时就应该阻止。”再如，在与大国家党前代表朴槿惠竞争总统候选人时，金润玉建议李明博：“千万不要与女人争，更不要使用极端的措辞。在与女人争吵的过程中，男人从来没有赢过”。此外，金润玉还充分发挥了女人心细的特点，提醒李明博，“要有时间观念，按时出席活动”“演讲时要注意形象，不要吸鼻子”。

在竞选期间，李明博被人诬陷有私生子。对于这件事情，金润玉镇定自若地表示相信自己的丈夫，并且说：“如果真的有，就应该来到跟前。”正是因为她从容不迫的风度，才使一场风波平息于无形之中，最大限度地减弱了此

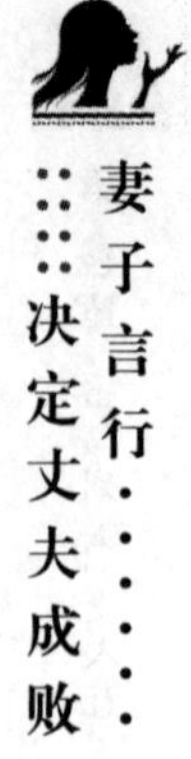

件事情的负面影响。

从韩国总统李明博的身上，我们不难发现，李明博之所以能够成功地竞选韩国总统，与夫人金润玉的支持和智慧是分不开的。人们常说，每一个成功男人的背后都有一个伟大的女人。其实要想成为成功男人身后的女人并不容易，因为没有人是天生成功的，不管是台前还是幕后，都必须付出很多努力。就像一首歌唱的，军功章里有我的一半，也有你的一半。

在现实生活中，男人面临着更大的压力。在很多关键时刻，假如女人能够以旁观者的角度给男人出谋划策，必定能够使男人受益匪浅。要想经营好一个家庭，女人任重道远，不仅要在生活上关心和照顾家人，更要在关键时刻给家庭的顶梁柱——男人以中肯的建议和意见。

了解并感谢男人的工作伙伴与助手

如果用动物来比喻男人和女人，那么女人无疑是圈养动物，而男人则是野生动物。和女人比起来，男人富于探险精神，竞争意识更加强烈。为了争夺财富、地位和权利，男人们总是乐此不疲地彼此争斗，因为这是男人首要的人生目标。其实，这一点与自然界中绝大部分野生动物都会为争夺食物和地盘而彼此厮杀的道理是一样的。因此，我们说男人是野生动物。

现代社会，虽然男女平等的观念深入人心，但是社会的主要趋势还是男人支撑家庭，而且这种趋势在短时间内不会发生根本性的改变。对于男人来说，事业不但是经济的来源，而且是生活的基础，是男人生活的重要组成部分。倘若没有属于自己的事业，男人就无法照顾家庭，更不可能实现自己的人生价值。因此，男人要以事业为重。在男人的眼中，事业就像是野生动物眼中的食物，对四处觅食的野生动物而言，获取的食物越多就意味着越彪

悍。同样的道理，对在外打拼的男人而言，事业越成功就意味着会拥有更多的社会财富，更有成就感，因而也就更容易得到异性的青睐。从原始人时代开始，女性择偶的天平就倾向于那些强壮有力的男人，因为只有这样的男人才能够猎取更多的食物。社会发展到今天，女人们仍然倾向于拥有地位和财富的成功男人。正是因为女人的这种心理，所以逼得这些在野外生存的男人们不得不以事业为重，在社会上奋力拼搏，以赢得自己的一席之地。作为一个男人，倘若没有事业，就仿佛失去了屋脊的房屋，随时随地都有可能坍塌；又像是没有脊柱的人，无法站立在众目睽睽之中。

作为女人，要想深入透彻地了解和关心男人，首先要做的就是了解男人的工作伙伴与助手，并且还要对他们表示感谢。正是因为有了他们之间的合作和互助，男人在工作中才更加顺利，从而更好地发展自己的事业。除此之外，因为事业对男人而言很重要，所以了解男人的工作伙伴和助手还能帮助女人更好地了解男人的内心世界。当女人知道他们在工作中遇到困难的时候，女人才能够及时地在生活中帮助他们调剂自己的内心，及时地鼓励和支持他们。此外，了解男人的工作伙伴和助手，还能帮助女人与男人之间培养更多的共同话题。有的时候，工作和生活很难截然分开，倘若男人回到家中的时候还想聊聊工作上的事情，一个了解男人事业和工作伙伴的女人显然更容易激起男人谈话的欲望。这样一来，就能够加深彼此之间的了解，促进双方更好地交流。

最近，林英发现丈夫詹国强的心情不是很好。每天下班回到家里，詹国强总是显得非常疲惫，而且似乎有什么心事。以前，詹国强只要一回到家里就会和儿子疯玩，父子俩都很开心。但是现在，詹国强只要一回到家里就躲在书房里不出来，愁眉不展。

林英很担心，不知道到底发生了什么事情。就这样过了两三天之后，林英忍不住打电话向詹国强的同事子峰了解情况。因为詹国强和子峰是同

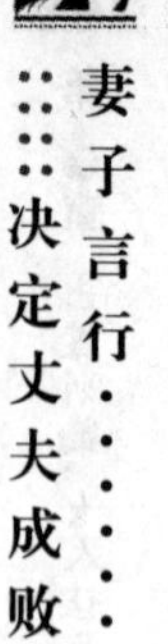

事，所以林英自从在一个偶然的机会认识子峰之后，就一直和子峰保持联系，彼此之间非常熟悉。打电话了解情况之后，林英才知道詹国强在工作上遇到了一些困难。在电话里，林英再三地向子峰表示感谢，说正是因为子峰的帮助，詹国强的工作一直以来都很顺利。了解了真实情况之后，林英佯装什么都不知道，但是她做了很多詹国强爱吃的菜，还开了一瓶红酒，劝詹国强喝一杯，晚上好好地睡一觉。吃过晚饭之后，林英早早地就把孩子哄睡了，她安静地陪伴在丈夫身边，什么都没有说。这一觉，詹国强睡得很踏实，很放松，第二天他早早地就起床去单位了。

晚上，林英惊喜地发现丈夫回家之后又开始和孩子玩闹了。正在高兴之余，子峰打电话告诉他工作上的困难已经解决了。至此，林英悬着的一颗心才算放了下来，她真心诚意地邀请子峰周末的时候带全家人一起聚餐。其实这种聚会林英已经组织过几次了，请的大多数是詹国强工作中的伙伴、助手。因为是家庭聚会，所以气氛随意而融洽，连詹国强自己也说，聚会之后，在工作中明显地感觉合作起来更加愉快了。

不管是在过去、现在，还是在将来的一段时间内，男人都承担着家庭的重任，因此，很多时候，男人的压力是很大的。然而，由于千百年来的传统，男人很少倾诉自己的烦恼，习惯了打落牙齿往肚子里咽。而且在女人的心目中也认为男人就应该是理想的高仓健式的硬汉形象。这样就导致男人从小就认为儿女情长是软弱的表现，因此他们总是把感情和烦恼深埋在心中。那么作为女人，怎样才能了解男人呢？很多时候，有些女人往往只关注男人的心情，而丝毫不愿意了解男人的工作，更没有兴趣去认识男人的工作伙伴和助手。其实，事业是男人生活的重要组成部分，所以要想更加了解男人，给男人更多的支持，就应该多多了解男人的工作，了解并且感谢男人的工作伙伴和助手。只有这样，才能更了解男人，从而做好贤内助的角色，更好地支持男人的工作。

适时地提出建议，但让男人自己做主

每一个男人的心底都有一种野性，他们桀骜不驯，仿佛一匹烈马。众所周知，驯服烈马不能硬上，而必须与马沟通感情，使之彻底臣服。在生活中，男人也可以如此对待。事实证明，男人很爱面子，自尊心也特别强。对于任何男人而言，面子都是很重要的。有的时候，他们的自尊心很脆弱，稍有不慎，就会受到伤害。对于婚姻来说，有的女人认为只要结了婚成了一家人，交流起来就可以无所顾忌，开门见山。其实不然。不管是处于蜜月期的新婚夫妇，还是金婚的老夫老妻，交流的时候也还是要讲究方式和策略的。尤其是当女人对男人说话的时候，最好不要采取命令的口吻，而且提出建议或者意见的时候也不要强迫男人必须接受。要知道，对于男人来说，最可贵的是自由，很多男人之所以不愿意结婚，正是害怕被老婆唠唠叨叨地管教，失去自由。因此，女人在给男人提出建议的时候，要注意方式和方法，让男人自己做出决定。

对于男人来说，一旦觉得自己没有自尊，就会感到在众人面前抬不起头来。对于任何男人而言，这个伤害都是致命的。因此，女人如果想和男人友好地交往，和平共处，首先需要注意的就是保护男人的自尊心，使之觉得自己非常强大；而最忌讳的就是带有强烈的控制欲，提出建议的时候采取命令的口吻。

魏征，字玄成，唐初的政治家，性格耿直，是史上有名的谏臣。隋末，魏征参加了瓦岗军，李密败，降唐。归唐后，魏征跟随李建成，为太子洗马。唐太宗即位后，魏征先后任谏议大夫、秘书监，参与朝政，封郑国公。

在历史上，魏征与李世民是封建社会中罕见的一对君臣：魏征敢于直言

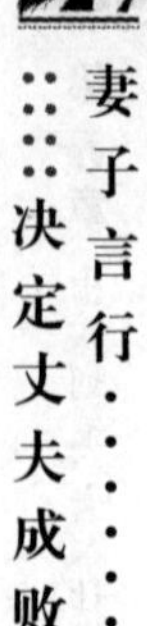

进谏，多次违背唐太宗的意愿，但是唐太宗却能容忍魏征“犯上”，而且采纳了很多魏征所提出的建议和意见。“玄武门之变”以后，因为早就器重魏征的胆识才能，所以，李世民非但没有怪罪魏征，反而还让他任谏官之职，并且经常引入内廷，询问政事得失。魏征喜逢知己之主，竭诚辅佐，知无不言，言无不尽。再加上魏征性格耿直，因此总是据理抗争，从不委曲求全。

有一次，魏征上朝的时候与唐太宗争执不休，两个人都争得面红耳赤，唐太宗觉得很下不来台。到后来，唐太宗简直忍不住想发作起来，但是顾忌到是否会因此在大臣面前丢了自己接受意见的好名声，不得不勉强忍住。退朝之后，唐太宗怒火冲天地回到内宫，见到长孙皇后，他气狠狠地说：“等着瞧吧，早晚有一天，我一定要杀死这个乡巴佬！”

长孙皇后很少见唐太宗这么生气，因此便问他：“不知道陛下想杀谁？”

唐太宗说：“还有谁？就是那个魏征！他总是当着群臣的面侮辱我，让我下不了台！”

长孙皇后听了，不动声色地回到内室，换了一套朝见的礼服，郑重其事地向唐太宗下拜。

见此情形，唐太宗疑惑地问：“你这是做什么？”

长孙皇后严肃地说：“我这是在恭喜陛下啊！自古以来，只有英明的天子才有正直的大臣。如今，魏征这样毫无顾忌地直言进谏，正是因为陛下的英明。天下的百姓有福了，我怎么能不祝贺陛下呢！”

这一番话使唐太宗如沐春风，他的怒气立刻消失地无影无踪，不禁念起魏征的好处来。

公元643年，魏征因病逝世，唐太宗非常伤心，他流着眼泪说：“一个人用铜作镜子，可以照见衣帽是不是穿戴得整齐端正；一个人用历史作镜子，可以看到国家兴亡的原因所在；一个人用人作镜子，可以发现自己的言行举止是否正确。魏征死了，我从此少了一面好镜子。”

“夫以铜为鉴，可以正衣冠；以史为鉴，可以知兴替；以人为鉴，可以明得失。今魏征殁，朕失一鉴矣！”这正是唐太宗对魏征的最高评价。不过，倘若没有长孙皇后的巧妙提议，魏征也许等不到病死就会触怒龙颜，惹祸上身。人们常说，伴君如伴虎，在封建社会，皇帝无疑是最高的权利代表，而且皇帝掌握着所有人的生杀大权。自古以来，有多少人仅仅是因为惹得皇帝不高兴了就失去了性命。作为高高在上的天子，皇帝也和普通人一样喜欢听好话，所以长孙皇后才会说“自古以来，只有英明的天子才有正直的大臣”，从而不动声色地劝谏了唐太宗。假如长孙皇后在唐太宗盛怒的情形下仍然像魏征一样直言进谏，而且和唐太宗据理力争，结果也许非但救不了魏征，反而还会把自己也搭进去。无庸置疑，长孙皇后非常聪明，她没有评价唐太宗的对错，更没有直接建议唐太宗怎么做，而是以祝贺的方式恭喜唐太宗，一则盛赞唐太宗的英明，二则赞扬魏征。说完之后，她更没有劝谏唐太宗怎么做，而是让唐太宗自己做出决定。这样一来，唐太宗不仅继续享有贤明的美誉，而且也平息了怒火，保全了魏征的性命。

在生活中，虽然男人并非贵为一国之君，但是男人的本性是相似的。作为女人，不管是否坚定地认为自己的意见或者建议是正确的，都要注意方式和方法。要记住，男人不喜欢命令的语气，更不喜欢被女人要求或者强迫去做什么事情，所以很多时候最好点到为止，让男人主动地做出选择，这样他们就不会觉得自己被强迫、被命令了。

巧妙地和丈夫的领导家属搞好关系

“曲线救国”一词是在抗日战争期间产生的，具体指的是采取间接的、效果也许慢一些的手段解决那些直接的手段无法解决的问题。例如，倘若采

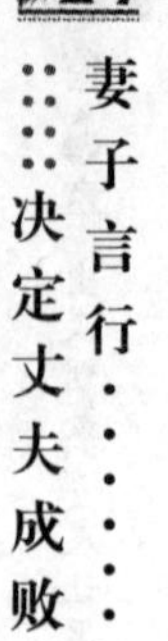

取正面抗击日本侵略军的能力不够，那么就发动军队及以外的各界人士和力量，或者采取从侧面迂回牵制干扰的策略，一点一点地争取和保卫胜利果实，有时甚至还要放弃一部分已经得到的东西。不过在此过程中，斗争的大方向保持不变。其实作为女人，如果想在事业上帮助男人，但是又不知道从何下手，也可以采取曲线救国的策略。那么，女人采取怎样的曲线救国的策略才能帮助男人的事业呢？其实方法有很多，例如，照顾好家庭，解决男人的后顾之忧，或者像上文提到的感谢丈夫的合作伙伴或者助手等。其中，巧妙地与丈夫的领导家属搞好关系无疑是最有成效的一种方式。在生活中，类似的事情屡有发生。

夏新和艾米已经结婚三年了，因为工作比较繁忙，他们始终没有要孩子。最近，他们原本计划要孩子，但是因为夏新的公司刚刚调走了一个主管，所以夏新很想争取这个难得的机会晋升为主管，为此他们的造人计划不得不推迟了。

公司里有几个资历和能力与夏新不相上下的老员工，都对这个职位虎视眈眈。为此，夏新没日没夜地在公司加班，希望凭借出色的表现吸引上司的注意。看到夏新这么辛苦，艾米也很着急，一则，她希望这件事情赶紧尘埃落定，他们也好考虑孩子的事情；二则，她看到夏新这么辛苦，也希望早些结束职位的争夺战。怎么才能帮助夏新呢？因为专业不同，所以艾米根本无法分担实质性的工作，只能从精神上多多地支持夏新。然而收效甚微，夏新还是很累。

一个偶然的机会，艾米得知夏新上司的夫人朱莉在自然美健身中心健身，每周至少去三次。艾米得知这个消息的时候非常兴奋，她隐隐约约地觉得机会来了。很快，艾米也办了一张自然美健身中心的健身年卡，而且每天下班后，艾米都坚持去自然美健身中心健身。功夫不负有心人，艾米去健身中心第三次的时候，就遇到了夏新上司的夫人朱莉。她热情地和朱莉打招

呼，自我介绍说是夏新的爱人，在公司的年会上见到过朱莉，朱莉依稀想了起来。在此次相遇中艾米与朱莉相谈甚欢，都很高兴。后来，她们相约健身的时间，交往日益频繁起来。一个月以后，艾米和朱莉已经非常熟稔了。巧的是，艾米从健身中心的登记信息中无意得知了再过几天就是朱莉的生日，因此，艾米费心地托同事从国外带回来一套昂贵的化妆品送给朱莉。就这样，她们的交往越来越深，关系越来越好。虽然艾米自始至终都没有和朱莉提过夏新公司缺主管的事情，但是一个多月后，夏新顺利地晋升为公司的主管。

直到夏新兴奋地约艾米出去吃饭庆祝一下时，艾米才漫不经心地说自己在健身房碰到过夏新上司的夫人朱莉。得知事情的始末之后，夏新不禁高呼："老婆，你太棒了，你简直是我事业的助推剂!"艾米也非常高兴地说："最主要的还是你非常优秀!"

在这个案例中，艾米和朱莉之间的交好无形中起到了很大的作用。按照文中所说，公司里有好几个与夏新的资历、能力不相上下的人，但是为什么单单让夏新升职呢？是因为夏新没日没夜地加班吸引了上司的注意吗？也许有这方面的原因，但是肯定不仅仅是这方面的原因。既然几个条件相当的人都对主管的职位虎视眈眈，那么大家一定都非常用心地表现自己，所以夏新能加班，别人也能加班。而艾米的行为则有些出人意料，正是她的别具匠心的举动才使夏新顺利地得到了晋升的机会。夫妻之间往往存在着很深的信任，因此很容易采纳彼此的意见和建议。毫无疑问，朱莉对丈夫说的话起到了很大的作用，使他更加关注夏新。

当然，丈夫的领导家属包括很多人，诸如领导的妻子、孩子、兄弟姐妹、父母等。在这些人中，存在着很深的信任关系，而且这些人都是领导深爱的人。所以采取接近这些人的方式来博得领导的欢心，无疑是卓有成效的曲线救国的方式。

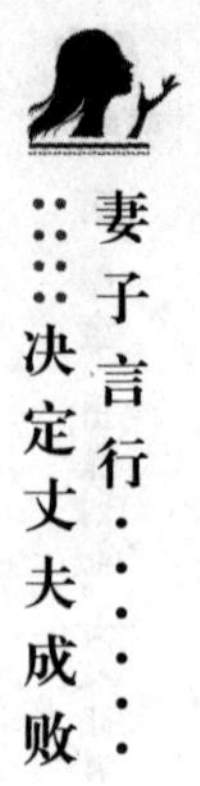

适时地点醒男人,让其保持理性

生活中总是有各种各样琐碎的事情,其中不乏让人怒火中烧的事情。虽然大多数男人都认为自己非常冷静理智,但还是难免会被某些事情激怒。当男人愤怒的时候,只有愚蠢的女人才会火上浇油,使小事变成大事,使大事变得无法收场。面对怒火中烧的男人,聪明的女人会采取适当的方式让其冷静下来,理智地处理事情。当然,对待一个愤怒的男人,必须选择合适的时机去点醒他,否则就有可能事与愿违。

在婚姻中,很多男人之所以选择一个女人,也许是因为美貌,也许是因为这个女人很有才华。毫无疑问的是,不管男人因为什么理由选择与一个女人厮守一生,倘若一个女人能够在他焦躁的时候使他冷静下来,那么这个女人会在他心目中占据重要的位置,自然也就能够成为获得他的认可和肯定的终身伴侣。

杜立新大学毕业后进了一家广告公司工作,转眼之间已经十年了。最近,公司的艺术总监因为家庭原因辞职了,所以公司急需一名资深的设计师作为艺术总监。在公司里,杜立新的资历算是比较老的,而且私企人员流动性比较大,除了高层领导,很少有十年以上工龄的人。其实,艺术总监辞职以后,杜立新心中有点儿高兴,因为放眼望去,他无疑是艺术总监的最佳人选。很多熟识的同事私下里也会开玩笑似地恭喜杜立新,大家都说艺术总监的位置非杜立新莫属。在同事们七嘴八舌的议论中,公司公布了重要决定:由李采担任公司的艺术总监。听闻这个消息时,杜立新不禁愣住了。虽然李采很具有创新意识,但是他刚刚来公司六年,论资历是怎么也比不过杜立新的,而且对公司的贡献也没有杜立新大。那么,公司为什么要做出这种

决定呢？知道消息后，同事们都用同情的眼光看着杜立新，仿佛他比窦娥还冤枉。当天晚上，李采请同事们吃饭，杜立新也没有去，推说身体不舒服回到了家。

回家之后，妻子很快就发现了杜立新的异常。不过妻子什么也没有说，只是善解人意地做了丈夫最爱的吃松鼠鱼、油焖大虾，还开了一瓶红酒，陪着丈夫对饮起来。酒过三巡，杜立新满腹委屈地对妻子说："今天，公司居然公布让李采担任艺术总监，要知道，每个人都认为这个职位非我莫属，包括李采在内。我怎么也想不明白，公司为什么要这样对我呢？"妻子只是淡然一笑，理解地说："我知道你的感受，换做是谁都会想不开的。"听到妻子的话，杜立新心里觉得很舒服，毕竟妻子是理解他的，他又愤愤不平地说："这样一弄，我都不想在那里干下去了。"见状，妻子接着说："如果你确实经过深思熟虑，那就辞职吧，好在我的工作很稳定，所以即使你辞职，咱们家的生活也不会受到影响的。"得到妻子的理解和支持，杜立新的脸上露出了欣慰的微笑。"不过有的时候，公司的高层也许会有其他的打算。所以，如果你觉得还能够坚持一段时间，最好先静观其变，也许公司对你另有安排呢！毕竟，艺术总监离职对于广告公司来说是一件很大的事情，公司也许会借机调整人员安排呢！"

听了妻子的建议，杜立新冷静下来，决定再坚持一段时间，静观其变。果然，公司并没有让杜立新久等，一个月之后，公司高层任命杜立新担任公司的副总经理一职。接到任职通知后，杜立新欣喜若狂，第一时间就打电话通知了妻子。

假如不是妻子冷静理智地建议杜立新再坚持一段时间，静观其变，杜立新也许就会在一时冲动之下辞职，那么，他非但会与副总经理一职失之交臂，而且还要去一家新的公司重新开始。不过，杜立新的妻子之所以能够成功地劝说杜立新，关键在于她采取了正确的方式。面对老公准备辞职的决

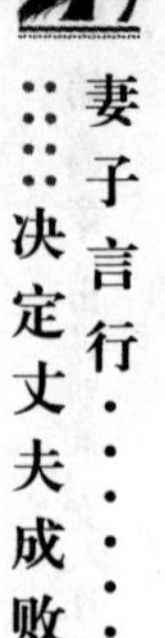

定，很多妻子都无法像杜立新的妻子那么冷静。也许她们一听到丈夫说要辞职，就会一跳三尺高，非要让丈夫给出一百个必须辞职的理由来才肯罢休。这样一来，丈夫难免会觉得妻子把自己当成了一个赚钱的机器，而丝毫不顾及自己的感受。然而，杜立新的妻子首先肯定了丈夫的决定，并且表示理解和支持，解除了丈夫的后顾之忧。在此基础上，她才委婉地提醒丈夫公司高层也许会另有安排。在这个合适的时机之下，杜立新自然不会对妻子的话产生反感，因为他还沉浸在对妻子善解人意的感动之中，自然也就更容易心平气和地接受妻子的建议了。

人们常说，每一个成功男人的背后都有一个默默付出的女人，其实这句话也可以这么说：每一个成功男人的背后都有一个清醒理智的女人。这样，男人才会在关键时刻得到女人的倾心点拨，从而保持清醒和理智的状态，最终做出正确的决断。

女人要学会为男人做好宣传工作

众所周知，男人的自尊心很强，而且特别爱面子。因此，对于一个男人的最佳奖赏莫过于夸奖。此外，假如女人能够经常当着别人的面夸奖自己的老公，或者在别人面前大力宣传老公的种种优点，那么男人必定会如同打了鸡血一般亢奋，而且对女人会越来越好。

在生活和工作中，男人承受着巨大的压力，很多男人在外面是顶天立地的男子汉，到了家里却像个贪玩的孩子。对于一个女人来说，不仅要对优秀的、成功的男人关怀备至，更要鼓励处于奋斗阶段的男人。要知道，男人也需要表扬，尤其需要心爱女人的表扬。更要知道，鼓励、宽容永远比抱怨更加美好。倘若一个女人总是把自己的男人看得一无是处，抱怨男人没有能

力，那么男人就很有可能因此而自暴自弃、一蹶不振，更有甚者，还会因为受到如此沉重的打击而去寻找别的女人来重新点燃他的希望。

张杰和夏清谈了三年的恋爱，终于在今年结婚了。刚开始的时候，婚后的生活非常甜蜜，两个人卿卿我我。半年多过去了，结婚的新鲜感也渐渐消失，生活中的小矛盾开始崭露头角。平日里张杰喜欢看书写字，谈恋爱时，夏清觉得张杰是一个“好学上进”的好青年，也正因为如此，夏清才选择嫁给张杰。但是如今，张杰爱读书写字的这个优点却在不知不觉之中变成了缺点。因为沉浸在书中，张杰不止一次地忘记做家务，忘记办理夏清交代的事情。时间长了，夏清开始闹情绪，直至爆发。

刚结婚的时候，夏清总是耐心地提醒张杰，既要看书写字，也要适当地做一些家务，毕竟每个人的精力都是有限的。工作之余，倘若让一个人独自承担所有的家务，是很累的。但是因为张杰屡教不改，所以夏清最终失去了耐心，由悉心叮咛变成了“河东狮吼”。

不知道从何时起，夏清想方设法地要改变张杰对书的痴迷，但却都收效甚微。闹了很多次不愉快之后，夏清突然放弃了改变张杰的行动计划，自己任劳任怨地承担了所有的家务。而张杰还总是因为看书而什么都不做，但在亲戚朋友面前，夏清还是很维护张杰的，把张杰的说成是“上得厅堂，下得厨房”的五好老公。起初，张杰的心里美滋滋的，觉得夏清很维护他的面子。时间长了，再听到夏清在亲戚朋友面前夸奖自己的时候，张杰的心里就会觉得非常愧疚，因为他毕竟什么都没有做。随着时间的推移，张杰再也不好意思享受着老婆的表扬而当甩手掌柜了。

渐渐地，张杰开始主动地做一些力所能及的家务，既然不会做饭，那么就帮老婆扫地拖地；既然不会熨衣服，那就帮老婆倒垃圾。渐渐地，张杰已经习惯了自己在家庭生活中的角色，并且在无形之中做了很多家务活，诸如扫地拖地、洗衣服、整理房间、倒垃圾等等。这样，当再听到夏清在亲戚朋友

面前夸奖自己的时候，张杰也就不再觉得愧疚了，毕竟他是真的做了家务的，是名副其实的五好男人。而夏清则仍然慷慨地在亲戚朋友面前大力宣传张杰的好处，使张杰在亲戚朋友们中间获得了良好的口碑。

夏清为什么会改变“河东狮吼”的方式呢？原来，夏清在无意之间看到了一本书，书上写道，女人要学会为男人做宣传工作，换言之，就是要在亲戚朋友面前给老公留足面子。之前，尽管夏清频繁地“河东狮吼”，但是效果一点儿都不好，张杰只会左耳朵进、右耳朵出。而改变策略和方式以后，张杰再也不好意思无功受禄了，因此只好积极主动地承担一些家务，以无愧地接受夏清在众多亲朋好友面前对他的表扬和宣传。就连夏清自己也没有想到自己一个小小的改变，居然使张杰心甘情愿地发生了改变。原来很多情况下，男人就像一棵树，而女人则是园丁。一个辛勤的园丁，总是记得在合适的时候为植物“松土、施肥、浇水”。对于男人和女人而言，道理也是一样的。作为女人，只有找准合适的时机表扬男人，宣传男人的好处，才能使男人心甘情愿地为自己做出改变，生活也才会越来越好。

在生活中，很多夫妇都认为只要结婚就相当于进了保险箱，随着时间的流逝，不但往日的魅力不复存在，而且曾经的优点也都变成了缺点，曾经可爱的缺点则更加难以容忍。其实要想和配偶和谐共处，共建和谐美好的家庭，就要多用宽容甚至赞赏的态度看待对方，这样一来就能够重新发现对方的魅力所在。有位名人说，这个世界上并不缺少美，而是缺少发现美的眼睛。同样的，夫妻之间也不是缺少美，而是缺少发现美的眼睛。一个女人总是充满幸福地挽着丈夫的手，向每一个朋友介绍：“这是我的丈夫，虽然不高不帅，但是很温柔，而且非常有责任心。在我心中，他是最棒的老公！”在这一番表白之下，丈夫肯定会感动得无以复加，更会不遗余力地为家庭、为爱人毫无保留地奉献出自己的力量。大凡在婚姻生活中获得幸福的女人，总是在举手投足之间发现男人的诸多好处，并且还会不失时机地为男人四处

宣传。爱情的逻辑很简单:你越是认可和肯定男人,四处宣传男人的优秀之处,男人就越是浑身充满了力量,竭尽全力地做得更好。

细节推敲,给粗心的男人最好的指点

在中国,男尊女卑的思想在很长一段历史时期内都占据着主导地位。数千年来,男人始终是家庭的中心,在家庭中享有至高无上的地位。在古代,奉行君为臣纲,父为子纲,夫为妻纲。这就要求为臣、为子、为妻的必须绝对服从于君、父、夫。与此同时还要求君、父、夫为臣、子、妻做出表率、这就充分反映了封建社会中君臣、父子、夫妇之间的一种特殊的道德关系。正是因为长期的男权思想的影响,所以即使社会发展到今天,提倡男女平等,男人也仍然有一种天生的优越感,这种优越感导致男人的自尊心极强。男人都是爱面子的,很多时候,即使他们知道自己错了也不愿意当面承认自己的错误。在生活中,当女人觉察到男人也许因为粗心而犯错的时候,最好不要直截了当地给男人指出来,而是要采取委婉的方式,这样男人才比较容易接受。

那么,怎样的方式男人才更加容易接受呢?其实方式有很多,其中以细节推敲的方式最能引起男人的反思,从而使其心平气和地接受。

张铭和徐雪已经谈了一年多恋爱,现在正在筹备婚礼。在筹备婚礼的这短短的一个月中,他们已经因为诸多事宜争吵了很多次。其中,尤其以在房子装修的事情上分歧最大。

他们买的是一个三居室,在装修的时候,张铭坚持要把三室都装修成卧室,一间他们夫妇二人住,一间布置成儿童房,还有一间布置成老人的房间。直到此刻,徐雪才发现张铭准备和父母一起居住。徐雪是独生女,从小就自

由惯了,她甚至都不想和自己的父母住,更何况是公婆呢?徐雪预见到,因为不同的生活习惯和立场,婆媳之间往往有着不可调和的矛盾,所以她更愿意把公婆当成亲戚走动,而清静地过小夫妻的生活。为此,徐雪认为三室中只要布置一个新婚夫妇的卧室和一个儿童房就够了,另外那个小房间可以布置成书房,以供大人读书、上网和将来的宝宝学习之用。但是张铭听不进任何建议,片面地认为徐雪就是不想和公婆住。为了这件事情,他们整日地争论不休,谁也说服不了谁。眼瞅着,结婚的日子近了,但是他们还是因为这件事情而僵持不下。

出乎张铭的意料,一天,徐雪突然一反常态,主动表示愿意和张铭的父母一起住。听到徐雪的表态之后,张铭欣喜若狂,为自己成功地说服了徐雪而感到高兴。不过,徐雪有一个要求,即张铭必须解决好几个问题才能把父母接过来一起住。问题如下:老人的生活习惯和年轻人不一样,老人喜欢早睡早起,而年轻人喜欢晚睡晚起,所以老人不能因为早起而影响年轻人早晨睡懒觉;徐雪喜欢逛街购物,花钱大手大脚,在生活中也不像老人那么节俭,喜欢吃西餐,老人不能挑剔徐雪不会过日子,饮食习惯要向年轻人靠拢;家庭要保持窗明几净,所以徐雪会找小时工来定期打扫卫生,老人不能因为心疼钱而横加阻拦;夫妻就像嘴唇和牙齿,难免会有磕磕碰碰,夫妻间发生矛盾的时候,老人不能插嘴;如果有了宝宝,必须采取全新的育儿理念,必须保证老人不因为遵循老传统而干涉年轻人带孩子……看到这些问题,张铭眉开眼笑的脸变得乌云密布。直至此刻,他才意识到和老人一起住以后会面临着很多难以调和的矛盾,从而导致家庭战争的爆发。别说是徐雪了,从上大学开始到现在,张铭自己也已经有十年没有和父母一起生活了,所以的确是有很多不可预见的困难。想到这里,他意识到徐雪的坚持也许是对的。其实,张铭的父母住得离他们的新房很近,走路只需要15分钟就到了。经过慎重的思考,原本很兴奋的张铭渐渐地冷静下来,他不得不承认他考虑得不

太周到，只是一门心思地想把父母接到一起住，但是却没有意识到年轻人和老人住在一起，也许对双方都是一种束缚。为此，他采纳了徐雪的意见，隔三差五地去看望父母，和父母一起吃饭。

在这个案例中，张铭急于侍奉父母的心情是可以理解的，然而现实存在的问题也是必须考虑到的。显而易见，因为一门心思地想孝敬父母，所以张铭忽视了很多问题，根本听不进任何意见。在这种情况下，聪明的徐雪采取了以退为进的方式，首先让张铭冷静下来，然后以解决问题的方式让张铭提前面对和解决与老人住有可能发生的矛盾。看到妻子列的清单之后，张明发现了问题的严重性，意识到问题远远没有自己想象得那么简单。为此，经过冷静的思索，他决定采纳徐雪的意见。其实，徐雪的成功之处就在于以推敲细节的方式让张铭进行了理智冷静的思考，从而意识到自己在冲动之下还有很多事情没有考虑周全。倘若徐雪没有采取这种推敲细节的方式，而是一味地与张铭据理力争，事情的结果就将很难预料了，甚至筹备好的婚礼也会因此而取消。事实证明，他们的决定是明智的。因为不住在一起，隔几天才见一面，所以张铭既能够好好地照顾父母，也有效地避免了婆媳之间发生矛盾。可以想象，因为不在一起生活，徐雪和婆婆之间鸡毛蒜皮的矛盾也减少了很多，而且因为几天才见一面，所以她们的相处也会更加友好。

第8章

悉心引导，聪明女人善于启发男人的思维

每个人都有嘴巴，对于人类来说，嘴巴主要有两个功能，一个是吃喝，一个是说话。因此，在老百姓中间，广泛流传着这样一句话："开门七件事，柴米油盐酱醋茶"。这句话指的是人们温饱层面上需要解决的七个主要问题。在生存的基础上，我们还需要很多必须具备的能力，才能在社会上更好地立足，其中之一就是说话。自古以来，就有很多关于说话的论述。自从人类直立行走以来，语言伴随着人类走过了几百万年的历史。时至今日，我们仍然在研究说话的技巧。夫妻之间，几乎每天都要进行沟通。假如沟通得好，婚姻生活就会更加和谐美满；假如沟通得不好，轻则三天一小吵，五天一大吵，重则家庭破裂。因此，作为女人，一定要掌握说话的技巧，这对夫妻之间的沟通是大有裨益的。

注重方式，男人不需要你告诉他怎么做

常言说，“好马出在腿上，好人出在嘴上。”当然，这里的“嘴”指的是说话的“嘴"，而不是吃饭的“嘴”。换言之，也就是说要想成为一个受欢迎的人，必须会说话。也许有人会说，“除了哑巴，谁不会说话啊？”的确，每个人的嘴巴都有两个功能，一是进食，二是说话。即使如此，但是却并不意味着每个人都会说话。说话需要讲究技巧和方式，所以才有了“会说的人说得人笑，不会说的人说得人跳”的说法。在生活中，有人“巧舌如簧，而听者寥寥”，有人“口吐莲花，字字珠玑”，然而，还有相当一部分人是“茶壶里煮饺子，有话说不出来”。每个人都有自己独特的说话方式，境界也有高低之别，因此往往导致效果有天壤之别。其实，大多数人之所以具有好口才，不仅仅是依靠天分，还得益于后天的努力。

在社会上生活，每个人都需要与别人打交道，而且大多数都要依靠语言作为媒介，这就注定了人们必须通过说话来达到交往的目的。作为朝夕相处的夫妻，沟通更是和谐美满的婚姻生活必不可少的介质，因此夫妻之间更需要恰到好处的交流。夫妻关系不同于普通的人际关系，夫妻是在这个世界上相互依存的两个个体。众所周知，在婚姻生活中，女人照顾家庭比较多，因此女人经常需要接触生活中琐碎的事情，这就导致了女人爱唠叨的特点。那么，女人在为婚姻生活掌舵的时候，需要注意哪些事情呢？首先一点就是要注重说话的方式，切忌采用命令的口吻和男人说话。记住，不管什么时候，在任何情况下，男人都不喜欢被女人指挥。这就要求女人在告诉男人怎么做的时候，必须采取委婉含蓄的方式，在保全男人自尊心和面子的情况下，向男人传达自己的意见或者建议。很多时候，男人的自尊心是很脆弱

的，作为女人，言语稍有不慎就有可能触怒龙颜，那么我们不妨和纪晓岚学学怎么说话吧！

读过历史的人都知道，纪晓岚是乾隆皇帝身边的红人。纪晓岚才思过人，机智敏捷，学识渊博，能言善辩。

一天，乾隆想试验纪晓岚的机智。因此，他把纪晓岚找来问道："纪晓岚！"纪晓岚赶紧应声："臣在！""我问你：什么叫忠孝呀？"纪晓岚说："君叫臣死，臣不得不死，为忠；父叫子亡，子不得不亡，为孝。把这二者结合起来，就叫忠孝。"纪晓岚的话音刚落，乾隆皇帝就说："好！朕今天就赐你一死。"纪晓岚不由得惊呆了，他怎么也想不明白皇帝为什么会突然赐他一死。不过，所谓君无戏言，纪晓岚只好谢主隆恩，三拜九叩，黯然离开。

事情至此，乾隆不禁有点儿后悔，想：不知道纪晓岚会怎么做啊？死了，那就太可惜了，我就失去了一个栋梁之才；不死，就是欺君之罪。

正在乾隆皇帝担心之际，纪晓岚喘着粗气跑了回来，他扑通一声跪在乾隆面前。乾隆故意一本正经地说："大胆纪晓岚！朕已经赐你一死了，你为何跑回来了？"纪晓岚无辜地说："皇上，臣的确按照您的旨意去死了，但是正当我准备跳河自杀之际，屈原突然从河里怒气冲冲地出来了，他质问我：'你这个小子真混蛋，当年楚怀王昏庸无道，所以我才投汨罗江自杀；而当今皇上贤明豁达，皇恩浩荡，你为什么还要寻死呢?！'我听了屈原的话，觉得确实有道理，所以就回来了。"听到纪晓岚的话，乾隆高兴得哈哈大笑："好一个纪晓岚，你果真是巧舌如簧啊！"

人们常说伴君如伴虎，纪晓岚之所以能在皇帝身边风生水起，在一次次的危急关头化险为夷，就是因为他有一张能言善辩的巧嘴。

乔雪丽最近非常苦恼，因为她和老公几乎每天早上都要发生一场小小的争执。其实原本也没有什么大不了的事情，起因只是一杯水。乔雪丽看到了一篇关于养生的文章，觉得正如书上所言，人的确应该在早上起床后喝

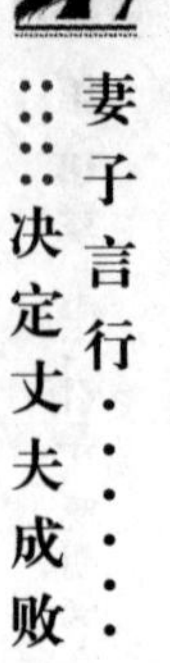

一杯白开水。因此,她近来每天早上一起床就喝一杯白开水,并且还要求老公也喝一杯。

虽然对于乔雪丽而言这是一个很容易做到的事情,但是她的老公却很抵触。他宁愿多睡几分钟也不愿起床喝杯水。为此,围绕着是多睡几分钟还是喝这杯白开水的问题,乔雪丽与老公几乎每天早晨都要争执不休,有的时候他们还会因为争吵而上班迟到。

不能否认,乔雪丽所说的是对的。上喝一杯白开水可以清理肠胃中的毒素,对身体特别有好处。但是,这是在自愿喝水的情况下。即,对于乔雪丽而言,这杯水对她是有好处的,但是对于乔雪丽的老公而言,假如带着负面情绪心不甘情不愿地把这杯水喝下去,则没有任何好处。因为很多时候,负面情绪就像毒素一样严重危害着人们的身体健康。

然而,乔雪丽却没有意识到这个问题,仍然固执己见地每天早晨都要求老公喝一杯水。最终,老公每天早晨都怒气冲冲得赶到单位,不仅没有喝水,还破坏了原本的好心情。为此,乔雪丽和一个年长的同事诉苦,同事听了之后不禁责怪乔雪丽:“不是我说你啊,你的方法有问题。不就是一杯水嘛,他想喝就喝,不想喝就不喝,男人最讨厌的就是女人命令他做什么事情。”乔雪丽无辜地说:“但是,我是为他好啊……”同事接着说:“每个人都有自己的生活方式,假如你是为他好就不要强迫他,因为毕竟喝不喝水的问题原本就没有那么严重。”听了同事的话,乔雪丽改变了方式,虽然她还是很希望老公也能喝一杯水,但是她却制住了自己的欲望,不再强迫老公早晨起床就喝水。不过,每天早晨,乔雪丽都会提前转备好两杯温开水,放在床头的位置。一天,两天,三天……过了一段时间,她发现老公也开始自觉地喝水了。

起初,乔雪丽明明是好心,为什么造成了这种后果呢?其实是乔雪丽的控制欲在作怪。正是因为她从心底里想控制老公,希望老公完全按照她的

标准行事，所以导致她说话的候流露出明显的命令的意味，而且在老公不按照她的意愿去做的时候，非常生气，这样势必导致夫妻之间发生争吵。显而易见，这种情绪对夫妻之间的关系非常不好，轻则伤害感情，重则导致老公想摆脱这种控制。其实乔雪丽的老公可能也知道早晨起来喝杯白开水有益健康，而且他的心里原本未必是那么抵触，只是因为乔雪丽说话的方式带着强迫和命令的意味，所以才会导致她的老公强烈抗议，甚至故意与乔雪丽的意愿背道而驰。而当乔雪丽不再固执地坚持的时候，她的老公自然也就不再那么抵触了。由此可见，男人喜欢自由，喜欢主动地做事情，而不喜欢被命令、被强迫。每一个女人都应该好好地研究男人的心理，学习说话的方式，这样才能使男人更加主动地、心甘情愿地做一些事情。关于说话的技巧，是需要灵活机智的头脑的，女人们不妨在生活中多多积累，处处留心，这样才能提高自己说话的能力。不管是男人还是女人，都可以学习学习纪晓岚，即使面对高高在上的皇帝，他也能化险为夷，转危为安，可见其足智多谋。

学会用比喻的方式来引导男人

语言是人与人之间沟通的桥梁，要想保持人际关系的和谐与畅通，就必须保证这个桥梁的畅通无阻。不管是男人还是女人，假如拥有好口才，就能够使自己的人生更加幸福，也能够促进事业的发展。特别是对于女人来说，有技巧的说话方式、卓越的口才，不仅是事业成功的助推剂，更是家庭幸福的法宝。此外，还能够增加女性自身的个性魅力。众所周知，女人的形象非常重要，但是女人的口才也同样重要。要知道，不管在什么情况下，“口吐莲花，字字珠玑”的女人无疑更加出色！那么作为女人，即使你没有人人艳羡

的美貌，也无需为此介怀，只要刻苦练习，使自己具备好口才，那么你就会具有与众不同的独特魅力！

中国文化历史悠久，很多名家大作几千年来广为流传。要想锻炼自己的好口才，使用好比喻的方式说话，就要增强自己的文化底蕴，这样才能做到信手拈来地使用比喻的方式。汉字是表意文字，有着几千年的悠久历史。写文章的时候，人们总是讲究“读书破万卷，下笔如有神”。其实说话也是这个道理。爱看书的人们很容易就会发现，在众多的修辞手法中，比喻占据着重要的位置，不仅形象生动，而且美妙传神。那么，倘若把比喻的修辞手法引入到说话中，尤其是用比喻的方式来引导男人，必将使自己妙语连珠，说话有独到的见解，有高超的水平。这样一来，语言就会更加有说服力，使男人心服口服地采纳女人的意见或者建议。在生活中，有些女人和男人说话的时候总是喜欢讲道理，枯燥无味地讲完道理之后效果却并不好。甚至有些女人和男人说话的时候，总是出现冷场的尴尬局面，觉得无话可说。实际上，因为男人关注世界的角度和女人是不一样的，所以的确需要用心培养共同语言。在补充知识的同时，倘若女人能够恰到好处地使用比喻的方式，就能够生动地表达出自己的意思，不但避免了男人的误解，而且可以使男人以积极的态度交流。只要自己勤奋刻苦地锻炼，就可以弥补表达方式上的欠缺。因为好口才并不是大胆的人才有，也不是天生的。记住，要想拥有好口才，就必须有足够的底蕴作为基础。

《史记・滑稽列传》记载，齐威王刚刚即位的时候，整日都不理朝政，荒淫无度，导致“百官荒乱，诸侯并侵”，国家即将灭亡。这时候，一位名叫淳于髡的智者挺身而出，用极其隐晦巧妙的方式向齐威王进谏：“京城来了一只大鸟，落在大王的庭院中。三年以来，它既不鸣叫，也不飞走，没有人知道这鸟究竟是怎么了？”听了淳于髡的话之后，齐威王脱口而出：“此鸟不飞则已，一飞冲天；不鸣则已，一鸣惊人。”过了没多久，齐威王振奋精神，收复失地，

整顿官场，使国家繁荣复兴长达36年之久。

《旧约圣经》中也有一个与此类似的故事：大卫对乌利亚横刀夺爱之后，"耶和华差遣拿单去见大卫"，对他说："有两个人生活在一座城里：一个是富户，一个是穷人。富户非常富有，牛羊成群；穷人特别贫穷，除了一只小母羊羔之外，一无所有。穷人像对待自己的儿女一样对待羔羊，经常把羔羊抱在怀中，吃他所吃的，喝他所喝的。渐渐地，羔羊和他的儿女一起长大了。有一天，一个客人来到这个富户家里做客，富户因为舍不得从自己的牛群羊群中取一只给客人吃，所以便取了那穷人的羊羔准备给客人吃。"在拿单的启发下，大卫幡然醒悟，悔改认罪，写下了一篇著名的忏悔诗，即《诗篇》第51篇。

淳于髡和拿单所讲的故事，用《圣经》中的说法叫"比喻"。从上述两个故事的过程和结果不难看出一个道理：比喻是一种有效的劝人和责人之法。比起直截了当的说理和批评来，比喻的效果更好。犹太社会的宗教领袖之所以在宗教教导中经常使用比喻的方式，就是因为深谙这一点。在犹太，不管是先知、拉比，还是诗人，都能够随心所欲地运用比喻。作为女性，倘若能够巧妙地运用比喻的方式说话，则效果将非常显著。

最近，晓强总是郁郁寡欢，其实原因很简单，晓强的父母希望他考研究生，但是晓强不想上学了，觉得应付考试很累。晓强的女朋友之惠和晓强的父母一样，也赞成和支持晓强考研究生，因此，晓强只好硬着头皮开始复习功课。没多久，之惠就发现晓强复习功课的时候总是心不在焉，而且一看书就头疼。同为学生，之惠当然知道晓强是厌学了。为了鼓舞晓强继续努力，一天，之惠在图书馆看书的时候佯装无意地对晓强说："你知道吗，咱们班的林霞进了市团委了。"听到之惠的话，晓强大吃一惊，不由得问道："进团委了？她凭什么呢？她可是好几次考试都是倒数第一呢！"之惠也愤愤不平地说："是啊，现在这个世道都是凭关系呢！可怜了咱们这些没有靠山的人了！

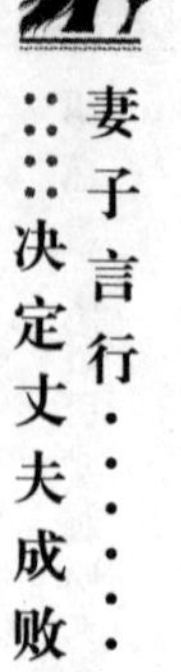

不过也没有关系，进不了团委，咱们就来个鲤鱼跳龙门，一旦考上了研究生，毕业以后我们就可以去大城市，也许会比林霞在团委更有前途呢！”晓强似乎明白了什么，他深深地点了点头，说：“咱们继续努力吧，条条大路通罗马。也许跳了龙门的我们比有关系的同学发展得更好呢！”

虽然之前父母的劝说收效甚微，但是在“林霞进团委了”这个消息的刺激下，再加上之惠的“鲤鱼跳龙门”的比喻，使晓强深刻地意识到：要想改变命运，就必须依靠自己的努力！其实在生活中，很多时候男人都不像我们想象的那么坚强。那么当男人脆弱、退缩或者不理智的时候，女人不妨采取比喻的方式好好地引导男人！比喻的方式委婉含蓄、鲜明生动，既能够达到预期的劝说目的，还能够顾及男人的颜面，保护其自尊心。

当他困惑时，帮他清除心中的疑虑

只要生存在这个世界上，就会有困惑和问题，无人能够例外。很多人认为，造成这些困惑的原因是外界的环境，必须承认，这其中确实有环境因素。不过，环境因素却不是根本原因，人们的心理问题才是造成这种情况的根本原因。在生活中，大多数男人都承担着家庭顶梁柱的角色；在工作中，他们是栋梁；在家庭中，他们是主心骨。因此，他们的压力无形中比女人大了很多。这样一来，就导致男人面临更多的问题，因而也就有更多的困惑。这些困惑倘若不能及时地解除，除了会影响工作和家庭之外，还会危害身体健康。医学研究证实，心理不健康会导致很多疾病的发生，如心脑血管病、癌症、糖尿病等。中医有一种说法，即“内伤七情”，指的就是长期的压抑、情感得不到宣泄会使身体产生不利的激素，导致人体机能紊乱，增大患病的可能性。所以，不管是为了身体健康还是为了生活，男人们都应该及时地解除心

中的疑虑，战胜负面情绪。那么，作为陪伴在男人身边的女人，也应该积极地帮助男人调整自己的状态，消除疑虑，积极乐观地生活。

一个年轻人来到佛祖面前，连声抱怨自己的人生没有明确的目标，除了困惑还是困惑。“从小的时候开始，无论做什么事情，我都很难实现自己既定的目标。佛祖，我不明白这是为什么，命运对我太不公平了，我请求你改变我的命运。”年轻人诚心诚意地恳求佛祖。

佛祖笑着问年轻人：“你想让我把你的命运变成什么样子的呢？”

年轻人摊开双手说：“您看，我的手纹密密麻麻，而且生命线一波三折，我想肯定是这个原因导致我的人生充满了困惑和失败。假如您改变我的生命线，我的人生就一定会截然不同的。”

听了年轻人的话，佛祖伸出左手，举向天空，然后逐渐握紧了拳头。他叮嘱年轻人：“你也照我这样去做。”年轻人顺从地跟着举起了左手。

佛祖问：“你已经握紧拳头了吗？”年轻人肯定地点点头。

“好的，此刻，你告诉我你的命运线在哪儿？”

听了佛祖的提问，年轻人陷入了沉思。良久，他才回答说：“在我自己的手心里。”

就像佛祖所说的，“命运掌握在每个人自己的手中。”只要拥有掌握命运的信心和勇气，就能够牢牢地把握命运。对于男人来说，信心和勇气显得尤为重要。那么，作为女人，最重要的就是当男人遇到困惑的时候，能够帮助男人解除困惑。

莫林最近很憔悴，上班的时候总是心不在焉，频繁地出错。时间长了，他的女友琳达发现了这个问题。

虽然工作很累，但是莫林还很年轻，原本应该每天都精力充沛、精神抖擞才对。但是，如今的他脸上每天都写满了焦虑和疲惫，变得连自己都不认识了。曾经，莫林工作积极认真，把人际关系也处理得很好。然而，近来他

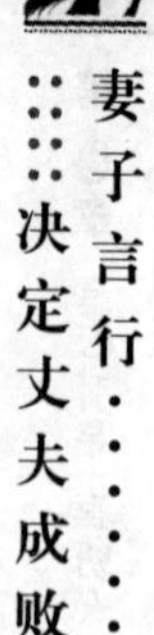

不仅充满疲惫，而且对任何事情都毫无兴趣。回到家里，他连最喜欢看的探索频道都不看就睡觉了，有的时候甚至连琳达精心准备的饭菜也不吃。朋友几次约他出去泡吧、K歌，他都一一回绝了。对他而言，人生似乎失去了趣味。琳达看在眼里，急在心里，但是又不敢贸然发问。每天，琳达都在等待时机，想找个适宜的机会和莫林好好地聊一聊，释放一下他心里的压力。

为了帮助莫林渡过难关，琳达专门请莫林工作上的助手吃饭，详细了解了莫林近来的工作情况。原来，莫林在出现这种状况之前曾经和工作上的伙伴、助手全力以赴地为公司完成了一个重要的项目，甚至曾经为此连轴转了一个星期，每天只睡几个小时。原本，大家都以为通力完成这个项目后公司会给几天的假期好好休息一下，但是，实际情况与此恰恰相反，公司非但没有给他们放松和休息的时间，反而还加大了他们的工作量，又给莫林分派了一个新产品的开发工作，并且还给莫林重新配备了几个技术人员。最让莫林郁闷的是，不仅工作的任务加重了，新分配给他的那几个工作人员都是老员工，经验丰富，因此根本不服从莫林的管理。这样一来，莫林难免面临身心憔悴的困境。

得知莫林在工作上的状况后，琳达的心中有数了。难怪莫林前一段时间说要带自己去旅游，但是最近却又闭口不提了呢！可想而知，他的心中有多么沮丧。

过了没几天，琳达就以心情不好为由，强烈要求莫林请几天假出去陪自己散散心。虽然工作上的事情很多，但是面对琳达的请求，莫林还是想方设法地请了一个星期的假。在这一个星期里，刚开始的时候莫林还会惦记工作上的事情，但是在他们自驾游走走看看的过程中，莫林彻底地抛开了工作，全心全意地投入了游玩的过程中。一个星期之后，那个精力充沛、精神抖擞的莫林又回来了。

尽管人们常说压力可以转化成动力，但是，如果压力过大，就会使人丧

失热情和希望，彻底放弃。实际上，每个人对压力的承受能力都是不一样的，也许有人承受100磅的压力而毫不放在心上，也许有人承受60磅的压力就濒临崩溃。对于年轻的莫林而言，在完成一个艰巨的任务之后，他最需要的就是放松和休息，而不是再承担更加艰巨的任务。正是这种心理准备上的意外，导致他承受了超出预计的压力。不过，莫林很幸运，因为他的身边有一个善解人意的琳达，帮助他顺利地走出了心中的困惑。很多时候，当局者迷，虽然事情很好解决，但是人们总是因为各种各样的原因与答案擦肩而过。每当男人面临这种困惑时，倘若女人能够适时地给出合理的解决办法，从侧面帮助男人走出困境，那么，就能够最大限度地减小负面情绪对男人的伤害作用。

站在男人的视角启发他

近日，美国斯坦福大学医学院教授阿兰·赖斯等人通过实验得出结论，并且在美国《国家科学院学报》上发表了研究结论：和男性比起来，女性不会一开始就对笑话充满期待，所以更容易被精彩的幽默和笑话逗得开怀大笑。其实这个研究结果从某种意义上验证了男人与女人之间存在着本质的区别，即他们看待世界的角度不一样。很多时候，男人与女人就像火星与金星之间一样相隔着遥远的距离。

自古以来，尤其是在封建社会及以前，社会生活中对男人存在着一种难以言喻的男性崇拜：为了工作，社会在赋予男人至高无上的地位和权力的同时，也给他们安排了艰巨的任务。他们不仅要处理工作，排除故障，还要解决生活和工作中各种各样的问题，克服重重的困难。总而言之，攻势是其常态。除此之外，男人还要担负起分配给他的所有具有竞争性的任务。对男

人而言，胜利是最重要的支持，不可或缺。纵观整个社会，男人似乎天生就占据优势，他们不仅在政治、军事中占据主要地位，而且在经济、文化以及其他各种领域中也大都处于高级权力阶层，举重若轻，主宰和推动了整个社会的运动。和男人比起来，女人的付出总是显得微不足道，因为大多数女人的付出都在家庭上，即使倾尽全力，也未必会有男人那么辉煌的战果。而且通常情况下，女人在家庭中只负责处理琐碎的事情，在遇到重大事情的时候，大都是由男人做主的。同时，因为承担着家庭经济支柱的角色，所以男人在家庭中的地位也是不可撼动的。那么，女人真的只能照顾家庭吗？当然不是。现代社会，提倡男女平等，越来越多的女人走出了家庭，走向了社会，和男人一样在职场上打拼。即使是全职家庭主妇，眼界也越来越开阔，只要能够学会换位思考，站在男人的角度来启发男人，那么，就可以成为男人的贤内助，为男人的事业添砖加瓦，与男人平分秋色，在男人的心目中占据重要的位置。

张茜和李强是大学同学，参加工作后，他们很快就结婚了。自从结婚以后，张茜就辞去了工作，成了一名全职家庭主妇。不过，张茜虽然不上班了，但是却一直坚持给自己充电，她除了报名参加了厨艺、插花培训班之外，还练习瑜伽，修身养性；此外，她还坚持看报纸、看新闻，了解国家大事。每天回家，李强看到一尘不染的家，吃着张茜精心准备的美味饭菜，就会觉得生活无比的美好。而且在吃饭的时候，不管李强提起什么话题，张茜都能与他相谈甚欢，有的时候，李强也很纳闷为什么张茜的知识面那么宽呢？

不过，最近李强回家之后似乎郁郁寡欢，满腹心事，吃饭的时候也很少和张茜畅所欲言地交谈了。细心的张茜觉察到了这种情况。一天，张茜精心做了李强爱吃的西餐，还准备了一瓶干红。就这样，一顿美妙的烛光晚餐诞生了！张茜和李强把酒言欢，在酒精的作用下，李强似乎放开了自己。张茜瞅准时机，问李强怎么了。李强说："其实，这件事情最近一直令我很纠

结，不知道该如何做出选择。原本我想等自己有了大概的思路之后再告诉你，但是，我始终没有权衡出利弊关系。”张茜笑着问道：“什么事情这么严重啊？能把你都难住了。”李强呷了一口干红，慢条斯理地说：“其实，这事要从一个月前说起。你还记得咱们的同学徐志东吗？他上个月专门联系我了。毕业以后，他一直自己开公司，最近接了一个大单子，想让我和他一起干，算是合作伙伴！就是因为这件事情，我很犹豫。因为现在的工作比较稳定，而且收入也不错，咱们可以生活得很安逸。但是，假如我辞职和徐志东一起开公司，那么在短期之内，咱们家的生活必然受到影响。不过，徐志东拿到的那个项目是很有发展前景的，所以公司的前途应该是很好的。但是，归根结底，开公司还是有风险的。”张茜听了之后，知道李强已经心动了，毕竟每个男人都想自己当老板。倘若不支持李强自己创业，那么，以后有一天他也许会后悔。想到这里，张茜坚定地对李强说：“其实，男人应该有属于自己的事业，如果你认为这个机会还是不错的，那么就应该及时地抓住。我知道你是担心我的生活受到影响，其实没关系的，咱们现在还没有孩子，我也可以出去工作啊！我相信，凭我的能力，肯定能够找到一份好工作！如果想去干，就大胆地去吧，家里的事情不用操心，不是还有我呢嘛！”听到张茜的话，李强紧锁的眉头舒展开了，很快他就办理了离职手续，为了自己的事业，也是因为有了张茜的支持，他决定放手一搏。

张茜的做法无疑是明智的。倘若她为了自己能够继续享受安逸的生活而阻挠李强辞职去创业，那么，就像她所担心的那样，李强有一天也许会后悔，甚至埋怨她。男人是天生的征服者，每个男人都视事业为自己的生命，觉得成功高于一切，因此，每个男人都无法抵制成功的诱惑。其实李强之所以犹豫，并非是担心自己，而是担心张茜能否过艰苦的生活，显然张茜的话给李强吃了一颗定心丸，使他最终决定去为自己的事业拼搏。

在解决这个问题的过程中，张茜之所以能够做出理智的决定，是因为她

能够站在李强的视角看待和处理问题。简言之,就是换位思考。前文说过,男人与女人看世界的视角是不一样的,所以倘若女人只从自己的立场出发考虑问题,那么就会与男人产生分歧,甚至是冲突。正确的做法是像张茜这样,设身处地地为李强考虑,充分照顾到李强希望开创属于自己的事业的心情。这样一来,他们才能想到一起去,而且李强也会从心底里感谢张茜。生活在这个社会上,每个人都要与别人打交道,不仅是夫妻之间,也包括其他各种各样的人际关系,都要以互相理解、彼此信任为交往的基础,这样才能学会换位思考,用对方的视角看问题,站在对方的立场上解决问题。只要能够做到这些,人际关系就会更加顺畅,尤其是夫妻之间,就会减少很多不必要的矛盾,而变得更加和谐默契。

用女人的独特触觉启发他的灵感

很多人用猫来比喻女人,是因为觉得女人像猫一样柔软灵活,而且女人的感觉也像猫似的很灵敏。科学证实,每个人都具有第六感,而女人的第六感则的确尤其灵敏。其实,真实的第六感指的是常人的感官天生功能。人类除了视觉、听觉和嗅觉、味觉、触觉之外,还有“心觉”,也就是人们通常所说的第六感。迄今为止,荣格所创立的分析心理学是微观心理学中最令人亢奋的学说之一。在荣格的著作中,习惯于用无意识来称呼潜意识。荣格说:“意识完全是对外部世界的知觉和定位的产物。”“意识这一心理现象具有某种狭隘的性质。在特定的时刻,它只能包容很少同时并存的内容,剩下的所有就都是无意识。我们要想对意识世界获得一种一般的理解或感知,就必须依靠意识的连续运动。因为我们的意识太狭隘,所以我们绝不可能获得整个的意象;我们只能窥到存在发出的闪光。”在关于无意识的理论中,

荣格尤其强调用直觉来发现无意识。在他的医学实践中，他常常照此行事。荣格认为，无意识就是一个巨大的历史仓库。假如从这一点讲，第六感本身其实是自己心灵世界的内容。

比起男人来，女人的心思细腻，感情丰富，因此第六感更强、更灵敏。在生活中，倘若女人能够发挥自己的第六感，依靠自己的直觉启发男人的灵感，那么，就能够很好地帮助男人走向成功。

小爱和子明是高中同学，高中毕业后，他们俩都没有考上大学，便一起来到北京打工。在北京奋力拼搏了几年之后，他们已经到了谈婚论嫁的年龄，再加上在外漂泊的日子太久了，所以他们琢磨着用打工这几年的积蓄回老家结婚，踏踏实实地过日子，做点儿小生意。这样就不用在外奔波了，而且能够专心地守着家，养儿育女。不过，到底干点儿什么小生意让他们很头疼，虽然最近半年来他们一直边打工边找好的生意项目，但是始终没有找到合适的，要么就是投资太大，要么就是风险太大，要么就是回收周期太长，要么就是觉得在老家肯定做不起来。总之，要想找一个好的项目太难了。

今天是小爱的生日，来北京四年了，他们还没有吃过烤鸭呢，眼看着就要离开北京了，子明决定请小爱去吃烤鸭。虽然全聚德的烤鸭赫赫有名，但是像他们这种普通的打工族却享受不起，因此，子明找了一家相对好点儿的饭店给小爱点了一只烤鸭。巧合的是，这家饭店的烤鸭在做特价，30 多元就可以买到一只，即使加上鸭饼等，也只要四十多元。小爱品尝了之后，连连叫好，说："要是爸爸妈妈也有机会吃到这么好吃的东西就好了！"虽然每年回家的时候他们都会花几十元钱给父母带包装好的烤鸭，但是口感、味道和这种现烤的烤鸭还是差远了。子明笑嘻嘻地说："没关系，等咱们有钱了，带着父母来北京旅游，吃烤鸭。"他们俩一起吃完了饭，去公园里玩。但是，小爱一路上都闷闷不乐，子明不明就里，以为小爱是想家了，只好默不做声地跟在小爱身后。

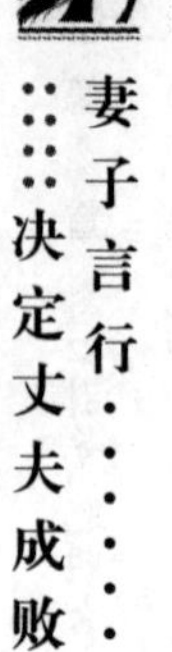

突然，小爱欣喜若狂地转过身来，冲着子明大叫道："有了，有了！"子明吓了一跳，赶紧问："怎么了？有什么了？"小爱兴奋地说："我知道咱们回老家以后应该干什么了！咱们可以开一家烤鸭店，专门卖烤鸭，可以给饭店供应，也可以零售。不过……"说到这里，小爱沉思了起来，断断续续地说："不过，前提是……前提是……咱们要学会烤烤鸭的技术才行，而且还要烤得好吃才行！"子明迟疑地说："在老家，烤鸭能好卖吗？"小爱确信不疑地说："当然能啊，你想啊，原本咱们以为烤鸭特别贵，但是这家饭店搞特价才三四十元，肯定也还是有利润的。在老家经营，房租、人工都便宜，所以咱们的成本也就低了，薄利多销，再加上是独门生意，肯定是不错的！"听小爱这么说，子明也高兴起来了，他自告奋勇地说："烤烤鸭是个力气活儿，就由我去学吧，只要我学好了这门技术，你就安心地当老板娘吧！"

经过半年的潜心学习，子明掌握了烤鸭的技术，和小爱回老家开了一家北京特色的烤鸭店。果不其然，就像小爱灵机一动想到的那样，在老家，烤鸭是独门生意，不仅有很多饭店和他们订货，而且零售的生意也很好。就这样，他们回老家之后有了很好的收入，生活比在北京打工好多了！

只是一顿生日餐，小爱就灵机一动地解决了他们未来的生计问题，再加上子明用心学到的烤鸭技术，可以肯定，他们在老家的生活不仅衣食无忧，而且非常好。这就是直觉的作用。其实小爱的感觉之所以这么灵敏，就是因为她心思细腻，因此能够由吃烤鸭联想到未来的生计问题。正所谓踏破铁鞋无觅处，得来全不费工夫。在小爱的启发下，子明认可了这个创业计划，为此辛苦地学习烤鸭技术，最终获得了事业上的成功。

让你的话语方式令他能接受

每一个生活在社会中的人，都免不了要与别人打交道，而语言则是沟通

的介质。要想交流思想、传递信息，我们就必须与人交流。西方哲人曾经做过这样的总结："世间有一种成就可以使人很快地完成伟业，并且获得世人的认识，即讲话令人喜悦的能力。"法国大作家雨果说："语言就是力量。"还有一位国外名人也曾经说过，"眼睛能够容纳一个美丽的世界，而嘴巴则可以描绘一个精彩的世界"。现代社会，越来越多的人意识到沟通能力的重要性。很久以前，欧美等发达国家就把"舌头、金钱、电脑"并列为三大法宝，其中，舌头排名第一。换言之，人们公认口才是现代人必须具备的素质之一。在中国的历史上，涌现出了很多口若悬河的辩才，例如，以敏捷的思维、雄辩的口才出使楚国而闻名于世的齐国重臣晏子；凭借"三寸不烂之舌"施展合纵、连横之术的苏秦、张仪；舌战群儒的诸葛亮和铁齿铜牙的纪晓岚等。他们或羽扇纶巾，谈笑间逢凶化吉；或吐纳珠玉，眉睫间醍醐灌顶。那么，怎样才能提高自己的口才呢？其实，所谓说话的作用无非是传递信息，目的则是使对方认可自己，所以选择一种能够使对方更容易接受的话语方式是最重要的。

即使是普通的朋友、同事之间，甚至是陌生人之间，也都需要交流，那么，作为朝夕相处的夫妻，则更要讲究说话的技巧。在夫妻关系中，男人相对沉默，女人则比较爱说话，因为女人主要负责照顾家庭和孩子，所以女人所说之事往往更加琐碎。这就要求女人在说话的时候必须尽量选择男人容易接受的方式，否则，就会引起男人的反感、厌烦。

作为女人，在向男人说话的时候，首先需要注意的是，男人不喜欢被命令。自古以来，男人在家庭中就占据着至高无上的地位，因此，养成了他们不喜欢被人命令的习惯。然而，现代社会提倡男女平等，已经很少有女人能够像古代三从四德的女子那般低声下气地和男人说话了，甚至还有很多女人翻身做主人之后趾高气扬地对待男人。其实这两个极端都是不对的。男人的自尊心很强，很爱面子，因此，女人千万不要采取命令的口吻和男人说

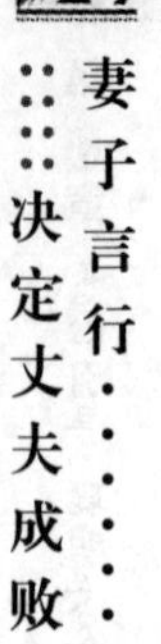

话。既然提倡男女平等，那么就要做到真正平等的交流。

其次，男人不喜欢别人告诉他应该怎么做。所谓讲究说话的方式，除了要注意不要使用命令的语气之外，还要注意不要生硬地告诉男人怎么做。虽然也许他的确不知道正确的做法是什么，但是女人也还是要尽量委婉地提醒他。倘若生硬地告诉男人应该怎么做，男人就会产生挫败感。即使社会发展到今天，男人们几千年来形成的认为自己必须无所不能的思想意识还是无法在短时间之内彻底改变，因此，女人必须注意说话的方式。

张敏和许巍刚刚结婚，过了蜜月期之后，他们就开始小吵小闹。其实因都是一些不值一提的小事情，但他们就是控制不住自己，总是因为琐碎的小事争吵起来。

今天早晨，他们又吵架了，原因就是煮方便面。张敏和许巍都是独生子女，从小娇生惯养，很少做家务活儿，更别说做饭了。早晨起床之后，张敏突然很想吃方便面，便央求许巍去给自己煮。看着新婚娇妻楚楚动人的表情，许巍很难拒绝，便硬着头皮下了厨房。足足用了二十多分钟，许巍才颤颤巍巍地端着一碗方便面走出了厨房。张敏赶紧坐到餐桌旁，开始品尝方便面。但是，只吃了一口，她就皱着眉头放下了筷子。许巍关切地问："怎么了，不好吃吗？"张敏气得撅着嘴巴，说："你自己尝尝吧！这还是方便面嘛，面条'入口即化'！"

许巍尝了尝，说："可能是我煮过了，要不我再给你重新做一碗吧！"听到许巍说要再做一碗，张敏还是很高兴地点了点头，不过，这次她可不放心了，再三叮嘱许巍："我跟你说，你这次可千万别再煮过了。做方便面啊，不能煮那么长时间。你先放水，等水烧开了，然后再放入方便面。调料最好不要放在锅里，而是要放在碗里，面煮好后，用勺子舀一点儿水浇到碗中的调料上，味道会比较好！"许巍听到张敏唠唠叨叨地说了这么多，显得不太高兴了，他说："既然你会煮，为什么自己不去煮呢?！你是女人吗？只会说，不会做。

你要是想吃我做的，就别在这儿指手画脚。”听到这句话，张敏的气不打一处来，和许巍吵开了。本来许巍的心里也压着火呢，因此，两个人吵得一发不可收拾，难得的一个周末的早晨就这样泡汤了。

张敏一气之下回了娘家，和妈妈诉了半天的苦。没想到，知道事情的原委后，妈妈反而责怪了张敏。妈妈语重心长地对张敏说：“你啊，现在已经是为人妻子了，说话做事不可太过任性。你不要总是命令许巍干这干那的，也不要对他指手画脚，要知道，他是个男人。作为女人，一定要学会示弱，知道吗?”看到张敏还是不知道许巍为什么会生这么大的气，妈妈只好再次告诫张敏：“记住，不要命令许巍，不要指手画脚地告诉他应该怎么做，你们就不会总是吵架了!”

回到自己的小家以后，张敏记住了妈妈的话，改变了说话的方式，经常使用请求的口吻向许巍寻求帮助。一段时间过去了，她发现他们吵架的次数果然变少了。

对于男人来说，几千年男尊女卑的历史形成的高高在上的心理不是短期之内就能改变的，因此，即使女人已经翻身了，也不能毫无顾忌地命令、指挥男人。其实在夫妻生活中，最讲究的就是平等。只有在平等的基础上，双方才能更好地相处、交流。不管是男人还是女人，都应该注意说话的方式。由于男人的自尊心比较强，更爱面子，所以女人尤其要注意说话的语气和方式。只有这样，才能与男人和平共处，才能使家庭生活更加和谐幸福。

引导中要及时给予他勇气

毫无疑问，在生活中，每个男人的自尊心都比较强，并且特别爱面子。尽管在别人面前男人也会为了面子问题而费力地表现，但是实际上，男人的

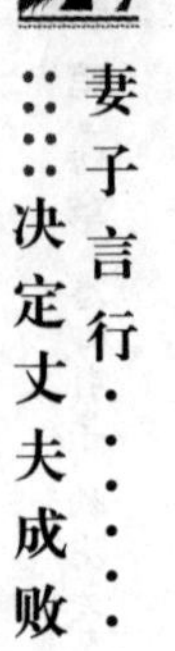

心里非常清楚，他们在外界获得的很多赞扬都包含虚伪的成分，而只有在妻子面前得到的尊重才是最可信、最真实的。因此，男人特别期望常能够得到妻子的尊重和崇拜。对于任何一个男人而言，最喜欢看到的就是女人倾听自己的模样。在夫妻关系中，一旦做妻子的不再崇拜自己的丈夫，那么，夫妻关系就会很容易出现裂痕。

一位美国作家说："其实每个男人的心里都住着两个灵魂，一个是男人真正的自己，一个是男人理想中的自己。"对于一个聪明的妻子而言，不仅要帮助男人成为他理想中的那个人，也要在此过程中使自己成为男人心目中敬爱的女神。相应的，一个男人不但能够成为自己理想中的人，而且也能够成为他的妻子所期望的人。人们常说每一个成功男人的背后都有一个女人，这句话是有一定道理的。因为很多时候，妻子的世界观、人生观以及鼓舞丈夫的程度，都会在一定程度上决定男人在事业上的成败。在生活中，每一个男人都渴望听到妻子的赞美，诸如"你是最棒的，我为你骄傲""你太伟大了，我很荣幸成为你的妻子"。反之，倘若女人对男人说"你是一个无能男人，我真后悔嫁给你！""你永远也不会成功，我已经厌烦了你的谎言"。那么，不管内心多么强大的男人，听到诸如此类的话都会无比的沮丧，甚至开始怀疑自己。

菁菁和王梓是贫贱夫妻。菁菁刚刚认识王梓的时候，王梓浑身上下只有一百多元钱，即使是这样，菁菁还是义无反顾地选择和王梓在一起。那个时候的菁菁心思很简单，觉得两个人只要相爱，再苦的日子也是甜的，再艰难的日子也是幸福的。经过一年多的交往，他们结婚了。婚礼是当下最流行的裸婚，没有婚礼，没有钻戒，没有房子，没有车子，只有爱和诺言。面对着深爱自己的菁菁，王梓郑重其事地承诺："菁菁，放心吧，我一定会努力的！我要给你幸福的生活！"然而，理想是丰满的，现实是骨感的。当他们的朋友开始买第二套房的时候，菁菁和王梓还在为第一套房的首付没日没夜地奔

波劳累着。虽然这样，菁菁也还是无怨无悔，她在乎的是王梓。

结婚三年之后，他们的儿子降临了。孩子出生给这个原本就很拮据的家庭带来了很多欣慰和快乐，同时也带来了更大的经济压力。日子一天天地过去，孩子逐渐长大了。因为是租住的房子，所以菁菁不敢给孩子各式各样的车子，因为担心没有地方放，也担心搬家的时候东西太多了带不走。每次出去玩，孩子看着别人骑的滑板车、扭扭车都很眼馋。一天，在公园里，孩子看到一个小朋友开着一辆非常拉风的电瓶小汽车，孩子使劲地挣脱菁菁的手，跑到小车那里一遍又一遍地摩挲着小汽车，还因此被小朋友推倒了。看到此情此景，菁菁不禁流出了心酸的泪水。因为经济条件的拮据，孩子也跟着受苦了。晚上回到家里的时候，王梓告诉菁菁单位要交一千元 PK 大赛的保证金，菁菁不由得爆发了，她生气地说："你们那是什么破单位，挣不到钱，隔三差五地还要交钱、罚款！"王梓莫名其妙，他根本不知道发生了什么事情，便说："这个是保证金，赢了还能赚一千呢！"菁菁反问道："那输了呢？你能保证赢吗？"王梓也生气了，说："这是单位的规定，我有什么办法呢？除非辞职！"菁菁听到辞职两个字更生气了，她歇斯底里地喊道："辞职就辞职，你还真别拿这个吓唬我！要不是因为你太无能，我们娘俩能住在这个租来的小破房子里吗？儿子连辆车都舍不得买，到公园看到别的孩子的车就走不动路了！你就是无能！你就不应该结婚，不应该有孩子！"听到菁菁的话，王梓呆若木鸡，结婚七八年了，他从来没有听到菁菁说他这种话！他的脑海中不停地盘旋着这句话，木然地离开了家，在街上徘徊着，不知道该去往何处。

和王梓吵完架后，尤其是说出了无能几个字后，菁菁冷静下来非常后悔，她知道自己在冲动之下犯了婚姻的大忌。把孩子哄睡后，菁菁在大街上找到了失魂落魄的王梓。尽管菁菁和王梓解释了自己的心情不好，但是王梓还是很伤心，菁菁知道自己亲手造成了婚姻上的第一道裂痕。

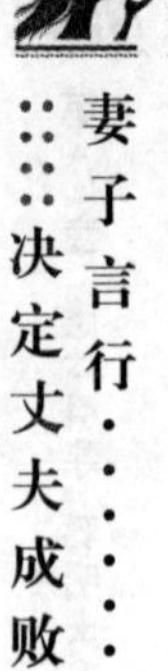

作为女人，无论多么伤心、生气，多么歇斯底里，都要牢牢地记住，不要打击男人，尤其不要嘲讽指责男人的无能。否则，就会给男人带来痛彻心扉的伤害，也会给婚姻带来无法弥补的裂痕。就像菁菁，虽然她几年来一直和王梓过着艰苦的生活，但就是因为这一次口不择言、歇斯底里地发作，导致王梓对她产生了隔阂，也导致他们的婚姻蒙上了阴影。

前文中不止一次地提过，男人的自尊心非常强，他们很爱面子，最害怕面对的就是女人的否定。在生活中，在工作中，男人顶天立地，即使遭遇失败和挫折，也能够勇敢地面对，再接再厉。但是，面对女人的否定和质疑，很多男人却会一蹶不振，失去积极进取的勇气和决心。所以女人在引导男人的时候，除了要注意说话的语气、方式之外，还要及时地鼓励男人，给予他勇气。

第9章

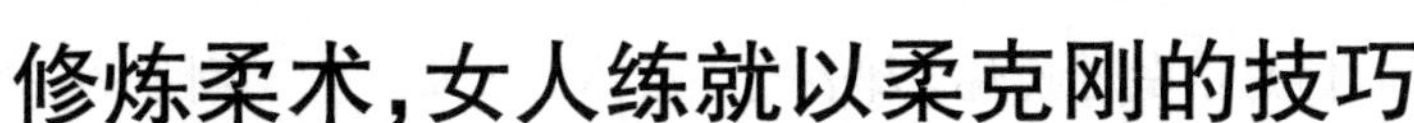

修炼柔术，女人练就以柔克刚的技巧

人们常常用水来比喻女人，因为女人的天性就是温柔。作为男性，因为承担着家庭的重任，经常在外面奋力打拼，所以男性往往显得比较阳刚。相比之下，千百年来，女性一直肩负着照顾家庭的责任，因此，女性更加细腻温柔。时至今日，即使男女平等了，这一特征仍然非常明显。不得不承认，在生理和心理上，男性和女性还是有一些本质区别的。因此，女性应该发挥自己的特长，不要以卵击石，而要以柔克刚，只有这样，才能起到事半功倍的效果。

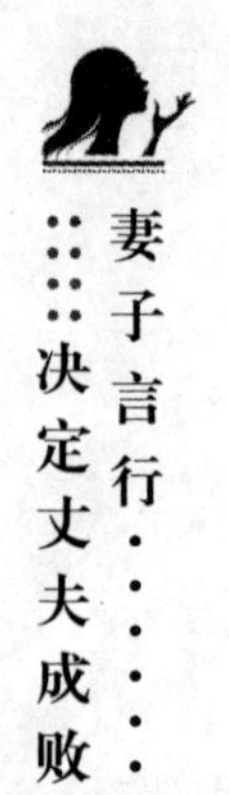

温柔的言语能够减轻男人的压力

很多人用水来比喻女人，因为觉得女人非常温柔。千百年来，作为女人，可以不漂亮，但是不能不温柔。在人们的心里，温柔是女性必须具备的特质。对于女人而言，要想成为一个贤妻良母，就必须温柔。很多时候，美丽无法长存，但是温柔却是那根牵住男人的线。温柔不仅仅是男人对女人的一种美妙感觉，也是女人自身的一种心境。尽管温柔是女人深藏于身的特质，但是很多时候温柔却表现于形体的气质。对于刚强的、顶天立地的男人而言，他们往往很难抵御女人的似水柔情。

那么，怎样才能成为一个温柔的女人呢？首先，温柔并不意味着无条件地顺从。现代社会讲究男女平等，所以温柔的女人首先应该是一个有思想、知书达理、尊老爱幼、体贴丈夫的人。其次，温柔也不意味着依附。现在社会，女人应该像树一样和男人并肩而立，而不能像藤一样死死地缠绕着男人，否则，就会使男人觉得不堪重负。具体来说，女人有很多形式可以展示温柔，但是因为人与人之间的交流必须依赖言语，所以女人首先要使自己的言语非常温柔，这样才能减轻男人的压力，安抚男人那颗憔悴疲惫的心。

温柔的女人不会颐指气使地和男人说话，她们习惯于用请求的口吻寻求男人的帮助；温柔的女人不会大声地呵斥男人，因为她们知道轻声说话的效果往往会更好；温柔的女人不吝啬自己的赞扬，总是在丈夫的同事、朋友、家人面前给丈夫留足面子，向全世界宣告自己嫁了一个好男人；在男人熬夜加班的时候，温柔的女人不会唠唠叨叨，而是默默地守候着丈夫，为丈夫准备好宵夜，对丈夫说一声“辛苦了”。此时此刻，这无限温柔的几个字抵得上千言万语，而男人听到这几个字则会觉得所有的付出和努力都是值得的，所

有的压力都会消散于无形。

每次加班之后下班回家，张海的脚步都是最急切最匆忙的，有的时候，同事们喊他一起去吃夜宵，他也毫不迟疑地拒绝，自豪地告诉同事们妻子已经在家里准备好了宵夜。

的确，张海的妻子在单位里是出了名的温柔贤惠，有的时候因为加班，她还会做好了饭给张海送到单位。一直以来，张海的饭盒都是办公室里的抢手货。只要到吃饭的时候，大家就会抢先第一个去张海的饭盒中揩油水。张海的妻子厨艺很好，给张海准备的盒饭荤素搭配，色香味俱全，而且还有饭后的水果。每次张海加班，不管多晚，他的妻子从来不先独自睡觉，而是亮着灯等着张海回家。此外，他的妻子还会精心地熬制美味健康的宵夜，给张海补充体力。有的同事因为加班晚回家，总是被妻子生气地数落一通，但是张海的妻子从来不会因为张海加班晚而生气，而是默默地看着张海吃完宵夜，说："已经很晚了，你太累了，赶紧休息吧！"这句话听上去平淡无奇，但是却有着神奇的魔力，只要听到妻子说这句话，张海就会觉得内心非常踏实，加班的劳累似乎一扫而空。彻底放松地睡一觉之后，第二天早晨，吃完妻子精心准备的早餐，张海又精神抖擞地上班了！看着有的同事因为加班回家晚被妻子抱怨而休息不好产生的黑眼圈，张海觉得自己真的是太幸福了。因此，每到下班回家的时候，他总是步履匆匆、迫不及待，因为他知道温柔的妻子正在家里等着他呢！

在这个社会上打拼，大多数男人都很累，很疲惫，然而，为了家庭，为了生活，他们必须继续努力。如今，很多单位都是私营企业，加班似乎已经成为了常事。面对半夜三更才回来的丈夫，很多妻子难免会怒火中烧，心生抱怨。然而，这种做法只会使男人越来越累，压力更大。试想，在单位做牛做马地累了一天，谁还想回到家里再遭受妻子的指责和抱怨呢？假如天下每一个妻子都像张海的妻子那样善解人意、温柔体贴，那么，男人的压力就会

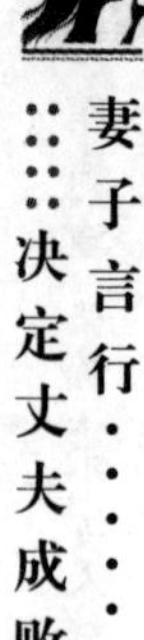

小得多,最起码不用担心回家忍受妻子的唠叨了。当然,女人也是很累的,不仅要工作,还要照顾家庭,所以男人也应该体谅女人的难处。

最近,瑞士苏黎世大学和美国埃默里大学公布的一项研究成果证实,男性在面临巨大的压力时,倘若伴侣能够用温柔的言语鼓励他们,即使只有寥寥数语或者持续很短的时间,也会使他们的心跳速度和压力激素明显下降,压力也能够得以缓解。由此可见,温柔的力量是巨大的。在生活中,尽管大多数女性在本质上都是温柔的,但是,她们却不记得或者不善于表达,这时就要求女性要学会表达温柔的技巧。除此之外,在伴侣遇到困境时,还有很多女性误以为挖苦打击的方式能够使他们振作起来,而其实,此时的男性最需要的不是鞭策,而是信任、支持和鼓励。总而言之,比起男人来,女人最大的特点就是温柔。倘若一个女人缺乏温柔,那么就很难成为一个贤妻良母。当然,温柔并不意味着毫无原则地容忍。其实,温柔的女人也是有原则的,只不过她们会恰到好处地把握谦让和宽容。必须记住的是,作为女人,即使你拥有很多美好的品质,也必须温柔。

嘴硬的女人会打消男人的积极性

很多时候,女人也很爱面子,或者出于各种各样的原因,她们往往羞于表达自己真实的内心。其实,不管是男人还是女人,都要勇于表达,善于表达,否则,就会与很多美好的感情失之交臂。面对一个冷峻的、闭口不言的女人,没有哪个男人会觉得舒服,更是很难积极地追求这种女人。其实,相比起来,男人还是更喜欢温柔的女人。在男人的骨子里,天生就有一种保护女人的冲动欲望。只有温柔娇弱的女人,才能激发出男人的这种保护欲,使男人勇敢地保护女人。由此可见,不管是生理上还是心理上,亦或者口头

上，女人都应该学会示弱。尤其是在家庭生活中，或者是在两性关系中，不同于职场生涯，女人也无需像男人一样去打拼，所以就更需要女人学会示弱，学会向男人说一些温柔的话语，以激发男人保护女人的欲望。

冯涛和宋玉结婚两年了，因为一些误会，他们闹起了分居，甚至还想离婚。为了逃避这段感情生活，宋玉决定申请去法国的分公司工作。在此期间，冯涛虽然极力地和宋玉解释误会，并且请求宋玉原谅自己，但是宋玉却始终没有原谅冯涛。

在宋玉出国的那一天，冯涛到机场去送行，宋玉还是很坚决地说："既然你现在还不愿意办理离婚手续，那么，一年以后，我从法国回来和你办理离婚手续。"面对着即将远隔千山万水的妻子，冯涛的眼圈红了，他们只是因为误会而分手，还是有感情的。但是，冯涛已经把道歉的话说了千遍万遍，在这珍贵的话别之际，他不想再重复那些愧疚了，也不想再请求宋玉的原谅，他想让宋玉冷静冷静，也许一年的分别会使他们发现原来彼此还在深爱着对方，从而再续前缘。在机场登机通道口，冯涛万分不舍地拥抱了宋玉。就在冯涛抱住宋玉的一刹那，宋玉才突然意识到：此刻，打打闹闹真的就要结束了，自己真的就要与这个在自己身边朝夕陪伴的男人天各一方了。泪水从宋玉的脸颊流过，此时此刻，她真的很想留下来，与冯涛和好如初。然而，她什么都没有说，任凭泪水肆意横流，还是头也不回地进站了。望着那个熟悉的身影渐行渐远，冯涛的心似乎碎了，他万念俱灰，觉得心里空空如也。他的脑海中回想着宋玉说的话"一年以后，我从法国回来和你办理离婚手续"。即使他无数次地告诉自己不要放弃，这句话还是反复地在他耳边回响。

一年之后，宋玉回来了，然而，她却不是想回来离婚的，而是想重新投入冯涛的怀抱。在这一年的时间里，她无时无刻不在思念着冯涛。然而，她压抑着自己的想念，因为她记得冯涛说过会永远等着她回来。推开家门，家中并不像她想象得那么凌乱，甚至变得更加整洁温馨了。她正在为冯涛能够好好地照顾家庭而感到高兴时，却意外地发现了电脑中有冯涛和一个女孩子的甜蜜合影。刹那间，她的世界轰然倒塌。原来，在冯涛最难过的日子里，一个女孩走进了冯涛的生活，她无微不至地照顾他，几次把下班之后到处买醉的冯涛送回家。渐渐地，冯涛也对这个女孩子产生了好感，想起了宋玉临走时说的话，面对着女孩子的柔情似水，冯涛最终选择了缴械投降，他开始了新的感情生活。泪眼朦胧中，宋玉环顾这个原本属于自己的家，发现这个女孩子不仅把冯涛照顾得很好，而且把家里也布置得很温馨。回想起自己曾经说过的话，宋玉追悔莫及，假如不是自己嘴硬，在相隔万里的话别之际还给冯涛留下那么毫无回旋余地的狠话，假如自己能够在这一年之中试着和冯涛联系，告诉他自己无时无刻不在思念着他，也许事情就不会发展到今天这个局面。事已至此，宋玉在宾馆住了一个晚上，写好了离婚协议书，签好了字，留给了冯涛，然后默默地离开了。这次，她的心中满是悔恨。

其实感情经不起等待，更经不起不明不白的等待。很多时候，人们之所以能够远隔千山万水地等待一个人，只是因为心中有着期待。而宋玉的失误就在于，她没有及时地告诉冯涛自己的真实感受。对于冯涛而言，在宋玉决绝地留下一句毫无回旋余地的话离开之后，他无比脆弱，对生活甚至失去了希望。处于这种脆弱的时候，任何一个女孩子，只要不惹人讨厌，都能够使他找到温暖的感觉。倘若冯涛知道宋玉的真实想法，一年的时间其实是很容易过去的，那么，等待他们的将是和好，继续曾经美好的感情。而如今，不管何时，冯涛想起这段因为误会而结束的感情，心中都难免会觉得遗憾。至于宋玉，则不得不选择黯然离场，使这段感情成为心中永远的痛。由此可见，作为女人，千万不要违心地说一些话，更不要违心地做一些事情，要知道，男人的耐心是有限的，很难毫无希望地等待下去，所以女人切忌嘴硬。只有女人及时地与男人沟通，在适当的时候给男人以回应，男人才会了解女

人的心思，从而使双方的感情更加和谐融洽。

女人傻一点，男人会更感激

通常情况下，男人更喜欢傻女人。当然，这里的傻并不是指真正的傻，而是指会装傻的女人。反之，倘若一个女人过于聪明，就会在无形之中给男人造成巨大的压力，严重的甚至还会使男人迫于压力落荒而逃。因此，人们才会说，聪明的男人遇上聪明的女人，往往会爆发战争，而聪明的男人遇上傻女人，则常常以结婚完美收场。其实，对于女人而言，只有达到一定的境界，才能装傻装得炉火纯青，不为男人所觉察。当然，装傻并不意味着要毫无原则地退让，也不意味着要忍气吞声。要知道，世界上的事情并非都是非此即彼，而是存在着很多模棱两可的处理方式。很多时候，装傻能够帮助我们避免很多尴尬，更好地处理事情。

一对夫妇结婚五十载，在金婚典礼上，当有人问起婚姻幸福长久的秘诀时，女人淡淡地说："婚姻的秘诀只有两个字——装傻。早在结婚之初，我就为老公列举了十条免责条款，只要属于这十条的范畴之内，我就告诉自己不能责怪老公。结婚这么多年来，每当老公犯了使我生气的错误时，我就告诉自己，这是属于十条免责条款之列的。一旦这么想，我就会怒气全消，选择原谅老公。"寥寥数语，道出了婚姻幸福的真谛。所谓过日子，繁琐的事情铺天盖地，倘若事事较真，那么，即使再好的感情也会消磨殆尽。要想婚姻美满，装傻是聪明女人的杀手锏。

徐媛和汪峰结婚十年了，已然没有了刚刚结婚时的激情，更多的是浓浓的亲情。最近，徐媛在给汪峰洗衣服的时候，在汪峰的衣服上闻到了浓烈的香水味。要知道，汪峰从来不使用香水，那么，哪来的香水味道呢？接下来

的日子，徐媛处处留心，她注意到老公加班的次数变多了，而且有几次接电话都是躲到阳台或者卫生间里接的。甚至有一天，她在老公的衬衫领子上发现了一个淡淡的唇印。

发生这种事情，大多数女人都会立刻兴师问罪，甚至歇斯底里地发作。其实，这并不是明智的做法。因为男人既然没有和妻子摊牌，就说明还是念及夫妻情分的，或者是逢场作戏，或者是意识冲动。在男人的心里，其实还是想回到家里来的。但是，一旦做妻子的撕破脸皮打闹起来，就会起到相反的作用，把丈夫推到别人的怀抱中。倘若这个女人打定主意不想继续和这个男人生活了也罢，但是大多数女人其实是想选择原谅丈夫的。鉴于曾经有过那么多失败的教训，徐媛没有采取一哭二闹三上吊的招数，而是不动神色地收紧了自己手中的线，她想在不揭穿真相的情况下把丈夫这只风筝收回到自己的手中。

周末的时候，徐媛没有像往日一样忙于家务，而是把孩子送到了奶奶家，买了两张3D版《泰坦尼克号》的电影票，约汪峰一起去看电影。汪峰是个电影迷，刚刚谈恋爱的时候，他们几乎每个星期都要去看一场电影。所以，汪峰很痛快地就答应了。《泰坦尼克号》1997年上映的时候，他们恰逢蜜月，看到海报就迫不及待地看了本市的第一场次。看的时候，不仅徐媛感动得热泪盈眶，汪峰也流下了眼泪。那个时候，他们相约要执子之手，与子偕老。3D版本的《泰坦尼克号》几乎都是原班人马，因此，在观看的时候，居然使他们产生了恍如隔世的感觉。在杰克沉没海底的瞬间，徐媛紧紧地握住了汪峰的手，他们十指相扣，似乎心与心又再次贴在了一起。时隔不久，恰逢结婚十周年，徐媛请求汪峰陪伴自己去云南丽江旅游。想起结婚的时候因为条件艰苦，并没有像样的婚礼和蜜月，所以汪峰心甘情愿地放下工作陪着徐媛来到了美丽的丽江。人们说，丽江是一个适合恋爱的地方，在丽江的一个月中，他们仿佛回到了十年前恋爱的时候，所有被生活尘封的甜蜜的记

忆都复苏了。一个月，他们俨然是以度蜜月的新婚夫妇的状态回到家中的。

就这样，徐媛默默地努力着。渐渐地，她发现汪峰变了，不再经常加班了，而且经常在上班的时候打电话向她嘘寒问暖，聊几句。自此以后，她再也没有在丈夫的身上闻到香水味，也没有发现口红的痕迹。徐媛知道，自己的婚姻平安地度过了一个布满暗礁的险滩。这就像是给她敲了个警钟，提醒她即使生活再忙，也要用心地经营爱情和婚姻。

不得不承认，徐媛很聪明，她采取了正确的方式成功地解决了婚姻中显露的问题。倘若换成是一个歇斯底里的女人，则事情也许会朝着相反的方向发展，甚至闹到无法挽回的地步。对于丈夫的三心二意，徐媛并没有不分青红皂白地指责和质问，相反，她先从自己的身上找原因，首先弥补了自己因为忙于工作和家庭而疏忽了丈夫的事情，然后就开始不动声色地尽力弥补。其实有的时候，男人就像是一个风筝，女人则是那个放风筝的人。风筝的线扯得太紧，风筝就会坠落；风筝的线放得太长，风筝就会因为线断了而飞得杳无踪影。只有放风筝的人把握好放线的力度，才能够收放自如。徐媛正是发现自己因为疏忽把线放得太长了，所以才不显山不露水地又收紧了线，而且还在此过程中重温了两个人的甜蜜往事，宛如热恋。这无疑是最好的结局。当然，面对妻子的改变，汪峰也并非毫无觉察，只不过，在妻子的努力之下，汪峰虽然心知肚明，但是却和妻子一样选择了看破不说破的态度。正因为如此，他们才能把一场危机消散于无形之中。其实很多到中年的男人之所以有外遇，并不是真的想抛弃家庭，而只是觉得生活过于平淡，想寻求一些刺激罢了。无论如何，他们对于与自己相濡以沫的妻子和孩子还是有着很深的感情的。正是因为徐媛选择了冷处理，所以才给了汪峰时间去处理好这件事情，做出正确的抉择。由此可见，如果女人能够适当地装傻，男人是会非常感激的，对婚姻生活也大有裨益。

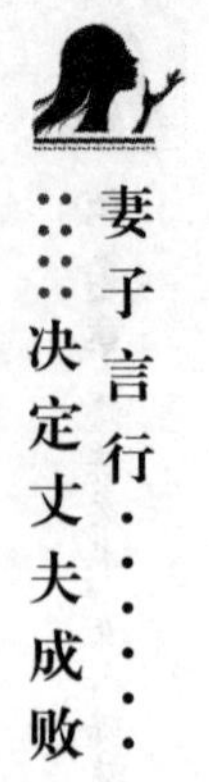

学会示弱，女人要保全男人自尊

现代社会，人们越来越在乎自己的面子，尤其是男人，自尊心很强，不管是在工作场合，还是在家庭生活中，都很在乎面子。在工作场合，男人的面子是别人给的，靠的是能力、才识和人品。在家庭生活中，男人的面子是女人给的，除了女人对男人的认可之外，还包含着女人对男人的爱。要知道，男人只有在家中、在自己的女人面前建立信心，才有可能在外面的诸多场合也底气十足。所以，作为一个聪明的女人，不管是为了家庭，为了男人，还是为了自己，都要顾及到男人的自尊心，为男人保全面子。

自古以来，大多数的中国家庭都遵循着男主外、女主内的传统。男人代表的是整个家庭或者家族的形象，因此，男人才会更加注重面子。其实，不管是男人还是女人，都很在乎面子，只不过男人对面子问题看得更重而已。这就要求女人必须保全男人的自尊，必要的时候，女人还要学会示弱。现代社会上有很多女强人，在职场上和男人一样精明干练，叱咤风云，但是，只要仔细观察就不难发现，这些女强人虽然事业有成，但是却很少有特别幸福的。反之，倒是那些没心没肺、无欲无求的傻女人，生活过得更加幸福。这是为什么呢？其实答案很简单。倘若女人太强了，就会给男人造成压力，自然也就没有男人愿意保护她们、呵护她们。相反，假如女人学会示弱，学会小鸟依人，那么，男人的保护欲就会被激发出来。这样一来，男人们就会自告奋勇地保护女人。试想，是一个女人奋力拼搏的力量强呢，还是一个娇弱的女人外加一个像雄狮一样充满力量的男人结合起来更强呢？答案很明显。由此可见，为了拥有幸福美满的家庭，女人必须学会示弱，学会保全男人的自尊，从而让男人心甘情愿地保护自己、呵护自己。这才是聪明女人的

明智做法。

黄爱丽与范新强是大学同学，毕业后，他们一起进了老家的一所中学当老师。毕业没多久，他们就正式确立了恋爱关系。刚开始的时候，他们的感情发展得很顺利，生活也过得很简单。相比起其他职业来，教师的工作比较单纯，主要以和学生打交道为主。不过，这样的生活过了没几天，黄爱丽就辞职下海了。

因为黄爱丽确实有一定的能力，所以很快就为公司创造了效益，职位也不断攀升，当然，收入也是水涨船高的。黄爱丽原本以为收入高了之后自己的生活会更加幸福美好，连她自己都想不到的是，自从她升职加薪之后，生活非但没有变得更加幸福，反而岌岌可危。原来，黄爱丽经历了几次加薪之后薪水高达上万元，但是，范新强的工资却还是可怜的两千多元。渐渐地，黄爱丽不再温婉可人了，她觉得自己对家庭的贡献很大，所以言行之间总是颐指气使，使范新强忍无可忍。最终，范新强提出了离婚，黄爱丽一气之下也同意了。这时，在外地出差的表姐听闻这个消息之后，赶紧赶了回来。作为过来人，表姐极力劝阻他们不要一时冲动去领离婚证，为了让他们停止争吵，表姐还把他们俩双双带回了家，让他们在自己家住几天冷静一下。走进表姐家，黄爱丽被这栋富丽堂皇的小别墅深深地吸引住了，她问自己：我什么时候才能拥有一套这样的房子呢？

进屋之后，黄爱丽发现表姐夫正在家里玩游戏。表姐夫是一位作家，著作很少，整日地待在家里打游戏，这么大的家业都是表姐自己在外面打拼挣来的。黄爱丽原本以为表姐夫看到表姐回来一定会迎上来，毕竟表姐是家里唯一的经济支柱，但是，表姐夫只是和黄爱丽夫妇打了个招呼，就又埋头打游戏了。更出乎黄爱丽预料的是，表姐也坐到那里和表姐夫一起打起了游戏。表姐陪着表姐夫玩了一会儿游戏之后，就赶紧去做饭了，表姐夫还是坐在那里玩游戏。

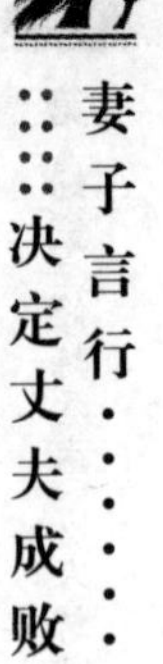

黄爱丽去帮表姐做饭，她不禁问表姐："表姐夫每天就这么在家里玩游戏，什么都不干吗？"表姐笑笑说："有灵感的时候，他就会写作。"黄爱丽不仅撇了撇嘴巴，表姐看出了她的心思，对她说："一个家里，有人出去挣钱，有人负责照顾家庭，无法衡量谁做得多，谁做得少。作为女人，即使再能干，也要找一个可靠的男人依靠。所谓的金钱都是过眼云烟，在关键时刻，只有爱你的男人才会为你付出。如果你已经找到了自己的爱人，就要用心去珍惜。记得我做生意最惨的时候赔得血本无归时，是你表姐夫在关键时刻卖了他父母留给他的房子和自己呕心沥血写出来的一本书的版权，才帮助我渡过了难关。爱丽，你一定要听我的，不要错过真心爱你的男人，不管什么时候，只有他才是你的依靠，而不管他挣钱多少，有无事业。"

的确，不管一个女人有多么能干，最终都要回归家庭，而不管这个家多么富丽堂皇，假如没有一个爱自己的男人，就不能称之为家。作为女人，尤其是女强人，一定要学会示弱。无论在外面多么风光，多么叱咤风云，只要回到了家，你就是一个普通平凡的女人，就需要有人疼爱，就需要有人关心照顾。只有这样，女人才能算得上是一个完整的女人。一个女人，即使事业再怎么成功，如果没有美满幸福的家庭，人生就是有缺憾的。倘若女强人们都能明白这个道理，那么，就能够更好地与男人相处，从而找到真正爱自己的男人。

无数的事实证明：女人如果太过好强，就很难拥有幸福的婚姻。大文豪莎士比亚也说："女人啊，你的名字是弱者。"的确，对于一个女人来说，妻子无疑是人生中最重要的角色之一。而要想成为一个好妻子，就要保全男人的自尊，学会适时地"示弱"。其实示弱并非是要求女人失去自我，无条件地顺从男人，而是让女人更加轻松自如地经营自己的感情，管理自己的婚姻。从某种意义上来说，示弱是一种婚姻的艺术，在婚姻生活中，只要女人把握好了这个艺术，就能够保全男人的自尊，把自己的婚姻经营得更好。

适时地向他请教，每个人都好为人师

作为妻子，很多女人都很困惑，即一些事业成功的男人总是分不清工作和家庭的关系，即使回到家里以后，也总是指指点点，像安排下属工作一样命令妻子做这做那，更让人啼笑皆非的是，那些家务事他根本就不在行。有的男人还会抓住妻子因为疏忽而一时没有照顾到的细节唠唠叨叨，似乎不信任、不满意妻子的所作所为。其实这是男人的好为人师的心理在作怪。在生活中，不管是男人还是女人，都喜欢被人恭维和称赞。和女人比起来，成功的男人更渴望被崇拜、被尊重。尽管他们在外面已经得到了很多崇拜和尊重，但是他们最在乎的其实是妻子的崇拜和尊重。这就导致他们即使回到家里，也还是希望得到妻子的认可和肯定。那么，妻子应该怎么做呢？其实，只要适时地向男人请教，满足他好为人师的心理，认可他、肯定他、赞扬他就可以了。

在生活中，女人因为生理上存在一些弱势，所以很多事情都有赖于男人的帮助。例如，体力上女性明显不如男性，因此，女性在干体力活的时候往往需要求助于男性。此外，女性似乎不擅长修理家具、电器之类的东西，那么，如果家里有什么东西坏了，完全可以求助于男人。大多数情况下，只要女人说话的语气和方式不令男人讨厌，男人都会很乐意帮助女人的。换言之，男人很享受自己被女人需要的感觉。

在单位里，黄鑫是出了名的顾家好男人，每次出差，他都特别不放心独自在家的妻子，只要处理好工作上的事情，他就火急火燎地往家赶。很多男人都巴不得趁着出差的机会好好自由一下，黄鑫为什么恰恰相反呢？其实是因为黄鑫的妻子徐腾很喜欢“黏人”。当然，这里所说的黏人指的不是惹

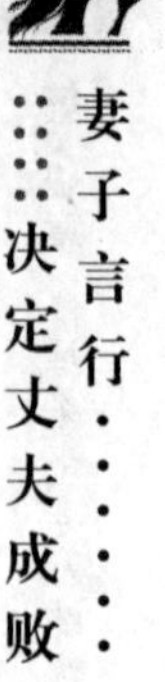

人讨厌的黏人,而是另外一种意义上的依赖。

徐腾并不属于小鸟依人型的,虽然算不上人高马大,但也是中等身材,比较匀称。然而,徐腾却很会黏人,所以才使黄鑫出差的时候总是着急回家。在平时的生活中,徐腾遇到稍微有点儿难度的事情就会请教黄鑫。日久天长,黄鑫就觉得离开了自己,徐腾的生活就是一团糟糕,简直没法维持了。例如,有的时候家里的灯泡坏了,虽然作为女人,徐腾干这个事情很费劲,但是也并非不可能完成的任务,不过,徐腾很聪明,每当遇到这种情况,她就打电话向黄鑫求援。再如,孩子生病了,徐腾可能辛苦点儿就自己带着孩子去医院了,但是徐腾从来没有这么做过,每次她总是坚持让黄鑫请假和她一起陪孩子去医院。当然,两个人照顾孩子会轻松一些。有的时候,甚至家里的燃气没有了,徐腾也会请求黄鑫去买。黄鑫是学计算机的,至于一些专业技术上的问题,徐腾则是经常向黄鑫请教,而且有的时候还戏称黄鑫是黄老师。这样一来,时间长了,徐腾就对黄鑫产生了依赖,而黄鑫也习惯了徐腾的依赖,并且以此为乐。所以,黄鑫才会在出差几天之后就着急往家赶,因为他实在是不放心徐腾。

和黄鑫相反,于海洋每次出差都会尽量在外面多待几天,因为他的心里无牵无挂,丝毫不惦记家里的老婆孩子。当黄鑫提醒他早点儿回家的时候,于海洋就会慢条斯理地说:“回去干嘛呀,趁着这个机会在外面玩几天多好呀！我回到家里,除了吃饭和睡觉,没有任何事情需要我做。有的时候,我简直觉得我不在家,家里可能会生活得更好,因为我老婆可以少照顾一个我了!”

故事中的徐腾显然满足了黄鑫好为人师的心理,在帮助徐腾的过程中,黄鑫自己也获得了极大的满足感,虽然累一些,但是心里却很愉快。其实夫妻过日子原本就是相互依存的关系。常言道,尺有所长,寸有所短。尽管和男人相比,女人在体力上不占据优势,而且在一些方面也处于劣势,需要经

常请求男人的帮助，但是，男人恰恰因为得到机会发挥自己的特长，从而满足了在女人面前显示自己的心理。反之，倘若一个女人什么事情都自己搞定，使男人觉得家庭好像不需要自己一样，那么时间长了，这个男人就会变得像上面案例中的于海洋一样，觉得自己不被别人需要，变得没有责任感和上进心。总而言之，被需要也是一种幸福。对于一个家庭而言，只有取长补短，才能把生活打理得更好。

对男人适度撒娇，令他有成就感

作为一个女人，即使能力超强，事业有成，也还是需要爱情的滋养，需要拥有一个疼爱自己的男人。现代社会提倡男女平等，很多女性走出家庭，走进职场，和男人平起平坐，巾帼不让须眉。然而，一旦回到冷冰冰的家中，就会觉得心里空落落的，无所寄托。从某种意义上来说，爱情是女人的软肋，即使是再坚强的女人，一旦被丘比特之箭射中，也会变得神魂颠倒。不过，虽然现代职业女性收获了事业上的成功，但是却因为过于强势而错过了很多美好的感情。不得不承认，即使是再强的男人，也不愿意找一个像自己一样强的女人，就像女人天生喜欢依赖男人一样，男人天生希望自己能够成为心爱女人的守护神。所以大多数男人都想找一个温柔似水的女人来用心呵护。很多女强人习惯了用坚强的一面来面对别人，她们不懂得什么才是温柔，也不知道如何表达自己的似水柔情。就这个问题如何解决，这里有一个方便快捷、效果立竿见影的方法，即撒娇。

说到“撒娇”，很多人会联想到林志玲，觉得只有像林志玲那样“发嗲”才是撒娇。实际上，撒娇和发嗲有着本质的不同。相比较而言，撒娇是真情的释放，而发嗲则是刻意为之的做作。在生活中，不管是少女还是中年妇女，

不管是小女人还是女强人，每个女人都希望能找到一个深爱自己、宠爱自己的男友或者老公。但是，很多女人都觉得在男人面前撒娇是一种自轻自贱的行为，因此根本不屑于在男人面前撒娇。实际上，适度的撒娇是生活中的一种情趣，是加深感情的调味剂。倘若你已经习惯了面色威严的女强人形象，那么不如放松下来，尝试着在心爱的男人面前撒撒娇，定然会有意想不到的收获。不过，撒娇绝不是威胁男人的武器，也不是处理问题的法宝，更不是笼络男人的手段。要想达到预期的效果，撒娇必须适度，适可而止，否则就会使人心生厌烦。爱情是种很神奇的感情，因为是两个原本陌生的人相爱，所以爱情必须经历磨合的过程。而适度的撒娇则是感情生活中的润滑剂，能够使很多看似复杂的事情变得非常简单，从而使感情变得更加和谐融洽。

杨子和林峰是大学同学，从大二起，他们就开始谈恋爱了。大学毕业后，林峰的父母希望他们等工作稳定下来之后就尽快结婚，但是杨子却想再享受几年自由的恋爱生活。为此，杨子和林峰产生了分歧。林峰很理解父母希望自己早日成家的心情，但是，杨子却很眷恋单身的自由生活。她总是认为，婚姻是恋爱的坟墓，因此想尽量延长甜蜜的恋爱。为了这件事情，林峰决定和杨子好好地谈一谈。一个周末，林峰约杨子一起去喝咖啡。在咖啡馆里，林峰一本正经地对杨子说：“杨子，我希望你能认真考虑我父母的意见，毕竟他们也是为了咱们好，希望咱们早日成家，能够互相照顾。”听到林峰的话，杨子莞尔一笑，撒娇地说：“可是，我还没有做好成家的心理准备呢！这样不是也挺好的嘛，你看，现在我也很照顾你啊！人家都说婚姻是爱情的坟墓，我可不想这么早就走进坟墓中啊，我想和你多享受一些爱情的甜蜜。等到真的结婚以后，这些甜蜜的恋爱才能帮助我们走过平淡的生活，你说是不是啊？”看着杨子，林峰丝毫没有了脾气，他情不自禁地摸了摸杨子的头，说：“那好吧，你这个小女生，不过，我只能批准你再玩一年，你看可以吗？”杨

子高兴地欢呼道："亲爱的，你真是我的大救星！放心吧，不杀之恩小女子一定铭记在心，来世做牛做马也会鼎力相报的！"就这样，杨子使用撒娇的手段使林峰主动延迟了结婚的计划，使原本很难商量的问题于无形之中变得简单了。

撒娇是一种亲密的表达方式，象征着示弱，往往能够激起对方的爱怜之感。撒娇也是一种智慧，一种让别人主动关爱自己的智慧。作为女人，只要能够恰到好处地撒娇，就能够激起异性的呵护之心。当女人对男人撒娇时，男人会产生一种被需要和被在乎的感觉。撒娇是女人味十足的一种气质，会撒娇的女人充满无限魅力。很多时候，漂亮的女人未必能够征服男人，但是，会撒娇的女人却是男人的克星。面对楚楚可怜的女人，男人很难硬起心肠来。

既然造物主把女人生得柔媚多姿、柔情似水，女人就应该在自己所爱的人面前充分地展现自己的特质。这样不仅能够促进相互之间的交流，也可以增进彼此之间的感情。在交谈的时候，只有在全身心放松的情况下，两个人才会吐露真心话，毫无保留地畅所欲言，而撒娇恰恰能够在无形之中消除双方心中的隔阂，使男女双方沉浸在对彼此的依赖和信任之中。由此可见，女人一定要对男人示弱，适度撒娇，激发男人的保护欲，使男人因为保护女人、宠爱女人而产生成就感。

笨点的女人激发男人的能力

稍微细心点儿的人很容易就会发现，当今社会，女人一个比一个精明，笨女人似乎已经成为了稀缺资源。当然，这里指的笨女人并不是真的智商很低，而是指心地单纯、心思善良的女人。对于女人而言，笨不是愚蠢，更不是言行无常，而是一种需要长期历练才能具备的品质。很多时候，人们经常说这样一句话，即人强命不强。与此相对应的，反倒是那些凡事漫不经心、无欲无求的女人更容易得到自己想要的幸福生活。正所谓有心栽花花不成，无心插柳柳成荫。

对于男人而言，不管一个女人的身份是同事，还是朋友，甚至是朝夕相伴的老婆，他都希望女人娇憨可爱，笨得惹人爱怜。相比之下，那些强势的男人婆，只会让男人退避三舍。对于男人来说，“厉害”“精明”“城府很深”也许是褒义词，但是，对于女人来说，倘若男人如此评价她，则意味着男人已经开始对她避之不及了。不管是多么精明强干的男人，也不喜欢和一个浑身都长满心眼的精明女人打交道，尤其是不愿意这个女人成为自己的老婆，因为太累了。每天，男人在外面打拼了一整天，满身疲惫地回到家里，希望家里有一个全心全意爱他的老婆等着他回家，而不喜欢有一个小肚鸡肠、充满算计的女人继续勾心斗角。

和笨女人相处的时候，男人没有那么大的压力，但正是因为笨女人的宽容和理解，反倒使男人具有更加强劲的动力。生活中，在大多数女人都要求男人有车有房有存款的时候，笨女人却不识时务地选择和一个一贫如洗的穷小子一起奋斗，为了所谓的爱情。若干年后，这个笨女人除了收获爱情之外，还有可能收获更多的生活富足的物质条件。原来，正是因为笨女人无所求、毫无抱怨地陪伴着那个曾经贫穷的小伙子，所以那个小伙子才能够心无杂念地去奋斗，去拼搏，最终成就自己的事业。即使他们最终仍然过着简单的生活，也能够收获可贵的爱情之果。反之，那些看上去很精明的女人，她们把自己当成商品待价而沽，不仅想找一个有房有车有存款的三有男人，还想碰大运遇到一个财大气粗的大款。现代社会，越来越多的老夫少妻，动辄相差十几二十岁，更有甚者，还会相差几十岁。难道爱情的魔力真的有这么大吗？也许有，但是这种爱情百年一遇，可遇而不可求，像如今这样遍地开

花的情景肯定是不正常的。

徐蕾和单静是大学时代的同窗好友，她们住在同一个宿舍，每天都结伴而行。大学毕业的时候，单静接受了同班同学张强的追求，与其确定了恋爱关系。为此，徐蕾曾经几次劝说单静："你傻吗？为什么要和一个一无所有的穷小子一起吃苦受累呢？凭着咱们的条件，肯定能够找到比他们好得多的男友！"单静的心意很坚定，她对徐蕾说："我妈妈告诉我，看一个男人不要看他现在有没有钱，而要看他有没有上进心。而且，对于女人来说，钱并不是最重要的，最重要的是看一个男人能否心甘情愿、毫无保留地为咱们付出。"没想到，徐蕾却不屑地说："心甘情愿、毫无保留地付出？即使都付出了，穷小子的资本也是有限的。相比起来，找个有钱人就便捷多了，即使拔根毫毛，也比穷小子的大腿粗呢！"看到话不投机，单静转移了话题。古人云，道不同不相为谋，既然根本的方向是不一样的，争论谁对谁错又有什么意义呢？

让徐蕾和单静都想不到的是，时间为她们揭示了真相。大学毕业后，单静和张强在一起同甘共苦，先是给别人打工，后来又合力开了属于自己的公司。在此过程中，因为单静的理解和支持，张强爆发出了惊人的力量，他不仅愿意吃苦，而且才思敏捷，几年时间就把二人小小的图书工作室搞得有声有色，在业内大有名气。很多图书公司、出版社争相与他们合作。经过几年的艰苦创业，如今，张强和单静买了一套大房子，把双方父母都从老家接了过来，一家人其乐融融地生活在一起。相比之下，徐蕾的生活就没有那么美满了。大学毕业以后，徐蕾一门心思地想调到一个金龟婿，供自己吃喝玩乐。后来，她真的在一个偶然的机会认识了一个钻石王老五，并且两人迅速地坠入爱河。很快，这个富商不仅帮助徐蕾买了房子、车子，而且每个月都给徐蕾很多零花钱，还让徐蕾不要上班，在家当阔太太。就这样，徐蕾没多久就怀孕了，她追着富商结婚，富商却再三推脱，说是要等孩子生下来再结。

迫于无奈，徐蕾只好跟踪这个富商，但是却意外地发现富商原来有妻子孩子。那么，他为什么要欺骗自己的感情，并且还使自己怀了他的孩子呢？在徐蕾的再三逼问下，富商终于吐露了实情，原来，他继承的是妻子的家族产业。因为和妻子生了三个女儿，没有儿子，所以他才哀求妻子允许自己在外面生个儿子。不过，他已经立下了军令状，保证儿子一生出来就与外面的女人断绝一切来往。看着自己隆起的肚子，徐蕾伤心欲绝。后来，徐蕾的父母知道了事情的真相，坚决要求徐蕾打掉孩子，开始自己的新生活。就这样，徐蕾剩了一套房子、一辆车子，但是却失去了自己的孩子，她的心仿佛被掏空了一般，一度对生活失去了信心。过了很长时间，她才从事情的阴影中走出来，但是，自此以后，她再也不相信爱情了，一个人孤孤单单地生活了很长时间。

刚开始的时候，很难说徐蕾和单静谁聪明，谁笨。假如只看表面现象，早在单静和张强租房子过着艰苦的生活时，徐蕾就已经潇洒地住上了属于自己的房子，开上了属于自己的车子。但是，几年之后，单静和张强通过自身的努力改变了命运，成就了自己的事业，享受着爱情、亲情的甜蜜和幸福。但是，徐蕾呢？别人是苦尽甘来，她却是甘尽苦来。等待她的是谎言破灭之后的无尽伤痛和亲手杀死自己孩子的无限懊悔。然而，一切都晚了！其实在生活中，金钱并非是决定我们生活得是否幸福的关键因素。从本质上来说，幸福是一种内心的感觉，人们并不是因为得到了什么而感到幸福，而是因为内心的渴求获得满足而感到幸福。由此可见，假如内心的欲望比较少，能够从容淡定地生活，那么，幸福的感受就会更加强烈。反之，假如一个人的内心充满了欲望，那么，无论他拥有多少东西，也不会觉得满足和幸福。所以，为了长远打算，为了获得真正的幸福，女人不妨笨一点，降低内心的欲望，使自己从容淡定地面对生活。正是因为笨女人的无欲无求，才能够减轻男人的压力，使男人轻松上阵，迸发出更大的能力。

第10章

家庭温暖，温馨的环境是成功男人的后盾

和西方国家比起来，中国人的家庭观念特别强。几千年的传统沿袭下来，使每一个中国人都对家庭有一种特殊的眷恋。虽然大多数人都认为女人更重视家庭，更顾家，其实对于男人来说，家庭也是非常重要的。由于社会分工不同，大多数男人在外面打拼是非常累的，一旦回到家里，他们就像船儿泊进了温馨的港湾，不仅可以使身体得到放松和休息，精神上也可以得到很大的慰藉。正因为如此，女人肩负着一个重要的责任，即为男人营造一个温馨的家庭，给男人带来心灵上的温暖和抚慰，使其成为男人坚强的后盾。

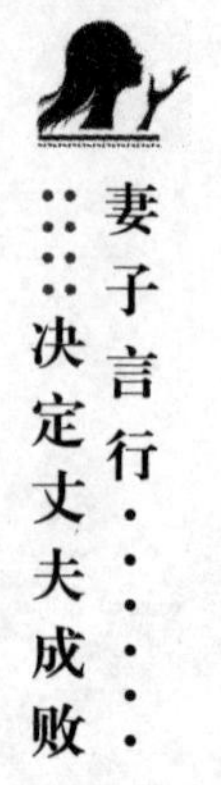

给男人一个温馨的家庭港湾

在现代社会，生活节奏越来越快，人们对物质的要求也越来越高，这就必将导致家庭的经济支柱——男人的压力越来越大。一般情况下，在一个家庭中，男人的压力都比女人的压力大。为此，很多男人都自嘲为“难人”。作为男人，不仅是家庭的重要经济来源，而且还要关注家庭中的各种状况，诸如孩子的成长、妻子的生活等。为了能够让妻子儿女过上衣食无忧的生活，为了让父母的晚年生活更加幸福，男人别无选择，必须奋力拼搏。

如今，虽然很多女人也走进了职场，但是，相比之下，女人更加倾向于照顾家庭。不管一个女人多么精明强干，都必须有一个温暖幸福的家，否则，就会觉得人生有缺憾。那么，在家庭中，女人的重要职责是什么呢？因为女人几千年来形成了筑巢的本能，所以大部分女人都比较贤惠，能够把家里收拾得整洁温馨，使男人回到家中的时候能够心情舒畅，放松紧绷的神经。对于男人而言，女人提供的温暖舒适的家无疑是最好的减压场所。

尽管大多数女人都能照顾好家庭，但是，却依然有很多女人并不了解男人。有些女人之所以把家里收拾得干净清爽，本意并非是为了给男人减压，而是筑巢的本能在发挥作用。她们自认为了解男人，却不知道男人的心中充满了苦闷。在大多数人的心目中，包括一部分男人，都觉得男人必须是顶天立地的男子汉，必须是流血不流泪的硬汉。其实，男人也有脆弱的时候，也需要女人的爱抚和安慰。作为男人，尤其是成功男人，在外面拼搏了一天，就像一个水手一样与海上的风浪搏击了一天，回到家的时候，必然身心疲惫，需要全身心地放松。对于他们而言，家应该是一个温暖的地方，除了要收拾得整洁温馨以外，还要有一个爱自己的人。甚至有些男人希望在家

里释放自己压抑的心情，毫无顾忌地表现出自己脆弱的一面。这就要求女人们要学会给男人营造一个温暖的家，使之成为男人们停泊的避风港。在这个避风港里，女人不仅应该为男人提供安睡，还应该为男人提供补给，最重要的是还要提供精神上的鼓励，使男人在这里得到精神上的放松和休憩，再次精神抖擞地整装待发。但是，在现实生活中，有很多女人非但没有把家变成温馨的港湾，反而使之成为了丈夫的第二战场。每当丈夫回到家里，她们准备的不是美味可口的饭菜、干燥温暖的被褥和温软的洗浴，而是满腹的牢骚。他们不是嫌丈夫没有能力挣更多的钱，就是嫌丈夫不够精明，仕途无望。在这种环境中，男人既没有心情也没有力气整装待发！

张君是一个非常温柔的女人，因为她善于持家，所以她的家里始终充满着欢声笑语，孩子健康成长，丈夫事业有成。这一切，让其他女人羡慕不已。

有一次，闺蜜问张君："你如此驯夫有方，给我们也传授传授经验吧！"张君笑了笑，说："什么驯夫有方啊，我老公又不是马，我也不是驯兽师。"闺蜜不依不饶地追问："即使不是驯夫，你也肯定有秘诀。赶紧告诉我吧，让我也幸福幸福。"听了闺蜜的话，张君哈哈大笑起来，说："我的秘诀其实很简单，就是'无怨无悔，柔情似水'。"闺蜜疑惑了，这几个字听上去平淡无奇，怎么会有这么神奇的力量呢？张君似乎看出了闺蜜的疑惑，接着说："其实，在这个世界上，任何选择的结局都不是十全十美的，我们在保全了一些东西的同时，肯定需要付出一定的代价，甚至还要失去一些东西。你还记得当初我谈恋爱的时候吗？我的父母强烈反对，但是，我还是坚定不移地坚持自己的选择。为此，在刚刚结婚的那几年，因为经济拮据，我们确实吃了很多苦。但是，不管我老公失败了几次，面临怎样的挫折和困境，我从来都没有后悔过，真的，我从来没有后悔过嫁给他。即使租来的房子再小再破，我都坚持把家收拾得整洁温馨，使他在外面拼搏了一天后回到家里能够心情舒畅。很多时候，我也很烦恼，但是，我学会了宽慰自己，学会了温柔地对待他、体谅他。

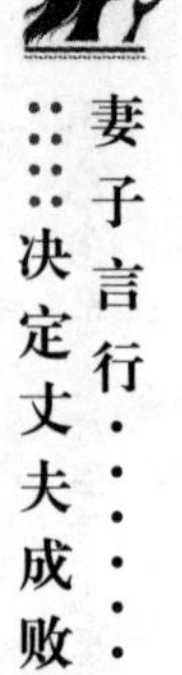

人们常说，有付出就有回报，我的回报不仅仅是如今富裕的生活，而是一家人相依为命的深情，真是千金难买的。”闺蜜深思着点了点头，说：“我明白了，我们要坚持自己的选择，坚定不移地支持自己的男人，为男人解除一切后顾之忧，给他们一个温馨的避风港湾。这样，他们才会为了家而奋力拼搏，也才会永远记得回家的路。”

现代社会，人们对物质的需求越来越大，很多女人都想一蹴而就地找个大款结婚，享受安逸的生活。极少数的女人坚持自己的爱情梦想，嫁给一贫如洗的男友，但是，这极少数的女人中只有凤毛麟角的女人能够像张君一样在面对生活的拮据和困境的时候做到“无怨无悔，柔情似水”。有人说，生活是一把杀猪刀。的确，很多原本非常温柔的女人在岁月的磨砺下渐渐变得粗糙、僵硬。倘若女人能够心怀感恩地热爱生活，把家庭营造成男人的避风港湾，那么，男人就能够在家庭里得到想要的温暖和精神上的强大力量，这样才能再次精力充沛地投入到社会的激流中！

用女人无微不至的关心打动他

女人天生就感情细腻，因此非常细心。正是因为这个优势，所以女人在照顾家庭方面得心应手。比起女人来，男人则显得粗心得多，他们似乎天生就不擅长照顾自己，很少有男人能够独自一个人生活得井井有条。年幼的时候，男人需要妈妈的照顾，他们独立生活的时间总是比女孩子晚很多。成年以后，他们需要妻子的照顾。很多妻子都说，自己需要照顾两个孩子，一个亲生的小宝宝，一个是丈夫——长不大的大孩子。

的确，对于在生活上缺乏自理能力、粗心大意的男人来说，女人无微不至的照顾很容易就会使他们觉得如沐春风。1913 年，弗洛伊德在《图腾与禁

忌》一书中提出了男性具有恋母情结的理论，他认为，男孩子早期的性追求对象是自己的母亲，所以男孩子在潜意识里总是想占据父亲的位置，与父亲争夺母亲的爱情。而且不管到了什么时候，男性都很依赖和服从母亲，在精神上存在没有断乳的情况。根据这个理论，倘若一个女人能够无微不至地关心和照顾男人，那么，很容易就会使男人联想起自己的母亲，从而怦然心动。

其实，男人并不像大多数女人所想的那样是用下半身思考的动物，他们也并非只在乎女人的美貌，在处理关键问题的时候，他们是理智的、成熟的。当然，美貌无疑对男人拥有很大的吸引力，但是，他们却知道美貌不能地久天长，他们更希望找到的是一个温柔娴淑的爱人。就像毫不起眼的林倩一样，正是因为她无微不至、不求回报的关心，才最终打动了李刚的心，使李刚在众多的美女中毫不犹豫地选择了她。

用包容建立良好的家庭关系

看过电视剧《金婚》的人大都有这样一种感悟：两个人，一辈子，太不容易了。所谓金婚，是指结婚五十周年。想一想，人生有几个五十年？幸运的人有一个，不幸的人连一个都没有，而只有寥寥数人能够拥有两个五十年。所以，我们是不是可以这么说：金婚意味着一辈子执子之手，与子偕老。现代人为了享受自由自在的生活，结婚越来越晚，所以金婚也就显得更加可贵和难得。更别说什么白金婚、钻石婚了。看了《金婚》之后不难发现，两个生活环境、成长背景都不一样的人要在一起携手度过一生，即使想想，也觉得很难。可以想象，在这几十年的婚姻生活中，大多数夫妻之间始终处于磨合的过程之中，有的夫妻甚至到老还在吵吵闹闹，只有少数的夫妻能在磨合了

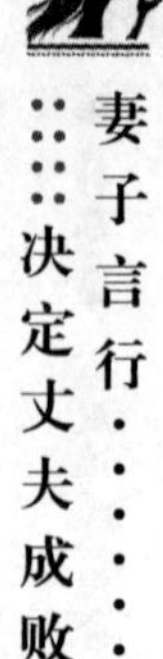

几十年之后拥有默契。

人们常说,“家家都有一本难念的经”,还有人说“清官难断家务事”“家不是讲理的地方”,其实人们之所以这么说,是因为生活太琐碎了。在生活中,假如夫妻之间凡事都要争个胜负输赢,那么,日子简直没法过下去,因为每天都会有打不完的家务事官司。为此,很多人因为夫妻之间无休无止的唇枪舌战而苦不堪言,更不知道怎样才能维持和谐的家庭关系。实际上,家庭生活是有潜规则的。不管是老公还是老婆,都应该遵循约定俗成的潜规则来处理夫妻之间、家庭成员之间的繁琐事务,这样才能走向金婚甚至是钻石婚的庆典。否则,轻则不断吵架,重则以离婚而收场。那么,到底是什么法宝如此神奇呢?答案非常简单,那就是包容。

舌头和牙齿还会打架呢,更何况是两个截然不同的独立的人。两个人,不仅成长背景、生活习惯不一样,而且脾气秉性也完全不同。倘若不能彼此包容,必将水火不容。在这个世界上,没有十全十美的人,也没有不吵架的夫妇。即使是两个都非常完美的人结合成为夫妇,也会有摩擦,也需要磨合。夫妻之间,只有多多包容对方,才能和谐友好地相处,使婚姻幸福长久地维持下去。要知道,每个人都难免会犯错误,包容不是毫无原则地妥协,而是一种美好的品德。

张晴和李治是大学同学,张晴家是上海的,李治家是农村的。大学毕业几年之后,他们凭借着自己的努力积攒了一些钱,再加上张晴的父母赞助了一些资金,买了一套属于自己的小房子。因为李治的父母都是农民,供养一个大学生已经很吃力了,所以根本没有什么积蓄。结婚的时候,李治的父母给了张晴一千元钱作为贺礼。

婚后,因为要还月供,小夫妻的生活也挺紧张的,每个月挣的钱除了还月供、生活之外,所剩无几。一天,李治的爸爸突然打电话,说是身体不舒服。张晴知道后,赶紧让李治把公婆接了过来,并且带着公公到上海的大医

院做了全面的检查。检查结果是公公得了严重的胃溃疡，需要住院治疗。一时之间，张晴和李治根本没有这么多钱，张晴只好回到娘家向妈妈借了一些钱，让公公顺利地住进了医院。这次住院，张晴和李治借了三万元外债，省吃俭用地攒了半年才把钱还上。又过了没多长时间，李治的弟弟也考上大学了，父母因为供养李治上学，一时之间交不起昂贵的学费，张晴又是二话不说地给拿了一万块钱以解燃眉之急。李治非常感动，对张晴说："晴儿，结婚之前其实我非常担心，因为你从小在城市长大，所以我害怕你很难接受我的父母和家庭。但是，现在我知道了，你是真心爱我的。正是因为你真心爱我，所以你才会包容我的父母，包容我的家人。"张晴笑了笑，安慰李治说："傻样，我们现在已经是一家人了，你还说这种客套话。你也很包容我啊，你看，我不会做家务，洗衣、做饭的活儿你都全包了，我脾气不好，你从来不跟我计较。那么，我为你做一些事情不也是应该的吗？"李治的眼圈红了，他说："你放心，我会一辈子对你好的。除了你，我还去哪里找这么好的老婆呢？"

可想而知，虽然张晴和李治的婚姻之中也必然会有不合拍的时候，但主流一定是幸福美满，因为李治能够包容张晴的坏脾气和不会做家务的缺点，而张晴则能够包容李治最为牵挂和担心的家人。倘若所有的夫妻都能够像他们这样相互扶持，而不要斤斤计较，那么，一定会有越来越多幸福的家庭，也一定会有更多的夫妇走上金婚的典礼。

人生短暂，转瞬即逝，与其把时间浪费在争吵上，不如把时间用来为对方做更多的事情，相亲相爱。要知道，婚姻需要彼此用耐心和爱心去经营，只有两颗心朝着一个方向去努力，互相包容，才能拥有幸福的婚姻。爱分为自私之爱和无私之爱。自私之爱，总是强求对方按照自己的心意改变，而无私之爱则有更多的包容和理解。爱一个人，不仅仅要爱他的优点，也要包容他的缺点。人们常说"少年夫妻老来伴"，在漫漫的人生路上，夫妻修了一百

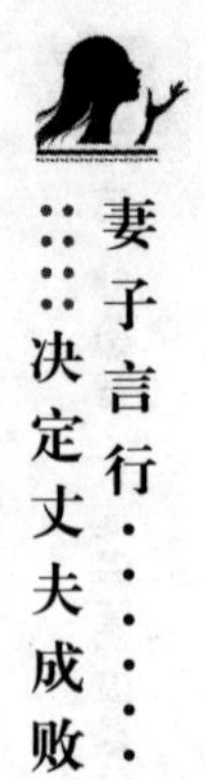

年才拥有了共枕眠的缘分，所以，一定要彼此包容，互相珍惜。

当着婆婆永远别让丈夫难堪

自古以来，婆媳关系就是一个很难解决的问题。大多数婆媳之间水火不容，少数婆媳即使表面上维持友好相处，也是面和心不合。要想让婆媳相处得和母女一样亲密无间，简直是难于登天。婆媳关系非常微妙，也很难缠，处理的时候必须把握好分寸。提起婆媳关系，做婆婆的总是叹息，做媳妇的总是摇头，做儿子的则是无奈。婆媳关系非常复杂，因为一个男人，她们成为了亲人，同样是因为这个男人，她们又成了对立面，彼此都想使这个男人全心全意地对待自己。因此，婆媳之间既是敌我矛盾，也是人民内部矛盾。对于婆婆来说，这个男人是儿子，要用来疼爱和照顾；对于媳妇来说，这个男人是丈夫，要承担起支撑家庭、照顾妻儿的重任。为此，婆婆难免心疼儿子，媳妇却会偶尔嫌弃男人不争气、没能力。对于媳妇而言，要想让自己的家庭和睦友好，就一定要和婆婆搞好关系，统一战线。然而，这句话说起来简单，做起来却很难。

作为媳妇，首先需要注意的就是永远不要当着婆婆的面让丈夫难堪。要知道，不管丈夫是否长大，是否结婚生子，在婆婆的心里，他永远是自己那个抱在怀中的宝贝疙瘩。所以，作为媳妇，不管出于什么理由，不管谁对谁错，都不要当着婆婆的面使丈夫下不来台，否则，即使婆婆嘴上不说，心里也一定是非常心疼的。弄不好，还会因此而引发一场家庭战争，轻则大家个个受到内伤，重则大家撕破脸皮大吵一通。这样一来，日子就没法过下去了，即使勉强继续，裂痕也是无法修复的。

小黄离婚了。刚刚知道这个消息的时候，同事们都大吃一惊，因为小黄

才刚刚结婚半年多。而且因为小黄和老公准备要孩子，她的婆婆还专门从老家赶来照顾他们，给他们调养身体呢。这孩子没要成，怎么还离婚了呢？同事们百思不得其解。但是，看着小黄失魂落魄的样子，他们谁也不忍心问清楚真相。

过了一个月，小黄渐渐地从离婚的阴影中走了出来。李霞平日里和小黄走得比较近，因此，小黄告诉了李霞自己离婚的原因。

原来，小黄和老公是经人介绍认识的，谈了一年多恋爱就结婚了。刚开始的时候，他们相处得挺好的。后来，听说小夫妻准备要孩子，所以婆婆就自告奋勇地来给他们做饭，说要帮助他们调养调养身体。一天，电视节目上讨论过年去谁家过的问题，小黄和老公也在沙发上展开了争论。当时，婆婆也坐在沙发上看电视。小黄说：“其实，过年就应该轮流……”小黄的话还没说完，婆婆就着急了，赶紧说：“我们农村啊，最讲究过年了，谁家儿子媳妇要是不回家过年，村里人可是会说闲话呢！”听到婆婆这么说，小黄按捺不住了，反问道：“现在都是独生子女，难不成生闺女的父母就得孤孤单单地自己过年？这就是封建思想在作怪……”见到苗头不好，小黄的老公赶紧来和稀泥：“哎呀，人家这是电视上的讨论，跟咱们有什么关系啊？况且，这不还没到过年呢嘛！”小黄听到老公立场不明，更加怒火中烧，仿佛看到自己的父母每年都孤苦伶仃地过年一样，她生气地呵斥老公：“你这是什么态度？你上过大学吗？知道男女平等吗？我可告诉你，过年必须一家轮一次。想按照农村的规矩来，那你当初怎么不找个大字不识的农村丫头由你摆弄呢！要什么孩子，先把这个问题解决了再说！”其实，小黄平时脾气也不好，不过老公都能容忍他。但是，出乎她意料的是，这次却捅了马蜂窝，婆婆当即就哭开了，而且老公也不由分说地扬手给了她一巴掌。这一巴掌，把他们俩这短短的、浅浅的缘分一下子就打散了，小黄冲动地提出了离婚。现在想来，小黄知道自己也是有错的。虽然平时老公都让着她，但是她却当着婆婆的面

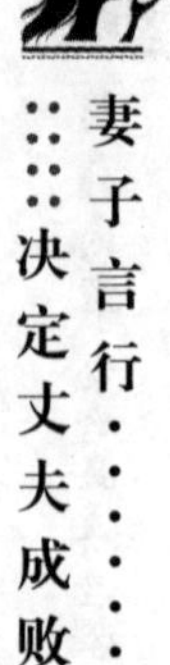

使老公下不来台，而且还旁敲侧击地指责婆婆，因此，老公这一巴掌不但打断了他们的婚姻，也打醒了小黄。事已至此，虽然小黄很后悔自己说话没有分寸，但是已然无法挽回了。她后悔莫及地对李霞说："你可要吸取我的教训，千万不要当着婆婆的面使老公下不来台！"

原本可能非常幸福的一个家庭，就这样毁在了婆媳的纷争之中。其实，小黄和婆婆之间并没有不可调和的矛盾，只是因为回谁家过年这个话题太敏感。原本这个问题应该在夫妻之间私下沟通，但是现在却当着婆婆的面争执了起来，再加上小黄当着婆婆的面怒声呵斥老公，导致婆婆和老公都下不来台，所以老公才会在一气之下给了小黄一个耳光。因为谈恋爱的时间不长，再加上结婚的日子尚浅，所以这一巴掌也打断了他们的缘分。幸运的是，小黄意识到了自己的问题，相信她在未来的人生中一定不会再因为类似的问题而摔跟头。

对于女人来说，只有有了丈夫的宠爱，才能有幸福的家庭。谈恋爱的时候，女人要和老公磨合；结婚后，女人要和婆婆磨合。相比之下，与婆婆磨合比与老公磨合难得多，不仅要了解、理解婆婆，还要设身处地的体谅婆婆为人母的心理。在儿子娶妻成家之后，很多婆婆都会有或多或少的孤独感与失落感。遇到这种情况，媳妇必须深刻地意识到一个问题，即婆婆永远是丈夫的母亲，是她含辛茹苦地把丈夫抚养长大，这才成就了你如今的幸福。只要媳妇能够这么想，就会对婆婆多一些宽容。婆媳关系和谐了，你与丈夫才能生活得更幸福。不过，最后还是要提醒大家，不管与婆婆的关系多么好，都不要当着婆婆的面使丈夫难堪，要知道，你的丈夫永远都是婆婆的儿子！

用幽默与笑容创造和谐舒心

生活的本质就是琐碎的，一件接一件的烦心事、高兴事、为难事被生活

的河流席卷而至，不管你愿意不愿意，都必须面对。高兴事还好，能够给人带来好心情，那么烦心事和为难事呢？则常常使人情绪暴躁，心烦易怒。在这种时候，倘若夫妻之中的任何一方压不住火气，就会导致家庭战争的爆发，甚至还会殃及无辜的孩子。科学研究证实，假如孩子长期处于压抑的环境中，就会导致性格内向、自卑、没有自信。其实，不管是为了孩子，还是为了自己，每一对夫妻都应该学会应对这些生活中的琐事。很多时候，语言在交流中起到了重要的作用，一句恰到好处的幽默话语能够很好地化解因为琐碎带来的烦恼；反之，倘若说了火上浇油的话，则结果不得而知。

在西方国家，尤其是美国，幽默是一种难得的优点。如果一个人很幽默，不仅自己快乐，也能给身边的人带来快乐。如今，中国与世界接轨，人们也越来越重视幽默。幽默不仅是一种能力，更是一种必须具备的素质。常言道，"会说话的让人笑，不会说话的让人跳"，也从侧面说明了幽默的重要性。在繁琐的生活中，一句幽默的话往往能使人转怒为喜，开怀大笑。只要能够恰到好处地运用幽默的方式说话，婚姻生活就会更加和谐舒心。

古希腊哲学家苏格拉底的妻子脾气很坏，冲动易怒。有一次，正当苏格拉底和学生们讨论学术问题时，他的妻子突然闯了进来，不分青红皂白地就把苏格拉底大骂一顿，然后怒气冲冲地离开了。苏格拉底丝毫不把妻子的无理取闹放在心上，继续和学生们交流起来。想不到的是，过了片刻，他的妻子又回来了，并且还提起装满水的水桶猛地浇在了苏格拉底的身上。苏格拉底就像一只落汤鸡那样，这次，学生们以为老师肯定会勃然大怒。出乎大家意料的是，苏格拉底仍然毫不在乎，他笑了笑，幽默风趣地说："其实，我早就知道打雷后一定会下雨。"听了苏格拉底的话，学生们禁不住哈哈大笑起来。苏格拉底的妻子觉得很没趣，便红着脸离开了。

一天，玛丽做好了晚饭，等着她的丈夫约翰下班回来一起吃，但是等了很长时间约翰都没有回来。正当玛丽等得着急的时候，约翰满头大汗地跑

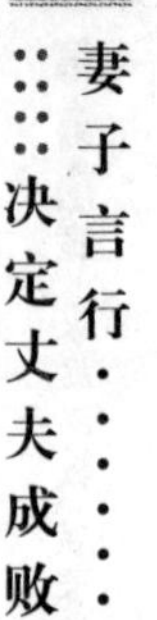

回家,他气喘吁吁而又得意洋洋地告诉玛丽:"你知道吗?我省了一元钱!"玛丽因为丈夫的晚归有点儿生气,没好气地问道:"省了一元钱,怎么省的?"约翰兴奋地说:"哈哈,只有我这个聪明的人才能想出这个主意,告诉你,我是一路跟在公共汽车后面跑回来的。你看,这不就省了一元钱嘛!"玛丽哭笑不得,说:"是嘛?我倒是有一个省十元钱的主意。"约翰惊讶地瞪大眼睛看着玛丽,问:"赶紧说说,赶紧说说,下次我就可以省十元钱了。"看到约翰着急的样子,玛丽觉得很好笑,她不禁扑哧一声笑出了声,说:"下次啊,你可以跟在出租车后面跑。这样一来,岂不就省了十元钱了吗?!"约翰看着妻子哈哈大笑起来,连声夸奖妻子:"你真不愧是我老婆啊,太聪明了!"

从以上这两个例子中可以看出来,不管是苏格拉底,还是约翰,以及约翰的妻子,都是非常有涵养的人。当然,这其中以苏格拉底最有涵养。对于妻子的迎头怒骂、当头一桶冷水的行为,几乎没有哪个男人能够做到像苏格拉底一样宽容大度。我们不禁为苏格拉底的心胸而暗自赞叹!相比之下,玛丽与约翰都是聪明人,他们以玩笑的形式,把一场有可能引发的争吵消散于无形之中。可以想象,倘若不是幽默,他们也许会度过一个争吵的夜晚。但是,正是因为有了幽默和笑容,他们的夜晚必定是美好的。

既然幽默的作用如此巨大,那么,我们怎样才能具备这种美好的品质呢?首先,要有一定的语言技巧。要想使用幽默的语言,就必须使用很多形象生动的修辞手法,为语言增添亮色。倘若没有语言艺术作基础,幽默就会变得空洞、乏味、虚伪。其次,要有渊博的知识。要想出口成章,就要具备深厚的文化底蕴,倘若腹中空空,则很难将感情的"焊点"连接起来,自然也就难以产生幽默的效果。最后,还要有乐观开朗的性格。倘若是一个悲观的人,总是绝望地看世界,那么就会导致心情越来越差,自然很难笑出声来。反之,倘若是一个乐观开朗的人,即使面对生活的挫折,也能够勇敢地面对,那么就会战胜困难,越挫越勇,笑对人生。其实,凡事都是有利有弊的。快

乐地过也是一天，哭泣着过也是一天，我们何不微笑起来呢？总而言之，要想使生活变得更加和谐舒心，拥有幸福长久的婚姻，就要学会幽默，让微笑伴随我们度过生命中的每一天。

善待丈夫的每一个亲戚

人们常说，婚姻不仅仅是两个人的结合，也是两个家庭的结合。事实的确如此。因为成长在不同的家庭中，所以婚姻双方都有属于自己的人际关系，包括家人、亲戚、朋友等。最近，网络上的"凤凰男""孔雀女"这两个词语炙手可热，一则是因为凤凰男和孔雀女本身有一定的距离，二则是因为这两者的成长背景截然不同。"孔雀女"高高在上，从小被父母宠大，根本不知道人间疾苦。"凤凰男"为了尽快在大城市扎下根来，不得不忍辱负重，找了一个本地小姐。也许恋爱期间还没有什么明显的不适，但是一旦结婚，各种问题就会接踵而至，使人应接不暇，最终闹得鸡飞狗跳，每个人都满腹委屈，苦不堪言。当然，并非每一个"孔雀女"和"凤凰男"的婚姻都是血泪史，也有幸福的。不过，对于他们而言，要想婚姻幸福就必须具备一个前提条件，即"孔雀女"要抛开高高在上的身价，善待丈夫的每一个亲戚。

当然，除了"凤凰男"和"孔雀女"以外，即使是其他的婚姻关系，女人也要善待丈夫的亲戚。要知道，每一个人的成长都离不开家庭的扶持，所以，对于男人来说，最想做的事情是回报自己的父母以及那些曾经帮助过他、关爱过他的亲戚。此外，男人的自尊心很强，作为妻子，必须顾及男人的自尊，保全男人的面子。倘若女人不善待丈夫的亲戚，那么，丈夫势必会觉得女人不在乎自己，所以才会毫不顾忌自己的面子。孰轻孰重，聪明的女人肯定知道。

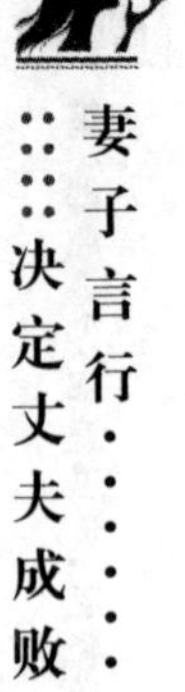

亚楠与王强结婚的时候,遭到了包括亚楠父母在内的很多人的反对,原因是王强出身农村,家庭负担重,穷亲戚多,势必会影响以后小家庭的生活。然而,亚楠就是喜欢王强,她坚定不移地要排除一切阻碍嫁给王强。在婚姻问题上,父母是永远拗不过儿女的,最终,亚楠还是和王强结了婚。

婚后的生活证明,亚楠父母当初的担心是对的。结婚当天,亚楠就深刻地了解到了农村和城市的差别。他们的婚礼举办了两次,在亚楠家举办了一次,是在教堂举行婚礼的,婚礼非常庄严、肃穆。摆酒的时候,主要请了亚楠家的亲戚以及他们两个人的朋友和同事。为了支持小两口开始新生活,亲戚朋友们都给了丰厚的礼金。时隔几天,又去王强的家里办了一次,主要宴请了王强家的亲戚。尽管在此之前,亚楠已经做好了心理准备,但还是被结婚当天的情景震惊了:王强家摆了二十几桌的酒席,招待的全都是亲戚。这些亲戚多则送一百元的礼金,少则送二十元的礼金,但是却带着全家老小五六口人来吃饭。男人们简直像是土匪下山,一边大口吃肉,一边大口喝酒,喝醉了,有的钻在桌子底下,有的索性又唱又跳地撒起了酒疯。当时,亚楠站在那儿瞠目结舌,这哪儿是婚礼呢?简直就是一场闹剧!不过,亚楠还是很有涵养的,她落落大方地跟在王强的身后给各位亲戚敬酒,总算把婚礼给对付了过去。

结婚不到两个月,王强的弟弟找上门来了。原来,他考上了一所民办大学,学费很昂贵,因此父母让他自己来找大哥王强,看看能否帮忙筹集一些钱。巧的是,王强正好出差了。亚楠思索片刻,把自己和王强的所有积蓄一万元钱取出来给了弟弟。弟弟高高兴兴地回家向父母交差了。后来,父母打电话和王强说这件事情的时候,连声夸赞亚楠,说亚楠是个懂事的、识大体的好姑娘。

一年多以后,王强的爸爸突然吐血,一检查,才发现已经是胃癌晚期了。虽然医生说治疗的意义不大,但是考虑到爸爸年纪不大,所以家里人还是想

和命运搏一搏。这样一来，筹集医药费的重任自然又落在了王强的身上，谁让他是家里的长子呢。面对这些接二连三的事情，亚楠没有任何怨言，她不仅拿出了自己和王强的所有积蓄，还去妈妈那里借了五万元钱。虽然动手术没多久，爸爸就去世了，但是王强却一辈子都感激亚楠的所作所为。他心里很清楚，亚楠一个娇娇女之所以能够倾其所有地对待农村的公公婆婆弟弟等人，其实就是因为心疼自己的老公。如今，每个亲戚朋友都夸王强找了个好媳妇，王强在人前无比风光，他心里清楚自己要用心地对待亚楠一辈子。

面对王强的一大堆穷亲戚，亚楠从来没有说过不字，她既顾及到了王强的面子，也保住了自己幸福的家庭。很多情况下，家庭就像一个学校，而女人则是这所学校的校长，既要负责把男人调教好，还要负责对外周旋于各种各样错综复杂的关系。作为一个柔弱的小女子，只有用心地处理好双方家庭中的各项事情，才能拥有幸福美满的婚姻，实现双赢。

调整情绪，不在家里随意地发脾气

在生活中，每个人都难免会有一些负面情绪。尤其是现在工作压力大，生活节奏快，人们更容易暴躁易怒、歇斯底里。然而，任由负面情绪爆发对事情没有任何好处，非但于事无补，甚至还有可能带来更坏的结果。所以我们要学会调整自己的情绪。在家庭中，不仅有老迈的父母、挚爱的妻子或者丈夫，还有年幼的孩子。倘若我们把一些不好的情绪带到家里，就会使自己最爱的人也受到负面情绪的影响，失去好心情。因此，我们要尽量把工作上的负面情绪和一些烦心事留在家门外，不要在家里随意地发脾气。

启明是一家电器公司的销售人员。众所周知，销售行业的竞争很激烈，

所以销售人员的压力非常大。每个月，公司都会分配新的销售任务下来，所以，启明的神经始终是紧绷的，很难松懈下来。近来，因为公司正在对外扩张市场，为了提高市场占有率，销售部的每个人都加班。

一天晚上，启明回到家的时候已经很晚了，却发现儿子还没有睡觉。他不耐烦地质问妻子："这么晚了，怎么还不让儿子睡觉？"其实，妻子一个人带孩子一天了，心情也不太好，听到启明的质问，妻子不由得反问道："你说呢？孩子都几天没有看到你了，非闹着要等你！"启明想了想，也是，最近自己每天早出晚归的，出门的时候孩子还没醒，回家的时候孩子早就已经睡着了。想到这里，他赶紧把孩子哄到小床上睡觉。估计是看到爸爸太兴奋了，儿子丝毫没有睡意，上蹿下跳地玩开了。眼瞅着快十二点了，启明渐渐地失去了耐心，在最后一次警告儿子无果之后，他的大巴掌啪地甩到了儿子白白嫩嫩的屁股上。转眼之间，儿子的屁股上出现了鲜红的五个手指印。听到孩子哇哇大哭，妻子一把推开了启明，把孩子抱到怀中，泪眼婆娑。妻子开始数落启明："你有什么资格打孩子啊？他三岁多了，你带过他几天，抱过他几次？要不是因为想你这个所谓的爸爸了，他会这么晚还不睡觉吗？想你有什么用，等你一晚上才把你等来，你却省事，甩手给了他一巴掌。你摸着良心问问你自己，你配当爸爸吗？"看着号啕大哭的儿子，听着妻子的血泪控诉，启明意识到自己犯了一个严重的错误。他赶紧向儿子道了歉，耐心地哄儿子睡觉。之后，又再三地和妻子道歉。不过，直到第二天，妻子还是对他不理不睬的。后来，启明给妻子发了一个信息，说自己是工作太累了，所以导致情绪不好，并且向妻子保证以后不会再犯类似的错误了。

经过这件事情，启明深刻地意识到自己把工作中的负面情绪带回家，给妻子和儿子带来了很大的伤害。后来，他每次回家的路上都告诉自己静下心来，高高兴兴地面对妻子和儿子。果然，经过一段时间以后，他彻底地改掉了这个不好的习惯，每次回家之前都先把坏情绪清除掉。

不管什么时候，家人都是我们最亲的人。虽然在外面打拼很辛苦，很累，但是我们也不能对着家人发脾气。我们奋力拼搏的目的是什么？不就是想让家里人生活得更好一些吗？倘若忘记了这个初衷，我们的拼搏就失去了意义。

对于职场人士而言，工作上的压力无疑是巨大的。那么，怎样才能做到不把坏情绪带到家里呢？首先，要把工作和生活分开。虽然只有工作才能赚到钱来维持生活，但是，工作却不是生活的全部，更不是生活的唯一目的。从本质上来说，工作只是我们谋生的一种手段，工作的目的是为了更好地生活。倘若因为工作而使自己的生活不快乐，那么，就要认真地思考一下这份工作是否适合自己。其次，要学会清除自己的负面情绪。凡事没有一帆风顺的，所以工作中遇到困难和阻碍是正常的。只要我们摆正自己的心态，积极地解决问题，就能够减轻自己的负面情绪，使自己变得开心快乐起来。最后，确定家人第一位的排序。对于任何人而言，工作都无法取代家庭。人是感情动物，工作只是一个接一个的任务，只有家人，才是能够陪你一起哭一起笑一起走过漫漫人生长路的人。所以我们要珍惜自己的家人，不要伤害他们，哪怕这种伤害是无心的。总而言之，我们要正确地对待工作和生活，积极地消除负面情绪，不要在家里随意地发脾气，以避免给家人造成伤害。

第11章

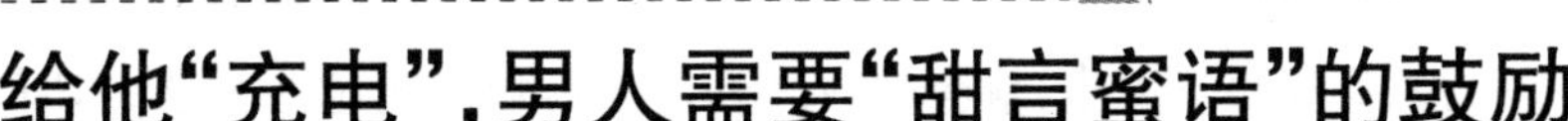

给他"充电",男人需要"甜言蜜语"的鼓励

人类的天性就是喜欢听到别人的赞美和鼓励,男人尤其如此。成功的时候,他们希望得到女人的认可;失败的时候,他们希望得到女人的鼓励;即使是平时的日子里,他们也对甜言蜜语百听不厌。对他们来说,心爱女人的每一句赞美与鼓励,都能够使他们振奋精神,继续迎着风浪去搏击、去拼搏。因此,女人应该审时度势,适当地赞美和鼓励男人。当然,假如赞美和鼓励不管用,那么不妨适度地刺激他一下,也许会起到意想不到的效果。总而言之,一定要根据具体的情况做出判断,为男人加油打气!

男人最喜欢听“恭维”的话

每个人都喜欢听别人的恭维话,男人也不例外。通常情况下,恭维总是带着一些言不由衷的味道,但是,女人恭维自己的男人时却必须真诚,要发自内心地赞美对方。现代社会处于日新月异的发展变化之中,男人的自信心不断地受到考验。老同学都当老板了,而自己却还是单位里小小的办事员;和自己一起进公司的同事升职了,而自己却还停滞不前;长江后浪推前浪,假如再不进步,就会被新进公司的年轻人超越……这一切都让男人的内心感到无比恐慌。他们越来越沮丧,开始怀疑自己。在这种情况下,作为妻子,必须真心诚意地赞美男人,使之认识到自己的优秀与独特。妻子的赞美具有神奇的安抚作用,因为在大多数男人的心里最在乎的都是妻子的评价。在妻子的认可和肯定中,男人日渐焦虑的情绪能够得到有效的舒缓,就像一只靠岸的船停泊在安全的避风港一样。在这里,男人养精蓄锐,重整旗鼓。

作为家庭的支柱,男人对家庭的贡献是很大的,在家庭中占据着无可替代的重要地位。因此,女人可以找到很多理由恭维男人。诸如:丈夫工作非常辛苦,给孩子挣了很多奶粉钱;丈夫的科研成果申请了专利,使很多人因此而受益;丈夫为人热心,心地善良,很孝敬老人;丈夫非常有耐心,很爱孩子,每到休息的时候,就会整天都全心全意地陪伴着孩子……人们常说,生活中不缺少美,而是缺少发现美的眼睛。我们不妨把这句话改一下,世界上不缺少好男人,缺少的是发现好男人的女人。只要以欣赏的态度去观察男人,你就会发现男人原来是有很多优点值得我们去欣赏的。一旦发现了男人身上的优点,就完全可以真心诚意地大加恭维。

露露和皮特是一对恋人。露露的家在农村,父母都是农民,家里比较困

难。皮特的家在城市，从小衣来伸手，饭来张口，从来没有为生活犯过愁。当初，是皮特先追露露的，虽然露露对皮特也有好感，但是露露迟疑了很长时间都没有答应皮特的追求。原来，露露的心里有一个不为人知的担心：我是农村人，父母老了必须依靠我，皮特从小过惯了优越的生活，他能和我一起照顾我的父母吗？要知道，赡养老人的负担是很重的，因为人老了难免会生病。为此，露露迟迟没有接受皮特的爱。

不过，皮特非常坚持，他追了露露整整三年，终于感动了露露。在露露决定接受皮特的感情之前，她郑重其事地把自己的担心说了出来："你能对我的父母好吗？他们老无所依，只能依靠我。"皮特一听就满口答应了下来，但露露还是担心他没有意识到问题的难度。因此，露露决定带着皮特亲自回家探望父母。虽然做好了心理准备，皮特在来到露露家之后还是感觉到了压力，因为他的父母从来没有让他操过心，更没有花过他的钱，这下，他真切地体会到了露露所说的依靠是什么意思。经过深思熟虑之后，皮特向露露表示自己一定会和她一起照顾父母的。

参加工作几年以后，露露几乎每个月都要汇钱给老家的父母。虽然钱是自己挣的，但是毕竟结婚了就不仅仅是一个人的事情了，每次汇钱给父母，露露都会当着皮特的面打电话告诉父母"皮特给你们汇钱了"。即使是两个人在一起的时候，露露也总是真诚地赞扬皮特："皮特，你对我真好！我知道，你是因为爱我，才这么孝顺我的父母的。""皮特，现在全村人都知道我爸爸妈妈找了个好女婿，你是我的骄傲，有你当老公我太幸福了。"每当露露这么说的时候，皮特就觉得自己应该加倍地对露露的父母好，毕竟，虽然付出了一些金钱，而且赡养老人是应该的，但是精神上的回报是更大的。渐渐地，他发生了很大的改变，不仅经常主动给露露的父母汇款，而且还会在节日的时候给自己的父母买礼物。对于他的这个改变，他的父母非常欣慰，觉得儿子结婚以后长大了，自然也就更加认可和疼爱露露。

此外,在生活中,露露也经常恭维皮特。因为皮特从小娇生惯养,所以不怎么会做家务。有的时候,露露会央求皮特给自己煮一碗方便面,还说:"不知道为什么,我觉得你煮的方便面特别好吃,比我煮的好吃多了。以后,我想吃方便面的时候你就给我煮吧,好吗?"在露露的恭维之下,皮特不仅方便面煮的越来越好,而且还兴致盎然地开始研究厨艺,学会了很多拿手好菜。在爸爸生日的时候,皮特大显身手,为全家人做了一顿美食,爸爸妈妈笑得合不拢嘴,爸爸说这是自己过的最有意义的生日。

恭维的力量是巨大的,它能够使男人心甘情愿地行动起来,以便得到女人更多的夸奖和鼓励。就像皮特,二十几年没有做饭的他在露露的恭维下学会了做饭,被父母照顾得无微不至的他不仅经常主动给露露的父母汇款,而且开始关心自己的父母,体会到为人父母的艰辛和为人子女的责任与义务。了解了男人的这个特点以后,女人不妨擦亮眼睛,经常发自内心地恭维男人,鼓励他们行动起来,变得更加完美。

每个人都有自尊心,只有自尊心得到满足,才会变得自信起来。人类的天性之一就是希望能够受到别人的重视和肯定,而恭维则恰恰迎合了这一天性。在婚姻生活中,爱情并不能永久地保鲜,随着时间的流逝,再炽烈的感情也会由浓转淡,由热烈奔放转为细水长流。为了使生活免于平庸,我们不妨多多利用恭维的话语,给对方带来一丝丝欣喜,给婚姻生活注入更多的活力。当然,恭维必须是发自内心的,倘若是违心的恭维,那么还不如不说,毕竟夫妻关系是非常亲密的,没有必要为了迎合对方而矫揉造作地恭维对方。要想做到真心诚意,首先要做的就是擦亮自己的眼睛,用善于发现的眼睛欣赏对方的诸多优点。其实,家庭是由很多琐碎的小事组成的,只要男人有点成绩,女人就可以真诚地赞美几句,如此得来毫不费工夫的调味剂,为什么不多多使用呢?!

适度地刺激他，激发他的潜能

生活并不总是甜蜜的，因此，人们也不可能总是泡在蜜罐里长大。对于男人来说，尤其如此。倘若男人总是习惯于听好听的话，就会失去承受挫折的勇气。因此，虽然我们一直主张女人要鼓励、赞扬、恭维男人，但是，女人还是要适度地刺激男人，这样才能激发出男人的潜能。当然，每个男人的脾气秉性不同，在具体对待的时候要具体区分。有的男人听了赞赏的话就像获得了新生一样精力充沛，那么女人不妨多多地鼓励他、称赞他；有的男人听了恭维的话以后得意忘形，原本有能力做好的事情也因为得意而搞得一塌糊涂，那么女人就完全可以给他泼泼冷水，使之变得更加谦虚严谨，从而表现得更好。总而言之，男女相处之道是一个互相摸索的过程，要想相处得更加愉快，就必须多多用心，加深对彼此的了解。

结婚没多久，雅丽就发现了张骞的问题所在。在工作上，张骞总是不求有功，但求无过，当一天和尚撞一天钟地混日子。尽管雅丽总是苦口婆心地劝他要趁着年轻多努力，但是张骞还是左耳朵听右耳朵冒，或者充耳不闻。

一个生命的诞生，使原本平静的家庭漾起了波澜，每天，不是孩子哭了，就是孩子闹了。张骞初为人父，忙得手脚不停，即使这样，也还是把很多事情搞得一团糟糕。迫于无奈，他只好去请了个保姆配合雅丽带孩子。但是这样一来，家里的经济就突然紧张了起来。原本多一个孩子就多了一份很大的开销，现在还要给保姆开工资，经济压力可想而知。孩子长到七八个月的时候，一罐奶粉几天就见底了，每天还要用好几片尿不湿，他们这几年来积攒的那点儿钱很快就见底了。没办法，他们只好辞退了保姆，由雅丽自己一个人带孩子。既要忙家务，又要带孩子，雅丽每天忙得连吃饭的时间都没

有。她想:不能再这么下去了,孩子也出生了,必须让张骞承担起男人的责任了!

一天,张骞正在上班的时候,突然接到了雅丽的电话,雅丽说自己生病发烧了,让张骞请假回家带孩子。张骞连着请了三天假,再也不好意思和领导告假了,雅丽便让张骞再请个保姆来。张骞为难地说:"咱家只剩两千块钱了,请了保姆,就没有钱给儿子买奶粉了!"听到这句话,雅丽心中一喜,机会来了。只见她的眼圈红了,眼泪簌簌而下,生气地说:"只剩两千块钱了?儿子都快养不活了?你这个当爸爸的是干什么吃的?我一个人,既要带孩子,又要做家务,每天累得浑身都快散架了。你呢?每天到办公室一坐,每个月就拿那么点儿死工资。我早就建议你去做业务,最起码能多挣些钱,而且还可以锻炼一下自己的能力。但是你听吗?现在怎么办?难道你要让我发着烧去带孩子吗?传染给孩子怎么办?你那两千块钱还不够给孩子看病的呢?!"面对妻子的指责,张骞哑口无言,一直以来,他都想这样混日子,但是现在看来不行了。雅丽看到张骞内疚的模样,赶紧乘胜追击:"我最后再问你一次,你想养活我们娘俩吗?你要是不想养活,我就带着孩子回娘家去。"听到雅丽这么说,张骞赶紧连声说道:"想啊,想啊,我当然想啊!要是不想,我为什么要结婚呢,咱们为什么要生孩子呢?"雅丽继续说:"这可是你自己说的,你必须拿出个明确的态度来。"张骞沉思片刻说:"我这个月把手头的工作处理一下,就申请去销售部做业务。你给我一点儿时间,在销售部,只要业务做得好,不仅能够挣到钱,还能够得到晋升。以前都是我不好,你不要生气了,以后我不会混日子了,为了咱们的儿子,为了你,我一定会努力挣钱的。"

听到张骞的话,雅丽的心里乐开了花。

雅丽是一个非常聪明的女人,虽然结婚之初她就发现了张骞的身上存在一些缺点,但是她并没有为此与张骞大吵大闹。她知道张骞不是懒惰,而

是还没有意识到金钱的重要作用。有了孩子以后，果然如雅丽所料，他们的那点儿积蓄只支撑了半年就见底了，看着嗷嗷待哺的孩子，张骞自然意识到了没有钱是不行的，因此雅丽抓住机会迫使张骞决定转行做业务，为孩子挣奶粉钱。事情发展到现在，不管张骞的业务最终做的是好是坏，他都知道自己必须肩负起男人的责任，承担起家庭的重担，养活儿子。因此，他一定会想方设法地使自己努力，努力，再努力！

由此可见，对于有些男人来说，一味地称赞、好言相劝也许效果并不好。相反，适度的刺激反而能使男人激发自己的潜能，努力去拼搏！

夸奖男人也要讲究技巧

从说话技巧的角度来看，要想让男人接受你的意见，赞美比打击的效果更好。很多男人都有叛逆心理，不喜欢被别人安排着做某些事情。但是，假如换一种方式，给他们戴高帽子，夸奖他们，他们反而不好意思了，只得乖乖地按照你的赞美去要求自己进步。这是为什么呢？其实原因很简单，即男人都有逆反心理，不愿意服从别人的命令和安排。因此，有人说好男人都是夸出来的。人类的天性就是喜欢听到夸奖，男人也不例外。每当听到别人肯定和赞美他们的时候，他们就会感到充满自信，而且还会油然而生一种价值感。从某种意义上来说，恰到好处的赞美就像是打在男人身上的一针强心剂。

自古以来，男人就担当着支撑家庭的重任，这就导致男人特别在乎别人对自己的评价。通常情况下，男人的自尊心很强，所以他很害怕自己的所作所为得不到他人的认可，尤其是心爱的女人的认可。因此，不管男人从事的是普通的工作还是精彩的职业，女人都应该为他喝彩、加油！当然，男人期待的是女人对他个人事业成就的关注和认可,而不是那种空泛的放之四海而皆准的溢美之词,这就说明了夸奖男人要讲究技巧。诸如"你的能力很强""你太棒了"之类的赞美之词,只会让男人觉得你在敷衍他,而不是在真心诚意地赞美他。那么,怎样才能做到有针对性呢?其实很简单,就是夸奖男人实实在在的优点,最恰当的方式是赞美他的独到之处。曾经有一位事业有成的男人说:"每天都有很多人吹捧我,说一些'青年才俊、事业有成'之类的空话,这些话简直要把我的耳朵磨出老茧来了,说实话,我一点儿都不想听这些毫无用处的赞美之词。我的事业发展得很顺利,我不需要这些夸奖,相反,我倒是宁愿听一些实实在在的话。记得有一天,一个人对我说:'你的嗅觉非常灵敏,总是能够准确地捕捉到市场信息,正是因为如此,你才能取得今天的成就。倘若你在产品定位方面再多用些心思,一定会发展得更好!'听了这句话,我兴奋了很久,因为这话说得很实在,不仅指明了我的优势所在,而且也一针见血地提出了我的不足之处。对于我而言,这可比那些听上去好听的空泛的赞美有用得多!"

除了夸奖男人实实在在的优点或者长处之外,还有夸奖男人的方式,诸如把事情交给他处理,信赖他,认真倾听他所说的,这些都能够使男人得到莫大的鼓舞。

丽丽的老公周凯是独生子,从小就被父母娇生惯养,不但不会做家务,甚至还需要别人照顾。谈恋爱的时候,周凯殷勤备至,不是请丽丽下馆子,就是带丽丽去看电影,还出国旅游了一次,这使丽丽非常开心。在周凯的强烈攻势之下,他们谈了一年多恋爱之后就结婚了。然而,婚姻毕竟不同于谈情说爱。结婚没多久,丽丽就发现周凯是一个生活的低能儿,不仅不会做家务,自己都需要别人的照顾,而且周凯还非常懒惰,自己的内衣内裤脱了往洗衣机里一扔,从来不洗。刚刚过完蜜月,他们的生活就进入了恶性循环。每天,丽丽都要因为家务琐事和周凯吵架。

一个周末,丽丽在汗流浃背地拖地、洗衣服,周凯却悠闲自在地在玩电脑游戏。丽丽终于忍不住爆发起来,生气地把拖把一扔,收拾衣服回了娘家。回到娘家之后,看到丽丽生气的样子,妈妈不禁关切地询问丽丽怎么了。丽丽满腹委屈,一把鼻涕一把泪地向妈妈诉起苦来。妈妈听了丽丽的诉说,开始哈哈大笑起来,一边笑一边说:"你们俩,真是孩子啊! 怎么,你现在后悔了吗?"丽丽看着妈妈,啼笑皆非,说:"后悔也来不及了啊,妈,你还有心思笑。周凯这么懒,我可怎么办啊?"妈妈慢条斯理地说:"实话告诉你吧,大多数男人在结婚之初都是这样的,除非是独立生活惯了的男人才有一些做家务的能力。""可是,我觉得爸爸就很勤快啊,难道以前也很懒吗?"丽丽疑惑不解。妈妈神秘地说:"告诉你吧,你爸爸那会儿更懒,袜子穿得都能立起来了。他之所以能够成为今天这个样子,全都是我夸出来的。""夸出来的? 这么懒你还夸他,那他岂不是更要得寸进尺了吗?""傻孩子,夸是要有技巧的!"妈妈一边说一边压低了声音,生怕被隔壁房间的爸爸听到,"男人刚开始都是这个样子的,要想让他们心甘情愿地按照你的理想进步,你就必须学会夸他。简单地说,夸是有技巧的,一是要真心实意地夸他确实有的优点。其实,每个人都是了解自己的,所以,不要违心地夸他没有的优点,而要夸他真正有的优点。二是每一个小的进步都要夸。很多时候,男人就像孩子一样需要鼓励。就以懒惰为例吧,刚开始的时候,不要和他计较谁做得多,谁做得少,而是要心甘情愿、任劳任怨。你可以创造机会让他帮你做家务,例如,你来例假的时候,可以以水冷为理由让他帮你洗菜,不管他做的好不好,你都要真心诚意地夸他。这样一来,下次他就会比较主动地帮你干活了。每次有一点点进步,日久天长了,他就会变得主动起来。"

得到妈妈的真传之后,丽丽赶紧回家实地操练起来。果然,周凯在她的夸奖之下,进步很快,也越来越勤快了!

倘若丽丽继续采取抱怨和争吵的方式企图改变周凯,结果只能使周凯对她的抱怨充耳不闻，而且使他们的生活陷入恶性循环之中。幸运的是，丽丽成功地向妈妈取经，而且效果很好。正是因为丽丽夸奖周凯的时候掌握了一定的技巧，所以才能起到事半功倍的效果，使他们小家庭的生活步入了正轨，进入了良性循环之中。由此可见，男人是需要夸的。倘若女人能够有技巧地夸奖男人，就能够使夫妻之间的相处更加和睦，家庭生活更加幸福。

帮他发现他的独特闪光点

通常情况下，男人非常善于发现某个女人身上的闪光点。相比之下，女人则不是这样的。一般情况下，女人习惯于被男人的闪光点吸引，并且着迷。殊不知，大部分男人的美好都是被某一个女人发掘并且培养出来的。很多时候，女人只看到男人光鲜的外表和翩翩的风度，却不知道他也有很多不尽如人意的小毛病。有人说，女人是一所好学校。这句话其实是有一定道理的。一个聪慧的女人，不会只盯着男人的缺点看，而会独具慧眼地发现男人的独特闪光点，并且加以发掘和培养。如果男人有幸遇到一个好女人，进了一所好学校，那么，就能够充分发挥自己的能力，成就不一样的人生。相应地，作为女人，也应该用足够的耐心和包容对待男人，充分发掘男人的独特闪光点。

其实，不管是男人还是女人，每个人都有自己的闪光点。不过，有的人的闪光点比较明显，有的人的闪光点没有那么明显，需要用心去挖掘。那么，怎样才能抓住对方身上容易被忽视的“闪光点”呢？如果细心观察就会发现，会说话的女人往往很会赞美别人。在赞美别人的时候，她们能够抓住别人身上最值得赞美而别人又容易忽视的地方。这种赞美总是能使被赞美人觉得很感动，意识到对方对自己的真心。而有些人虽然总是赞美别人，但

是却很难给别人留下好印象，原因就在于赞美的时候没有抓住对方的闪光点。有些时候，就连人们自己也没有意识到自己有什么优点和长处，而一旦别人给他真诚的赞美，他就会非常感动，进而充满自信，甚至整个人都变得不一样了。夫妻之间尤其如此，因为彼此都是对方最在乎的人。例如，面对一个春风得意、事业有成的男人，假如你赞美他精明干练、年轻有为，那么，他至多也就礼貌地笑笑，而根本不会把你的话放在心上。究其原因是因为他每天都被诸如此类的赞美包围着，耳朵都快磨出老茧来了。正因为如此，即使你再怎么卖力地赞美，也很难博得他的好感。与此相反的是，假如你一改别人的老路，夸赞他不曾被别人注意到的优点，那么一定能够给他耳目一新的感觉，诸如厨艺、才思敏捷、发表过很多文章等。

朱老是一家科研机构的资深研究员，从业经验非常丰富，也是业内的泰斗。退休后，朱老在家里种花养草，颐养天年。很多年轻人遇到难以逾越的技术难关时，都想得到朱老的指点。然而，朱老的脾气非常古怪，很难接近。一到周六日，这些年轻人就拎着礼品去拜访朱老，好话说了一箩筐，但都不见效果，都被朱老毫不留情面地轰了出来。不过，在这些人中，许枫是例外，每次只要他去，总是能够如愿以偿地得到朱老的指点。大家都非常纳闷，纷纷问许枫有什么独门秘诀，许枫总是笑而不答。

为了弄清楚事情的真相，大家开始研究许枫的行踪，尤其是和朱老有关的。国庆节放假的时候，同事们都出去旅游了，只有许枫没有出远门。早晨，他很早就起床了，去了北京有名的潘家园。没听说过许枫喜欢古玩啊？和许枫住一个宿舍的岳山受到众同事的委托，特意留下来观察许枫的行踪。原来，许枫去潘家园是为了淘字画。

又一个周末，许枫带着淘来的字画去了朱老家。一进门，许枫就把字画呈给了朱老，还特意请朱老鉴定一下。许枫看着朱老屋子里的字画，赞不绝口，说："朱老，我这幅字画和您屋子里的这些字画比起来可是小巫见大巫

了。不知道,您屋子里的这些字画是哪个名家的作品呢?”听到这话,朱老仿佛遇到了知音一般笑出了声,说:“这些都是我闲暇时的涂鸦之作,哪里称得上是名家名作呢?”许枫佯装吃惊,大声说:“您太厉害了,您的这幅字依我看来可是一点儿都不比启功的字逊色啊!”朱老的脸上笑开了花,连声说:“过奖了,过奖了!”就这样,许枫和朱老一起度过了一个愉快的下午,他们时而谈论朱老最爱的字画,时而谈论科研攻关的问题,朱老还邀请许枫在他家里吃饭呢!

岳山把情况报告给同事们后,同事们全都暗自佩服许枫的独出心裁。朱老喜欢字画,这一点其实有很多同事都知道,但是,他们只顾着恭维朱老在科学研究上的成果,却没有想到朱老早就已经听腻了这样的话。而且朱老现在已经退休了,过着养花种草的悠闲生活,自然有更多的时间把玩自己喜欢的字画。许枫无疑是投其所好,因此才深得朱老的欢心。

既然大多数人都知道朱老喜欢字画,为什么只有许枫一个人想到投其所好呢? 究其原因,是因为这些人没有掌握夸奖的技巧。其实夫妻之间也是如此。一个男人和一个女人之所以愿意结为夫妻,彼此之间肯定有一定程度的了解。那么,倘若女人能够发现男人身上独特的闪光点,就一定能够博得男人的欢心,甚至使男人变得充满自信。这样一来,夫妻之间的感情也会更加深厚,家庭生活也会更加和睦幸福。会说话的女人很清楚,与其称赞一个人最大的、人尽皆知的优点,不如发现对方最不起眼的、甚至他自己都忽视了的优点。因为人们往往会非常重视一个人最明显的优点,而大加赞赏。倘若经常称赞一个人这样的优点,非但不能引起对方的好感,反而还会让这个人产生反感。而那些隐含的、人们所忽视的优点,往往显得弥足珍贵。在你称赞对方的时候,无形中也为对方增加了一次重新评估自己的机会,而且也加重了你在对方心中的筹码。总而言之,作为女人一定要记住,只有发现对方独特的闪光点,你的赞美才能打动人心,使对方发自内心地感谢你。

当他失意时更需要你的肯定

对于男人来说，失意的时刻是最难熬的。虽然他们是顶天立地的汉子，但他们的自尊心其实非常脆弱，再加上爱面子，因此很难坦然地面对失意。即使表面上波澜不惊，内心也必定像热锅上的蚂蚁那样。那么，在这种情况下，男人最需要的是什么？我想，每一个女人无一例外地都想知道答案。有位著名的歌星说过，在男人失意时，也是爱情和婚姻的危急时刻。倘若处理得好，结局自然皆大欢喜；倘若处理不好，结局就会截然相反。

聪明的女人，当男人失意时，一定会用女人特有的柔情安抚男人的心，进而使其重建自信心。而愚蠢的女人则恰恰相反，她们总是没有眼力劲地火上浇油，肆意地指责男人。对于一个失意的男人而言，最大的幸福就是身边陪伴着一位能与他水乳交融的伴侣。否则，他是很希望有其他女人"乘虚而入"的。此外，还有一种很常见的情况，即失意的男人在自己的女人那里得不到安慰，便随便找一个平时暗恋他但他却不屑一顾的女人。由此可见，失意的男人是非常脆弱的。在这种情况下，如果有一个心仪于他的女人主动安慰他，那么，男人的抵抗力就会更加薄弱，就很容易会发生些意外的插曲。由此可见，作为女人，一定要谨慎地对待失意的男人，即使心中有再多的怨言，也要按捺下来，给男人以安慰和鼓励，帮助男人渡过这个难关。

雅兰是一个蕙质兰心的女人，不仅长得漂亮，而且非常善良，就连命运也特别眷顾她，给了她一个高大威猛、事业有成的老公。雅兰的老公叫于刚，今年刚刚 32 岁，却已经是年轻有为的副局了，是省系统最年轻的领导干部！

人们常说，天有不测风云，人有旦夕祸福，此话一点儿都不假。雅兰和

于刚结婚之后幸福得像是掉进了蜜罐里，一切都在往更好的方向发展。然而想不到的是，在他们结婚后的第三个年头，一个意想不到的灾祸降临了。于刚出去陪客人应酬，因为喝了点酒，开车的时候不小心撞到了人，不仅罚款两千，拘留15天，而且还被单位做出了降职的处分。

这件事情发生以后，于刚像霜打的茄子——蔫了，失去了对人生的希望。后来，他渐渐地对工作也失去了兴趣，认为自己的一辈子就这么毁了。在这段日子里，于刚日益消沉，整天把自己关在家里不见人，不仅不爱说话，而且一说话就自暴自弃地让雅兰别再管他了。有几次，雅兰实在是太生气了就回敬了他几句，结果，他居然吵着要与雅兰离婚。日久天长，于刚的态度也影响了雅兰的情绪，她真想责怪他：明明是你自己犯了错，我不埋怨你就不错了，你凭什么要对我发火呢？但是，话到嘴边，说出来的却是："既然事情已经发生了，咱们就要面对。虽然你现在不是局长了，但是我爱的是你，嫁的是你，而不是局长的职位。你不上班也好，咱们可以好好商量商量以后的生活。你说呢？"于刚继续沉默着，雅兰开始悄悄地注意起老公的言行。每天早上，雅兰一如既往地为他准备好美味可口的早餐，还去买了一台电脑放在家里，以便于刚心烦的时候可以浏览新闻，解解闷。面对亲朋好友关切的询问，雅兰总是说老公不太适合在官场，想辞职下海，所以先在家休息一段时间。就这样，渐渐地，于刚的心情开始放松了。在雅兰的建议和支持下，于刚决定辞职下海经商。

看着雅兰信任和鼓励的眼神，于刚万分感激，他把雅兰搂在怀里动情地说："这件事情的责任全都在我，是我葬送了自己的前程，也毁了咱们原本非常幸福的生活。但是，你非但没有埋怨过我，还处处关心我、支持我！放心吧，我一定会好好努力、从头再来的！今生今世能够娶到你做老婆，是我最大的福分！"听到于刚这么说，雅兰悬着的心终于放了下来。她知道，自己和于刚已经平安地度过了一次考验，她温柔地对于刚说："事情已经过去了，况

且你也并不愿意这样。天下不当局长的人很多,也许你还能借此机会成为一个成功的商人呢,让我也过过阔太太的瘾!"

其实,男人失意的时候恰恰是女人证明自己的机会。无论男人是因为什么原因失意的,聪明的女人不会雪上加霜,而是会静静地牵着男人的手,像母亲一样拥抱、摩挲着他的头,用眼神鼓励他,使他觉得安心而踏实。倘若你能够在这个时候告诉男人,他永远都是你心中最优秀的男人,那么,男人一定会一生一世地记住你。很多时候,男人并不像外表看上去那么坚强,他们的自尊心很强,很爱面子,因此,他们很难面对失意。女人天生就具有母性,如果能够在男人失意的时候充分发挥这种母性,使男人得到无微不至的照顾和精神上的依靠与鼓励,那么,他就会在这个最脆弱的时候完成感情上的升华。如果你是一个聪明的女人,你必然知道要抓住男人失意这个千载难逢的机会,把你们的爱情发酵得更加炽烈浓郁。只要迈过失意这道坎,男人就会愈加死心塌地地爱着你。

让你赞美的语言变得深刻理性

生活是琐碎的,尤其是夫妻之间,往往没有那么多惊天动地的大事去处理,反之,有的都是一些毫不起眼的小事。但是,正是这些小事却组成了大多数人的一生。倘若没有赞美,就难免会觉得寡淡无味,而正是因为有了真心的、深刻理性的赞美,人们才有更大的动力去继续做得更好,去追求更加幸福美好的生活。相反,假如夫妻之间总是指责多于赞美,把对方的某些特点——外貌、言行举止、生活习性等都看成是一种难以容忍的缺陷,用排斥和抗拒的态度理解配偶的一些行为,那么,夫妻感情肯定会陷入指责一争吵一指责的恶性循环之中。千万不要小看生活中的小打小闹,夫妻之间一

旦形成裂痕,天长日久,就会变得彼此猜忌和不信任,最终导致相互贬斥。虽然都是成年人,但是也不乏有人因为得不到对方的称赞而自卑,甚至怀疑婚姻的稳定性。

夫妻之间朝夕相处,再加上生活中充斥着各种各样的琐事,所以夫妻之间的相处需要讲究技巧,而赞美则是夫妻感情的润滑剂,是夫妻相处的艺术。在生活中,每个人都有实现自我价值的需要,而配偶无疑是相守时间最长、互相了解最深、最值得信赖的人。人们非常在乎外界对自己的评价,尤其是配偶的评价。对于大多数人而言,最在乎的人就是配偶,因而配偶的赞美是一种被接纳、被欣赏、被肯定、被感激的最佳表达方式,能够使人的自我价值得到充分实现。不过,并非所有的赞美都能够起到正面的效果,倘若赞美空洞无物,时间长了,则未免使人觉得言不由衷、枯燥乏味。这就要求我们的赞美要言之有物,要深刻理性。那么,怎样才能使赞美的语言变得深刻理性呢?

首先,要发现对方的优点,使赞美言之有物。很多人觉得夫妻之间是非常了解的,而且谈恋爱的时候也已经说够了甜言蜜语,所以婚后就没有必要再多费唇舌赞美了。实际上,每个人连自己都不能够透彻地了解,又怎么可能完全了解别人呢?即使是夫妻之间也是这样。因此,夫妻相处的时候只要用心,就可以发现对方身上很多独特的闪光点,使赞美言之有物。的确,夫妻之间没有那么多惊天动地的大事,但是却有很多打动人心的小事。诸如男人为你熬了一锅美味的鸡汤,帮你照料住院的父母以及未成年的弟弟,甚至是请你去吃了一顿浪漫的烛光晚餐,带你去看了一场惊心动魄的电影,这些都是值得赞美的事情。因此,人们说,夫妻之间不是缺少美,而是缺少发现美的眼睛。其次,要使赞美上升到理性的高度,使之变得深刻。从一些小事上能够看出一个人的德行,因此,倘若你发现男人身上有一些值得你赞美的地方,那么,在赞美小事的基础上,你不妨赞美由此发现的对方的优秀品德。例如，他为你熬了一锅美味的鸡汤，说明他的内心深爱着你，对于女人而言，所爱的男人为自己熬鸡汤无疑是一种莫大的幸福；他帮你照料住院的父母，说明他是一个很有孝心的人，同时也说明他爱屋及乌；他帮助你照顾未成年的弟弟，说明他是一个很有责任心的人，勇于承担责任；他带你去吃烛光晚餐、看电影，则说明他骨子里是一个浪漫的人。作为女人，倘若时时处处都能够用心地发现男人的优点，并且赞美男人与之相对应的美德，那么，就一定能够为婚姻增色很多！

约翰是一个非常普通的男人，但是他的脸上始终洋溢着幸福、自信的神气。所有的朋友都很纳闷他是如何做到这些的，约翰自豪地说："因为我有一位好妻子！"约翰的妻子琳达是一个美丽和善的女人，非常爱约翰。在生活中，虽然约翰挣不到很多钱，不能给她富足的生活，更不能给她买昂贵的珠宝，但是她总能发现约翰的很多优点，并且由衷地表示赞美。

周末的时候，约翰陪伴孩子一起玩，琳达则在厨房做饭。吃饭的时候，琳达真诚地向约翰表示感谢："约翰，非常感谢你，带着孩子们玩了这么长时间，我知道，带孩子是一件很累的事情，所以大多数男人都没有耐心陪孩子们玩。我很幸运，你是一个既有爱心又有耐心的老公，这也是孩子们的福气！"听了琳达的话，约翰的心里乐开了花，他简直觉得自己是天底下最优秀的老公和爸爸。整整一天，他的嘴角都荡漾着自信的微笑，他知道自己一定能够做得更好！

只要细心观察就会发现，大凡恩爱的夫妻，总是随时随地地都能发现对方的美，并且及时地告诉对方，让对方深深地陶醉其中。实际上，爱情的逻辑非常简单，即你给予对方的越多，你得到的回报也就越多。要知道，每一次恰到好处的赞扬，都是一次爱的升级。

即使他失败了，也要给予鼓励

对男人来说，事业是生命的重要组成部分。倘若一个男人事业不成功，就很容易失去信心。然而，世界上的男人千千万万，事业有成的钻石王老五是凤毛麟角，大多数男人都过着普通而平凡的生活。人的生活并不是一帆风顺的，总是充满了坎坷和波折。对男人来说，因为总是要在外奔波打拼，所以失败更是常有的事情。面对男人的失败，很多女人选择打击男人，不是埋怨男人能力不行，就是指责男人混得不如别人好。这种一味地挖苦和讽刺很有可能将男人置于绝望的境地。不过，聪明的女人可不是这样做的。在男人遭遇失败的时候，聪明的女人会敞开心胸接纳他，积极乐观地面对他的失败，鼓励他、支持他，让他重新鼓起生活的勇气。

对男人而言，能力是有差异的，因此不可能人人成功。作为女人，一定要摆正心态，客观地面对男人的成败。倘若男人好吃懒做、游手好闲，那么我们自然要刺激他、鞭策他。但是，倘若男人已经竭尽所能，那么不管结果如何，我们都不应该责怪他。对于在商海中沉浮的男人，商场如战场，有成功就有失败，有得到就有付出，一定要以淡然的心态面对成功得失，不能患得患失；对于在官场上的男人，绝大部分都处于塔中央，甚至塔底，能够登上高位的终归是少数，因此要脚踏实地地做事，规规矩矩地做人，不管官做得有多大，都要遵纪守法。然而，不管是在商海中的男人，还是在官场上的男人，没有人能够一帆风顺，都难免会经历失败。每当这个时候，女人一定要用心地安慰和鼓励他们。假如女人能够在男人失败的时候给予鼓励，那么，不仅会让男人鼓起勇气东山再起，而且还能够使夫妻感情变得越来越深厚。毕竟，雪中送炭比锦上添花更能打动人心。

何志国的运气一直不太好，自从他辞了教师的职业下海经商以来，不知道是因为他没有经商的头脑，还是因为他的运气实在不好，干什么赔什么，屡屡不顺。不过，何志国有一个好妻子，他的妻子秀琴始终没有任何怨言，而是无条件地支持他。何志国辞职之后做的第一个生意是开饭馆。虽然那一天街上别人家的饭馆都红红火火的，但是他家的饭馆却门可罗雀，冷冷清清。后来，何志国花重金请来了一位大厨，但是因为生意惨淡，人家没干几个月就走了。不到半年，轰轰烈烈开张的饭馆就凄凄惨惨地关门大吉了。关于这次经营失败，何志国进行了深刻的总结和反省，他认为是自己没有选择好项目。之后，他决定从自己比较熟悉的图书做起。不过，何志国所谓的熟悉图书只是他看过很多书，而并非他熟悉图书市场。结果可想而知，何志国再次高估了自己。如果说第一次失败，何志国将之定位为花钱买经验，那么第二次失败则给了他沉重的打击。他想不明白，为什么自己连图书都做不好？为此，何志国变得意志消沉，一蹶不振。

看到何志国神情沮丧的模样，秀琴的心里很着急，虽然何志国两次做生意失败已经花光了家里所有的积蓄，但是秀琴没有丝毫抱怨。相反，她不断地鼓励何志国振作起来，东山再起。何志国很绝望，他说：“我还靠什么东山再起呢？我已经花光了家里所有的积蓄，即使有好项目，我也没有启动资金了。”秀琴善解人意地说：“我知道，不过，咱们还有保险啊！你不是给我交了十几年的保险嘛，咱们可以把保险取出来应应急，而且我还可以去和弟弟借一些钱。”何志国惊讶地看着妻子：“保险可是你的养老金啊，你弟弟的钱也是准备买房子结婚用的，难道你就不怕我把这些再赔进去！”秀琴笑着说：“经历了这两次失败，我相信你已经积累了足够的经验，你很聪明，应该会有所起色的。退一万步来说，即使赔了，不是还有我呢嘛，我会和你一起承担的，放心吧！”何志国的眼眶湿润了，他知道自己娶了一个好妻子。不过，他还是有些犹豫：“如果不找到万无一失的好项目，我是不打算盲目地蛮干

了!”秀琴委婉地向何志国提出建议:“我倒是认为,假如咱们找一个自己或者亲戚朋友比较了解的项目来做,成功的可能性会高一些。例如,我姐姐一直是做外贸服装的,她能够拿到物美价廉的原单货。倘若咱们借助姐姐的这层人脉关系,一定能够凭着好的质量和款式拉到很多回头客,这样,生意就不会差到哪里去。”听了妻子的话,何志国不由得点了点头,他称赞妻子:“你不仅是一个善解人意的好老婆,更是一个有头脑的贤内助。我觉得,你这个建议很好,很有可行性。你说,我以前怎么就没有想到呢?娶了你,真是我的福气啊!”

果然,何志国的外贸服装店开起来以后,生意非常好,很多客人在第一次买衣服之后都多次购买,而且还介绍了很多亲戚朋友来买。

显而易见,何志国之所以能够东山再起,和妻子的鼓励是分不开的。作为女人,我们应该像秀琴学习,学习她的宽容和大度。面对丈夫的两次失败,并且把家里的积蓄赔得一干二净,很少有女人能够像秀琴这样无怨无悔地继续支持丈夫。换一个角度看,倘若秀琴歇斯底里地和丈夫大吵大闹,那么,何志国必将一蹶不振,很难从挫败感中走出来。这样一来,也就没有生意红红火火的外贸服装店了。由此可见,既然成为夫妻,既然决定携手度过漫漫人生,就应该彼此信任,相互依存,这样才能把劲拧成一股绳,面对生活中的风风雨雨。

第12章

促膝交谈，女人要学会和男人完美沟通

对于朝夕相处的夫妻而言，沟通是每天的必修课。生活是由很多琐碎的小事组成的，因此，需要夫妻勤于沟通，善于沟通。又由于女人主要负责家庭生活，所以相比之下，女人总是有更多的琐事需要与男人沟通。这就要求女人在与男人沟通的时候讲究技巧，这样才能实现完美的沟通。

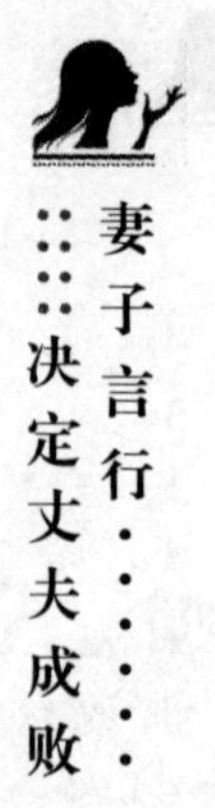

平等交流，与男人沟通时不要居高临下

人和人交往的前提是平等，倘若不平等，人与人之间就很难实现真正的交流和沟通。夫妻关系也是人际关系的一种，也要求平等的交流。在夫妻生活中，平等是最基本的前提。倘若夫妻之间没有平等，那么就无法进行有效的沟通。众所周知，家庭生活是很琐碎的，假如没有顺畅的沟通，生活就很难和谐。相比起女人来，男人更需要平等。几千年来，在家庭生活中，男人始终处于高高在上的地位，这就导致他们的自尊心很强，很难接受女人的调遣。而现代社会提倡男女平等，女人逐渐地走出家门，走进社会，与男人一样在职场上打拼。在这样的生活中，有很多女人逐渐变成了女权主义者，还有一些家庭中由女人当家做主。然而，不管属于哪种情况，也都还要坚持男女平等的原则。作为女人，在和男人沟通时，一定要摆正心态，千万不要盛气凌人、居高临下。否则，很容易使男人产生逆反心理，关闭自己的心门，闭口不言。对于男人而言，那些自以为是、颐指气使的女人无疑是很令人头疼的。

那么，怎样才能做到平等的交流呢？首先，切忌居高临下。作为家庭的一员，无论你在社会上的身份是什么，回到家里，你的身份就只能是妻子。很多女人在工作中小有成就，甚至走到了管理阶层，因此就不自觉地把工作中的身份带回了家里，把丈夫当成了员工去管理，这是婚姻生活中的大忌。其次，家庭分工不同。作为女人，即使你挣钱再多，也不要因此而觉得自己对家庭的贡献更大。可能人们习惯于男人在外面挣钱，女人在家里照顾家庭，不过，如今人们的观念更加开放，有越来越多的家庭由女人出去挣钱，男

人在家里照顾孩子，其实，这和前一种情形并没有本质的区别。不管是男人还是女人，不管是在外面挣钱还是留在家里照顾孩子，对于家庭而言，贡献都是很大的，谁也没有理由自以为是地觉得自己为家庭做出了更多的贡献。那些能够接纳女人出去挣钱男人在家带孩子的家庭，首先必须是平等的，必须意识到每个工作都是因为家庭分工不同而已。只有这样，夫妻之间才能和平共处，才能避免出现经济基础决定家庭地位的情况。如果能够做到这两点，夫妻之间就能够很好地相处，从而使家庭生活更加和谐融洽。

约翰是一个五岁的男孩，每次，他和大人说话的时候总是喜欢拽着对方的袖子。对于约翰的这种不礼貌的行为，爸爸妈妈非常恼火，几次加以严厉的禁止，但是却始终不见成效。

一个周末，他们带着约翰去拜访老同学苏西。正在他们相谈甚欢的时候，约翰却再次踮起脚尖死死地拽着妈妈的袖子，并且指着桌子上的食物大声叫道："妈妈，我想吃那个！"妈妈非常尴尬，满脸通红地看着苏西，不知如何是好。

只见苏西很自然地蹲了下来，把脸轻轻地靠在约翰的脸上，并且顺着他手指的方向看了看，然后微笑着说："我想你是想要豌豆泥，对吗？"约翰非常高兴地点了点头。妈妈惊讶地发现，这一次，约翰没有拽苏西的衣服。

苏西看着妈妈，突然问："你们是不是从来没有蹲下来和约翰说过话？"

妈妈点了点头，苏西继续说："其实约翰自己也不想拽别人的袖子，只是他太矮了，因此才想抓住别人的袖子，目的就是让那个人低下头来看着他，或者蹲下去平等地和他对话。"听了苏西的话，妈妈恍然大悟。

即使是只有五岁的约翰，也希望人们平等地对待他。由此可见，在人际交往中，平等是非常重要的。因此，我们每个人都应该记住苏西的话，要平等地对待那些比自己矮的人，低下头注视着他，或者蹲下来和他说话。要知道，要求平等是人的天性，没有人喜欢被人居高临下地对待。虽然这个案例未必真实，但是却告诉我们一个很深刻的道理：不管是谁，在和别人进行交流的时候，一定要平等地对待对方，懂得尊重对方。只有这样，才能和对方更好地交流。尤其是夫妻之间，切忌居高临下、好为人师，以指点甚至批评的语气说话。

培养出你们共同热衷的爱好与话题

仔细想一想夫妻关系，未免觉得压力很大，因为两个完全独立的人居然要一起生活几十年。不管和父母还是和孩子比起来，伴侣无疑是陪伴我们时间最长的人。几十年，多少个日日夜夜，多少件繁琐的事情啊，估计每个人都会觉得有些枯燥和乏味吧。的确，即使是一张再年轻漂亮的脸，假如天天看，也会看得生厌；即使是一本再艰涩难懂的书，几十年下来，也不想再研究了。由此可见，人们所说的年轻貌美、保持神秘感等种种伎俩，都无法从根本上解决夫妻之间偶尔也会感到厌烦的问题。那么，怎样才能减轻这种厌烦感，给婚姻注入新鲜的血液呢？有一个众所周知的好方法，即培养共同热衷的爱好与话题。

生活其实是很枯燥的，被各种各样繁琐的事情充斥着。夫妻之间必须进行交谈，倘若没有共同的一些生活内容，就很难谈到一起去。这就要求我们应该有一些兴趣和爱好，才能为乏味的生活解解闷，带来一些浪漫的情趣。夫妻之间的关系比较密切，都是家庭共同体的一员，因此，大多数人认为夫妻之间也应该有共同爱好和共同语言。尽管有些夫妻是属于取长补短型的，但是深究起来，还是有很多共通之处的。然而，一个男人和一个女人从小在各自的家庭中长大，不仅生活环境不同，而且成长背景、教育情况都不同，甚至连吃饭的口味都是不一样的。怎么可能刚刚认识就形成共同爱

好和共同语言呢？当然不可能。不过，既然大多数夫妻注定要在一起生活一辈子，那么，就有很多时间去培养共同热衷的爱好与话题。

李静和宋强是上班之后经同事介绍认识的，他们属于一见钟情型，认识没多久就结婚了。虽然恋爱的时候非常甜蜜，但是结婚之后还是出现了一些问题。例如，李静是南方人，喜欢吃米，宋强是北方人，热衷于面食；李静喜欢早睡早起，宋强则是夜猫子，喜欢晚睡晚起；李静喜欢吃辣，宋强则一点儿辣都不吃。仅仅是这些生活和饮食习惯上的不同，就足以让他们应付一段时间了。一年多之后，他们的饮食终于相对调和了一些，没有那么针锋相对了。不过，新的问题又出现了。刚结婚的时候，因为新鲜感，他们没有觉得彼此缺少共同的兴趣爱好，因为每天都有说不完的柔情蜜意。但是再多的情话一年多也已经说完了，渐渐地，他们发现彼此的生活不是很合拍。例如，李静喜欢安安静静地看书，宋强则喜欢去电影院里看电影；李静不太爱运动，宋强则则喜欢在休假的时候四处走走看看。新的问题出现了，他们开始进入新的磨合阶段。

为了能够有共同的话题可供交谈，李静尝试着陪宋强一起去电影院里看电影。看了几次之后，李静居然也爱上了看电影，而且也不觉得电影院中的音响效果让人头晕目眩了。每次看完电影，他们都会在外面美餐一顿，一边享受美食，一边谈论电影中的情节，各自发表自己的看法和见解。在讨论的过程中，他们不仅更加深刻地赏析电影，而且通过对电影的赏析加深了对彼此的了解，使双方的心灵产生了共鸣。而宋强呢？他减少了自己上网打游戏的时间，偶尔也会陪着李静一起静静地喝杯茶，看一看书。在浓浓的书香中，他们的感情似乎就像那杯茶，越泡越浓。每年休年假的时候，宋强总是带着李静去游览祖国的大好河山，他们去了云南、西藏、桂林、新疆。每次向别人说起这些旅游的经历，李静就像变了一个人似的，不再温柔含蓄，而是眉飞色舞、手舞足蹈。对于他们而言，这些一起去过的地方就像是两个人

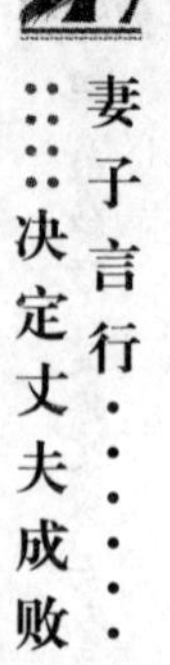

共同的秘密,其中藏着他们共同的记忆和日渐深厚的感情。李静说:“等到老了的时候,我们就可以翻看这些老照片,一起回忆这些我们共同走过的地方。晒着太阳,躺在摇椅上,再慢慢地聊聊咱们曾经一起看过的电影,看看历经生活的沧桑之后,咱们的观点会不会有一些改变。”想一想,这样的日子就很美好,不仅现在有了共同的兴趣和话题,而且连老了的谈资都一起备齐了!

显而易见,李静和宋强的夫妻关系还是处理得很好的,虽然他们谈恋爱的时间短,但是不仅很好地协调了生活习惯的问题,而且也培养了共同的兴趣爱好,使彼此之间有了很多可供交谈的话题。自古以来,人们就以“夫唱妇随”的夫妻为楷模,虽然现代社会讲究独立和平等,不要求夫唱妇随,但是,有共同的兴趣爱好和话题的夫妻感情无疑更好,生活也更加和谐,这一点是毋庸置疑的。

要想培养共同的兴趣爱好,有话可谈,就应该学着将自己已有的兴趣延伸到另一半的领域中,使对方也逐渐地接纳这个兴趣,并且体味到其中的乐趣。不过,需要注意的是,这并不等同于改变对方,而是潜移默化地渗透。这两者的区别在于:改变容易使对方产生反感和抵触心理,而潜移默化则能够使对方心甘情愿地改变,而且从中感受到乐趣。这样一来,夫妻之间很快就能够培养出共同的兴趣爱好,从而交谈起来也有了更多的共同话题。

共同语言需要一点点建立

人们常说,好婚姻是“谈”出来的。由此可见,交流在婚姻中的重要作用。夫妻双方假如能够在相互尊重的前提下进行深入而全面的交流,就能够更好地了解对方的需要以及所思所想。对于稳定的婚姻而言,这一点有着非常重要的现实意义，即要想使夫妻感情落到实处，就必须相互需要、相互了解、相互满足。对于任何婚姻而言，这是关键所在。但是，有很多夫妻总是觉得无话可说，这是为什么呢？其实这主要是由于夫妻之间没有共同语言引起的。和上文所提到的那样，要想培养夫妻之间的共同语言，首先应该培养共同的兴趣爱好，经常讨论共同的话题，然后才能在一次次精神的融会贯通中逐渐形成相似的世界观、人生观、价值观，从而形成共同语言。

共同语言的形成是一个循序渐进的长期过程，不可能一蹴而就。两个原本完全陌生的人组建成一个全新的家庭一起生活，难免会有很多不一致的地方，需要一个长期的磨合过程。即使这样，也还是有一些双方都感兴趣的、喜欢做的事情或者是兴趣爱好。在一个家庭中，虽然夫妻双方的个人利益有时会发生一些冲突，但是夫妻在家庭利益、孩子的问题上却是一致的。因此，如果夫妻之间一时之间找不到合适的能够引起共鸣的话题，就可以从维护和提升家庭利益上或者在关于孩子的相关问题上寻找突破口，把双方的注意力集中到如何给孩子更好的教育、制定和实施新的家庭理财计划等现实问题上来。除此之外，还可以多多地关心对方的工作、父母等，这样有助于找到共同的话题，形成共同语言。这样一来，就会产生一种同舟共济、积极向上的夫妻感情，非常有利于维护婚姻，提升婚姻的品质。

李霞和杜威结婚三年了，有一个活泼可爱的儿子。近来，李霞发现杜威变得越来越不爱说话，似乎无话可说。每天回到家里，杜威逗孩子玩一会儿，吃完饭之后看会儿电视，然后就洗洗睡了。除了孩子之外，他们之间似乎没有共同话题。

不过，李霞从侧面了解到，杜威在单位可不是这样的，大多数同事对他的评价都是活泼开朗、待人热情、爱说爱笑。李霞百思不得其解，她也是一个很外向的人，为什么杜威现在居然和她没话说呢？李霞是个直脾气，心里存不住事情，不管有什么想法，她都会第一时间说出来。当她竹筒倒豆子般

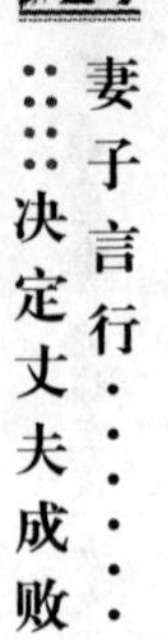

地问杜威为什么不愿意说话的时候,杜威只是三言两语地搪塞了她,并没有说到实质问题。面对杜威的沉默,李霞的心里非常难受,她不知道为什么会这样。后来,李霞实在忍不住了,不禁再次追问杜威。被问急了,杜威只好说自己和她没有共同语言。听到杜威的回答,李霞更纳闷了,在单位和同事都有共同语言,怎么面对自己的妻子反倒没有共同语言了呢?怎样才能培养共同语言呢?

带着疑问,李霞去咨询了心理医生。听完李霞的叙述之后,心理医生就知道了症结所在。心理医生问李霞是不是从生了孩子之后就没有上班,李霞回答说自己从怀孕之后就没有上班。心理医生建议李霞尽早把孩子送到幼儿园去,然后赶紧回到工作岗位,这样一来,一则可以分散一下注意力,二则可以使自己回归社会,与杜威之间尽快地形成共同语言。心理医生还提醒李霞不要给杜威过多的心理压力,毕竟公交车司机的工作本身就是很累的。李霞仔细回想了一下,发现自己可能确实给了杜威很大的压力,由于李霞没有上班,再加上有了孩子,所以她总是在杜威面前唠叨钱的事情。众所周知,公交车司机很累,而且工资不高。在李霞的唠叨之下,杜威难免会产生逃避的心理,久而久之,自然就不想和李霞说话了。在心理医生的启发下,李霞一反常态,她不再在杜威面前说钱的事情,以免给他徒增烦恼,也不再动不动就发脾气,以释放自己的情绪。现在的李霞变得更加温柔,每天杜威回到家里,李霞都会和他说说孩子一点一滴的进步,看到杜威脸上欣慰的笑容,李霞才放下心来。有时候,李霞还会和杜威商量商量自己准备出去工作的事情,她说自己非常体谅杜威一个人挣钱养家的辛苦,因此想早点儿出去工作。有了李霞的理解和支持,杜威变得开朗多了,有时候,他还会主动告诉李霞一些自己在公交车上的见闻以及趣事。

作为女人,必须意识到一点,即男人也是需要关心的。他们有的时候也很脆弱,也喜欢逃避。因此,在培养共同语言的时候,最好先找一些无关紧

要的小话题，由此展开，逐渐地由浅及深，加深对彼此的了解，最后才能慢慢地形成共同语言，使彼此的沟通更加和谐顺畅。

学会对你的男人表达出暖暖爱意

自古以来，人们就喜欢男人在爱情中占据主动的地位，发起攻势。相比之下，女人则相对含蓄一些，喜欢被动地等待着男人来追求。这一点有诗为证"关关雎鸠，在河之洲；窈窕淑女，君子好逑"。不过，很少有反映女性主动追求男性的诗句。在古代，崔莺莺和张生的事例几乎就是女性对爱情最大胆的追求了。其实时代发展到今天，人们都提倡男女平等。因此，尽管社会的主流仍然是男追女，但是也有越来越多的女性开始发动攻势，勇敢地追求自己的男性。由此可见，表达爱意已经不再是男性的专利。女性不仅仅要在恋爱的时候更加主动，即使结婚了，也应该学会对男人表达自己的爱意，使男人感到爱情的温暖和甜蜜。反之，假如女性总是被动地等待男人来表达爱意，那么，时间长了，男人就会因为只有付出没有回报而感到疲惫。要知道，爱是相互的，不管是女人还是男人，都希望在伴侣那里得到回应和认可。所以女人也不妨适当地表达自己的爱意，偶尔浪漫一下。只有这样，才能让男人感受到意外的惊喜，从而心甘情愿地给女人更多的爱。

那么，对于习惯了接受男人追求和宠爱的女性而言，应该怎样主动地表达爱意呢？首先，要摆正观念。表达爱意并非只是男人的专利，爱情的双方是平等的，要互相关心，互相照顾，因此女人向男人表达爱意也是理所当然的。其次，应该了解男人的喜好，知道他喜欢你为他做些什么，这样他才会觉得浪漫。实际上，表达爱意的方式有很多，在忍饥挨饿的年代，很多人用一个馒头来表达自己的爱意；后来，人们喜欢鸿雁传情，在现代社会，通信非

常发达,更是有了各种各样的通讯工具来传递甜言蜜语。自古以来,人们就习惯于用送礼物的方式来表达爱意,女人在恋爱期间总是能够收到很多小礼物,当然,女人也可以利用这种方式传达自己的爱意。不过,虽然现在各种表达爱意的礼物层出不穷,其中不乏很多价格不菲的贵重物品,但是却并非是最好的表达爱意的方式。其实表达爱意除了使用甜言蜜语或者贵重礼物之外,还可以充分发挥女性心灵手巧的特点,淋漓尽致地表达自己的爱意。例如,为男人织一件爱心毛衣抵御严寒,为男人熬一锅美味的心灵鸡汤,亲手做一桌美味的饭菜等,这些都是表达爱意的好方法。人们常说,要拴住一个男人的心,首先要拴住他的胃,这个话未必放之四海而皆准,但是却有一定的道理。毕竟几千年来,女人都承担着照顾家庭的重任,很多时候,美食的味道能够使人想起家的味道、妈妈的味道、爱人的味道。现在很多恋爱中的男女都是"80 后",其中大部分都是娇生惯养的独生子女,自理能力有所欠缺。虽然恋爱的时候不需要每天和柴米油盐打交道,但是结婚以后却必须脚踏实地地过日子,因此掌握好厨艺还是很有必要的,毕竟民以食为天,没有人能够脱离一日三餐。

小伟是一家公司的销售人员,每次出差回到单位,他总是着急忙慌地往家赶。时间长了,同事们未免觉得奇怪,纷纷问他为什么那么着急地回家。每次问,小伟都笑而不答,但是因为同事们总是追问,小伟不得不说出了实话:"我想吃我媳妇做的手擀面了!"小伟是河南人,特别爱吃面食,为了拴住小伟的胃,他媳妇专门跟 个面馆的老师傅学做了手擀面。每次出差在外几天吃不到媳妇做的手擀面,小伟就觉得浑身都不舒服,再好的山珍美味吃到嘴里也是没有味道的。每次同事们出去聚餐的时候,小伟也只是简单地吃一些菜,从来不吃主食,就是为了再回家吃一碗媳妇做的手擀面。

郭彩霞的老公是一家电器销售公司的店长。每天下班都要到晚上九、十点钟,有的时候赶上铺货或者开会,甚至要到凌晨一两点钟。不过,不管

老公多晚回家，郭彩霞都会给老公留着热饭热菜，等到老公吃完洗漱完了才睡觉。其实老公几次提醒郭彩霞早点儿睡觉，不必等他，但是老公每次回家的时候从老远就能看到自己家的灯还亮着。一次，老公感动地对郭彩霞说："谢谢你每天晚上都为我点亮一盏回家的灯，谢谢你每天不管多晚都给我准备着可口的热饭热菜。"对此，郭彩霞只是淡淡地一笑，但是他的老公却深深地铭刻在心。

很多时候，正是这些小事情才构成了我们温暖的爱情。那些惊天地泣鬼神的爱情大多是小说、电视中吸引人的情节，而在现实生活中，只有极少数人的爱情是感天动地的，大多数人的爱情都是平淡的。怎样使平淡的爱情始终保持新鲜的生命力呢？就是这些打动人心的小事情。事情虽小，情意却大。倘若一个人的心里不是真正地爱着一个人，又怎么会时时处处地想着他呢？由此可见，作为女人，一定要学会通过一些小事情来表达自己的暖暖爱意，使男人不管走多远都牢牢地记住回家的路。

出现分歧学会巧妙地求同存异

在生活中，难免会有各种各样的分歧，因为每个人都有自己的个性，而且大多数人都习惯于坚持自己的意见和看法。家庭生活尤其如此，几乎每个家庭都有这样或者那样的分歧，小到做鱼放不放酱油、做饭放多少米，大到孩子在哪个学校就读、是不是应该接父母来同住，都会使原本恩恩爱爱的夫妻俩在转瞬之间怒目相视，据理力争，谁也不让步。有人说吵架能够增进夫妻感情，的确，偶尔吵一吵也许的确能够加深理解，和好之后还能使感情看似加深了，但是，假如天天吵架，相信谁都受不了。很多时候，婚姻生活中那些大的难以修复的裂痕正是由一次次的小摩擦导致的。因此，要想家庭

生活和睦，夫妻感情牢固，就必须学会巧妙地处理分歧，在发生争执的时候求同存异。

一对原本完全陌生的男女，在偶然的机缘巧合中彼此相识，后来发展到相爱、结婚、生儿育女，人们通常称之为缘分。人们常说，百年修的同船渡，千年修得共枕眠，由此可见，夫妻的缘分得来不易，要好好珍惜。实际上，人们平时所说的要珍惜缘分并不仅仅指精神上的一种寄托，而且也是一种现实的选择和郑重的认可。珍惜缘分的心态，有助于夫妻双方顺其自然地沿着生活的轨迹继续走下去。当然，没有人的人生路途是一帆风顺的，在人生的路上，既有风雨泥泞，也有艰难坎坷。假如婚姻出现了问题，夫妻双方就都应该认真地反思婚姻生活的整个过程，仔细回忆当初为什么会走到一起，而千万不要不分青红皂白地全盘否定对方。要知道，当初结婚的选择是双方心甘情愿地做出来的，因此，否定对方就相当于否定自己。例如，在婚姻遭遇瓶颈的时候，夫妻任何一方都不应该随口说出诸如“我真是瞎了眼，当初才会选择你”“认识你，只怪我当时粗心大意！”之类的话。要意识到，夫妻之间不管谁说出这种话来，都说明已经在心里对这段婚姻产生了懊悔的想法，很有可能导致消极地对待婚姻。很多人结婚时闪婚，离婚时也是闪离，没有孩子还好，有孩子的话，对孩子的伤害是难以弥补的。在婚姻生活中，各种各样的因素牵制着每一个人，所以几乎没有人能够做到潇洒地来去自如，当然，那些不负责任的人除外。就像一个人生了病，假如是肺部的毛病，那么，只要发现得早，及时地切除病灶，就可以保证生命的延续。相信没有几个人因为可以治愈的肺部毛病而放弃整个生命。这个道理同样适用于婚姻，婚姻就像我们的身体，也会出现不舒服的症状，只要查清病因及时地诊治，治愈的可能性是很大的，而不能一言以蔽之，不分青红皂白地就宣布婚姻的死刑。

小雨和董新结婚三年了，今年，他们准备要个龙宝宝。为了备孕，他们

半年来始终在积极地调理身体，终于顺利地怀上了宝宝。董新的父母听说小雨怀孕了以后，激动万分，当即决定来照顾小雨。对此，董新当然求之不得，因为一直以来都是小雨照顾他，他根本不会烧菜做饭，很难照顾好小雨。但是，小雨却忧心忡忡，对即将到来的公婆有一些小小的抗拒。为此，她和董新商量能否在外面租个房子给父母住，不想，却遭到了董新的强烈反对。"咱们明明有房子，却让父母在外面租房子住，这要是传出去，家里的父老乡亲不得骂死我啊！"董新怎么也想不明白。不过，小雨说的也确实有道理。董新从初中就开始住校，已经十几年不和父母住在一起了，别说小雨不习惯，他自己可能都不习惯和父母一起住了。而且小雨是独生女，从小娇生惯养惯了，说话特别直，她很担心生活习惯和公婆不一样，而且也担心说话不当引起矛盾。为了这件事情，他们已经争论了好几次了。小雨能理解董新的心情，董新也能理解小雨的担心，但是两个人谁都说服不了谁。最后，小雨说："这样吧，要是你觉得让爸妈出去住你难做人，那么咱们出去租房子住，把咱们的房子给爸妈住。我真的不是对他们有想法，我只是不想让一件好事最后闹得不欢而散，别说你的父母了，即使是我自己的父母，我也不想和他们一起住呢！咱们还年轻，我想有属于咱们自己的空间。"既然小雨的话都说到这份儿上了，董新也不好再继续和她争执下去了，因此，董新说考虑一下。

背着小雨，董新和爸爸妈妈说了他和小雨的分歧，而且也说了小雨的解决方案，没想到爸爸妈妈听说之后，非常赞同小雨的观点。董新的妈妈说："儿子啊，世界上没有亲如母女的婆媳，即使真的和亲妈一样，在一起住的时间长了，也难免磕磕绊绊。小雨还有几个月就要生了，你们可别搬家了，其实我也和你爸商量过我们在外面租房子住呢，只是怕你有想法所以还没有说。你要想明白，分开住是最好的选择，好好的儿子好好的媳妇，我可不愿意最终闹得不欢而散啊！你就放心地去给我们租房子吧，租在一个小区里，这样照顾起来也比较方便。”听了妈妈的话，董新不亚于吃了个定心丸。他把妈妈的意思和小雨说了，不过，小雨还是决定就按照之前说的他们出去租房子住，而让爸妈住在他们的家里。果然，小雨和婆婆处得非常好，而且董新在这件事情中也没有太为难。后来，董新和小雨的经济条件好转了，又在小区里买了一处房子，一家人其乐融融地生活在一起。

在处理这个令人头疼的婆媳关系的时候，小雨和董新的做法都很值得借鉴，这就是把大事化小、小事化了的积极的处理问题的方法。首先，小雨在与董新产生争执的时候，能够主动地退让一步，提出自己出去租房子住，而把宽敞干净的自己的房子给公婆住。正是因为小雨的这个提议，使董新相信她的确不是因为嫌弃父母才不和父母住的，而是真的为了避免产生矛盾。其次，董新能够瞒着小雨给妈妈打电话，而不是任这个矛盾在婆媳之间发展，这是非常明智的选择。很多人说，婆媳关系处不好，是因为儿子在中间没有做好。当然，董新的妈妈也是一个开明的婆婆，她能够理解年轻人的想法，也非常尊重年轻人的选择。总而言之，他们这一家人面对这个难缠的问题，没有针锋相对、互不相让，而是各退一步，求同存异，最终完满地解决了问题。

找准男人的性格，把握沟通的方式

有一个名人说，世界上没有两片完全相同的树叶。同样的道理，世界上也没有两个脾气秉性完全相同的人。每个人的性格都是不一样的，而且有着不同的世界观、人生观、价值观，因此，即使是对同一件事情，每个人的看法也不一样。

夫妻之间朝夕相处，需要经常沟通，有的夫妻沟通起来很顺畅，总是心

有灵犀，无需多费唇舌就能够达到彼此谅解，不过，这种夫妻凤毛麟角，是天生的知己。而有的夫妻沟通起来很困难，一个说东，一个说西，说得驴唇不对马嘴，难免大吵一通，越来越生疏。那么，作为女人，怎样才能协调好家庭关系，使家庭更加和睦呢？最重要的是要找准男人的性格，把握沟通的方式。

按照人们日常的说法，有的男人是顺毛驴，吃软不吃硬，那么，女人就要充分发挥自己温柔的魅力，用似水柔情感化男人，使之乖乖地听话。相反，有的男人是越惯越有臭毛病的主儿，那么，就要给他来点儿强硬的，一本正经地给他下最后通牒。有的男人性格比较急躁，在沟通的时候，女人千万不能磨磨唧唧的，一定要干脆利落、一针见血地说出自己的主要意思，否则，就会使男人不厌其烦，甚至没有耐心听你全部说完。有的男人思维缓慢，做事求稳，那么，女人在沟通的时候就尽量不要催促他，催急了就可能会引起争吵，使有待解决的事情更加恶化。当然，男人的脾气秉性远远不止这几种，在交往的过程中，女人应该用心摸索，发现男人的性格特点，以便有针对性地选择合适的沟通方式。

慧娟是个慢性子，是单位的工会主席，她非常细心，也有耐心，擅长于做思想工作。然而，最近这个工会主席却没有做好老公的思想工作，导致家里硝烟四起。

原来，慧娟的老公是干销售的，思维敏捷，说话也比较快，不管做什么事情，都喜欢快刀斩乱麻。最近，慧娟的公公婆婆要来他们这里住一段时间。虽然老公早就叮嘱慧娟把家里的书房收拾出来给老人住，但是慧娟因为工作比较忙，始终没有顾得上这事。

一个周末的早晨，一大早就有人敲门，慧娟打开门一看，公婆正笑眯眯地站在门口。慧娟赶紧把公婆迎进屋里，却突然想起来自己还没有办理老公交代的事情。无疑，老公为此生气了，埋怨慧娟不重视父母，更是把自己

的话当耳边风。慧娟再三解释,但是老公却越来越生气,面对慧娟所说的工作忙忘记了,老公坚持认为慧娟是在找借口。眼看着两个人说着说着就快要吵起来了,慧娟突然想起来老公的脾气是对事不对人,而且不喜欢别人推脱责任,因此她一下子掉转话锋,自我反省起来:"这件事情确实是我不对,我现在就去给爸爸妈妈买床去。今天晚上,让爸爸妈妈睡床,咱们俩先打地铺吧。"看到慧娟痛痛快快地承认了错误,而且连早饭也没有吃就要去买床,她老公的怒气全消,反倒有点儿不落忍了。他喊住慧娟,说和慧娟一起去买床,并且还给慧娟从冰箱里拿了一盒牛奶和一个面包当早餐。

在这个案例中,起初慧娟看到老公生气了便一味地解释,结果反而使老公越来越生气。后来,她突然想起了老公的性格特点,因此果断地承认了错误,并且表示马上去弥补自己的错误,反而使一场争吵消散于无形,使老公的怒气全消。试想,如果慧娟不了解老公的性格特点,解释来解释去,只能使老公觉得她是在推脱责任,无理辩三分,后果可想而知。由此可见,要想好好地沟通,就必须把握沟通的方式,而把握好沟通方式的前提则是了解男人的性格。

当然,沟通的方式也不仅仅限于语言的沟通。除了语言之外,还有很多沟通方式,诸如面对一个情感细腻的男人,即使你一语不发,而只是用心地给他煮一碗阳春面,他也能意识到你对他的款款深情;对于一个比较阳刚的、自尊心很强的男人,在他遭遇挫折的时候,你完全没有必要长篇大论地安慰他,而只需要在他静默的时候陪在一边,在夜深的时候给独自在阳台上沉思的他披上一件外衣……当然,每一对夫妻都追求这种心有灵犀的默契,但是只有极少数的夫妻会拥有这种默契。要想更好地沟通交流,做到此时无声胜有声,就必须深入了解男人的脾气秉性,有的放矢。

沟通的时机要巧妙把握

人与人之间沟通，首先要坚持平等的原则，其次要把握好沟通的时机。平等原则前面已经详细说过，这里不再赘述，沟通的时机则需要我们大家用心去把握。众所周知，雪中送炭比锦上添花好，是因为时机不一样。同样的道理，沟通的时候也要选择事半功倍的时机。倘若沟通的时机选择得好，就能够达到“良言一句暖三冬”的效果；反之，倘若沟通的时机选择得不好，对方非但不领情，甚至还有可能与你反目成仇。由此可见，选择合适的沟通时机非常重要。

那么，作为女人，怎样才能把握合适的沟通时机呢？首先，古人云，人前教子，人后教妻，其目的不外乎给妻子留足了面子。换个角色，对于男人来说，也需要人前教子，人后“教”夫。当然这里的教不是教育的意思，毕竟夫妻之间是平等的，而且都是成人，因此，这里的“教”指的是沟通。夫妻是家庭的重要成员，彼此之间难免会有一些共同的秘密和隐私，所以，夫妻之间的有些交流是不能当着别人的面进行的，最好在属于两个人的私密场合沟通。其次，不要当着婆婆的面与丈夫沟通私密话题。作为父母，婆婆的年纪毕竟大了，和年轻人之间难免会有一些代沟，导致婆婆很难理解年轻人的想法。为了避免不必要的冲突，最好不要当着婆婆的面和丈夫沟通一些敏感的私密话题或者与婆婆有关的话题。很多问题，夫妻俩私下解决会显得更加简单，而假如把老人也牵连进来，就会显得很复杂。最后，不要在男人意志坚定时给其泼冷水，而要在其举棋不定时给他出主意。男人有的时候就像孩子，有点儿固执，倘若你在他的兴头上给他当头泼一盆冷水，恐怕只会起到火上浇油的作用。要想给男人提意见，不妨选择在他举棋不定的时候，

这样他才能更容易虚心地采纳你的意见或者建议。总而言之,具体情况要具体对待。作为女人,一定要用心地观察男人,选择最合适的沟通时机。

迈克是一家跨国公司亚太地区的高管,在工作上一帆风顺,不过,如今的他却面临着一个两难的选择:向左走,生活一如往常,衣食无忧,十年之后,他就可以退休了,享受休闲惬意的生活,做一些自己想做的事情;向右走,他的好朋友想邀请他加盟,一起创办公司,不仅年薪颇为诱人,而且还会给一定比例的股份。留下,是毫无悬念的生活;离去,是巨大的风险和收益,以及风起云涌的人生。面对这个选择,迈克犹豫不定,不知道应该如何取舍。虽然玛丽发现丈夫非常为难,但是却并没有为他"指点江山"。相反,她选择一如往常地照顾迈克的饮食起居,就像什么事情都没有发生一样。在这种风平浪静的常态中,迈克感受到了妻子对自己的理解和信任。其实,玛丽是想以自己的言行使丈夫明白,对于生活来说,"选择"只是一种形式,而不是最终的目的和结局。有一天凌晨,迈克从睡梦中醒来,辗转反侧,起身到阳台去抽烟。玛丽悄悄地起身,为迈克沏了一杯香浓的咖啡,还为迈克披上了一件外套。迈克忍不住问玛丽:"你觉得我应该如何做出选择呢?假如继续现在的生活,咱们的晚年也一定会很幸福,衣食无忧,这是一眼就可以看到头的,再有十年我就退休了;假如选择和约翰一起开办公司,他的那个项目前景倒是不错,而且除了股份之外,年薪也很诱人。不过,与之相伴的是巨大的风险,一旦项目失败,我们非但会与巨大的收益失之交臂,而且晚年的生活质量也会下降。毕竟,我已经不再年轻了。"

尽管迈克如此纠结,玛丽却依然用平常的口吻说:"其实最重要的是你自己的心意,而不是干什么。无论结果如何,我都支持你,与你一起承担。"次日,迈克起床后发现玛丽已经准备好了早餐,并且还在桌子上留了一张字条,上面写着:第一,凡事都有风险,多想想好的一面;第二,学会放弃,鱼与熊掌不可兼得。最终,迈克还是决定放弃现在的安逸生活,下海去搏一搏。

三年后，他和约翰一起创办的公司成了环保建材领域的先锋。不过，即使事业有成，他也没有忘记当初玛丽给他的忠告。因为有了妻子的支持与鼓励，他才能够成就今天的事业。

面对迈克的迟疑不定，玛丽的做法无疑是值得女人们借鉴的。刚开始的时候，玛丽之所以没有给出建议，是因为她希望迈克能够一个人冷静地思考。而后来，当迈克心中已经有了倾向之后，玛丽才适时地给出建议，这样一来，就使迈克感到思路突然清晰了起来。很多时候，男人外表上看上去非常坚强，但是也并非是无所不能的神，所以他们也有犹豫不决、举棋不定的时候。在这种情况下，虽然男人最终也能做出决定，但是却需要反复求证、思考。此时，倘若女人能够冷静地给出建议，那么，男人就会有一种豁然开朗的感觉。这就是沟通的时机。

第13章

充足信任，你的信心令男人更有责任感

人与人交往需要信任，婚姻也同样需要夫妻双方的信任。有人说，爱情更像是一个人梦中的呓语，充满了激情，充满了非理性的狂热；而婚姻则是一个郑重的承诺，它意味着一生的守护！可以说，婚姻中没有了信任，就没有幸福可言。诚然，在婚姻中，相对来说，女人比男人更感性，更缺乏安全感，但如何经营婚姻却是一门学问。“执子之手，与子偕老”，既然嫁给他，就要信任他，这样，生活才会更加甜蜜，婚姻才会更加幸福。

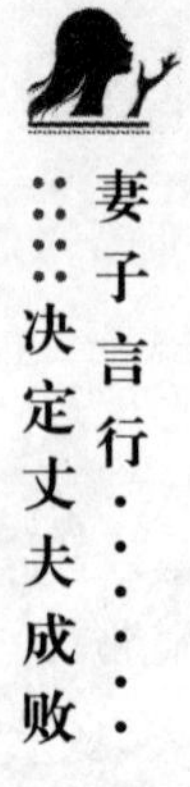

信任他，他才会承担更多的责任

在生活中，我们常提到"信任"一词，可以说，信任是夫妻之间感情存在的基础。一对恋人由恋爱进入婚姻的殿堂，主要原因之一就是互相信任，并愿意把下半生的幸福交给对方。任何一个男人，都希望自己的妻子能够充分地信任自己，猜忌是婚姻的最大杀手，而事实上，猜忌也是婚姻中女人的通病。在我们的身边，我们似乎总能看到这样一些看似"精明"的妻子，她们翻看丈夫的公文包，探询丈夫的行踪，查阅丈夫的手机信息，试图为自己的猜想找到蛛丝马迹，结果往往酿出一场场家庭悲剧。

实际上，作为妻子的你一定要明白，"婚姻"这个字眼是阳光的。在一个充满了猜忌的环境里，爱会消失殆尽，而在一个相互尊重、接纳、诚恳的环境里，爱会茁壮成长。如果我们都能做到信任丈夫，那么，爱情里就多了些信任和安全感，而丈夫也会自觉地承担更多的责任，婚姻自然能美满幸福。

曾经在某市的婚姻登记处，发生了一件奇怪的事：

这天，张先生和妻子李女士来到婚姻登记处离婚，但令在场的工作人员没有想到的是，离婚这么简单的手续，他们却花了两三个小时。到底是为什么呢？原来李女士太过多疑，她居然要求工作人员将离婚协议书一字一句地读给她听，连标点符号都要读出来，协议书重写了4遍。事情是这样的：

李女士刚走近柜台，就对工作人员说："我文化不高，不大识字，你们能不能代我写份离婚协议书？"

"离婚协议书应由你们自己写好，给我们检查一下。"工作人员表示为难，"要不这样吧，你先生会写吗？让他写也行啊。"

李女士一听就来气了："他文化是很高，还念过大学，但这人太狡猾了，

我怕上他的当。”

张先生听了，十分无奈：“你看着我在这里写，写完让他们帮你看，你还怕什么？”

李女士想了想，答应了。随后，张先生在一旁写离婚协议书，李女士在一旁认真地盯着丈夫，让他写一句就念一句给她听。他俩有两套房子，其中大一些的那套归女方，双方约定离婚后办过户手续。但令在场的工作人员感到诧异的是，李女士竟然要求工作人员为她把标点符号都念出来。

对此，李女士回答：“他这人很狡猾的，我怕标点符号一错，我就受骗了，要不我们在家就写好协议书了。”

随后，李女士去了趟厕所，回来时她说：“对了，还要加上一句，把他的电话号码写上，要不他跑了怎么办？”说着她拿起笔，要张先生加上他的电话号码。写好后她还一再强调：“你要是换了号码，一定要告诉我。”

李女士去厕所的这段时间，张先生大吐苦水。原来，李女士文化程度不高，丈夫各方面都比她强很多，这种差距让她一开始就有些不信任丈夫。时间一长，她就经常和丈夫吵闹，怀疑他有婚外情。“白天我还可以到外面去，可晚上一回家就被她闹得不行，没法儿睡觉。”对此，张先生颇为无奈。

后来，他们分居了；再后来，他们便提出了离婚。

其实在我们生活的周围，有很多李女士这样的妻子。原本，她们有个幸福的家庭，有个深爱自己的丈夫，但一切都因为她们的猜忌而破灭了。的确，女人的猜忌有时候会让她们丧失理智，她们会因为猜忌而做出很多伤害丈夫的事，因猜忌而吵架，最终伤害了彼此之间的感情而导致离婚。

有人说：信任是一种有生命的感觉，信任也是一种高尚的情感，信任更是一种连接人与人之间的纽带。作为妻子，你有义务去信任你的丈夫，除非你能证实那个人已经不值得你信任。倘若你迟迟不敢去信任一个值得你信任的人，那就永远不能获得爱的甘甜和人间的温暖，你的一生也将会因此而黯淡无光。

那么,作为妻子,在婚姻中,应该如何做到信任你的丈夫呢?

1.少猜心思

对于丈夫的任何一种行为,你都不要过多地猜想,很有可能你猜错了,这会造成不必要的冲突。

想象一下这个场景:你走进起居室,看见丈夫坐在他最爱的椅子上,对着墙怒目而视。他嘴唇绷紧,牙关紧咬,你的即刻反应是"害怕"。"我做错什么了?他为什么生我的气?"你试着靠近他问:"大卫,怎么了?"想着他可能要对你发一通脾气。大卫慢慢地转身朝着你。他紧张且生气的表情开始融化,然后伤心地说:"我被解雇了。""感谢上帝,至少不是我让他不高兴了!"你差点脱口而出。

在这个案例中,这个妻子检验了她的猜想并发现她的丈夫没有因为她而不高兴。但是我们是不是经常会做错误的假设并且不判断真假就认为它们是真的呢?

我们在婚姻中常常发现假设、错觉、幻想到头来是错的或者只有局部正确,很多时候,只是因为我们缺乏安全感而已。

2.少做解读

你要明白,很多男人并不希望妻子解读他的想法和感受。你需要做到:明了自己的怨恨之情,并小心不要通过分析伴侣的行为而偷偷地表达这种不满;敞开心怀并且满怀爱意地聆听。

3.少点在意

不要去问丈夫的行踪,只是暗示,这样会让他不安心,他会自己跟你解释;听他撒谎,用怀疑的目光微笑,他会不安心,会张口结舌;不去问他已经暴露的错误,他会不安,会对你献殷勤。

总之,经营婚姻,对待丈夫,作为妻子的你,一定要秉持信任的原则,千

万别因自己的小聪明而把自己推向痛苦的深渊。

学会放手，男人不是你的孩子

人与人在相处的最初，总会保持一定的小心翼翼，熟捻了便会大而化之，处久了难免会有磕磕碰碰。似乎有个说法叫：因不了解而在一起，因了解而分手。大抵有这么个意味。同样，在婚姻中，夫妻双方之间也是如此，距离产生美。然而，在生活中，却有很多这样的妻子，他们在为子女扮演母亲这一角色的同时，也在无意中把男人当成了自己的孩子。她们希望二十四小时能够知晓男人的行踪，对于男人周遭的事情一件也不放过。事实上，她们没有意识到的是，男人也需要空间，毫无距离的夫妻关系只会让彼此窒息。

"我们要天天思念，但不要天天相见；只需要悱恻缠绵，绝不要柴米油盐；有共同生活的经验，绝不用共同的房间……"现代社会，一些年轻的夫妇已经采用了这一相处模式。的确，两个人结婚，并不意味着要完全做到成为彼此的一部分，更不能和过去的生活完全说"再见"，我们需要认识到距离对于夫妻关系的重要性。对待婚姻理智一点，为夫妻关系留点距离，也有利于反省我们在婚姻中的得失。

因此，作为妻子的你，一定要明白一点，你与丈夫的关系应该是独立的。对丈夫无时无刻的管制只会对婚姻起到反作用，你需要做的是放手，给男人自己的空间。我们先来看下面的一个情感故事：

老王是某单位的员工，他有一位品貌俱佳的妻子，她在单位里是中层干部、先进工作者，在家里她是贤妻良母，她对丈夫照顾得无微不至。她从不让丈夫洗衣做饭，丈夫加班，她去送饭；丈夫穿的用的，全是她买；丈夫的皮

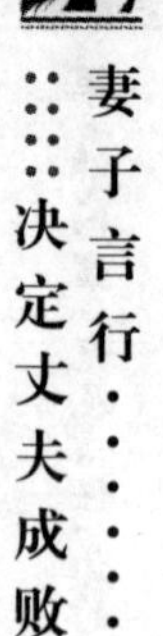

鞋、领带都是她擦、她系;丈夫“爬格子”,她总是左右侍候,端茶倒水。每每论起“内助”如何,老王的朋友总是羡慕他的“福分”,羡慕他们亲密无间,朝夕相伴。

但老王总觉得自己的妻子与人家相比有天壤之别。半年后,老王居然与他的贤妻离婚了。据说单位和亲朋好友调解多次,妻子也不解地问他“哪点对不住你”,但他铁了心坚持离她而去。很多同事曾直截了当地问他是否另有新欢,是不是喜新厌旧,他只是说:“过腻了,这样活着,吊不起胃口。”

在生活中,可能很多妻子都和故事中老王的妻子一样勤勤恳恳地为家庭操劳,对丈夫无微不至地照顾,他们对老王夫妻俩的婚姻结局也会产生质疑:到底哪里出了问题?从老王的话中,我们大致能了解到男人们内心的想法,他们需要的是一位妻子,而不是一位母亲。朝夕相伴,无私奉献,爱情之火也不一定就能够持久地燃烧。

的确,任何一个男人都不希望婚姻是限制自己自由的枷锁,他们更希望与妻子保持恋爱时的激情。而作为妻子的你,如果认为结了婚,男人就完全归你所有,那么你就错了。因为人的精神世界是一块富丽的园土,需要相对的独立。每个人都需要一些空间,不只是物理的空间,还有心灵的空间。没有这个空间,爱情就不能自由地成长。

聪明的妻子,在婚姻中应该懂得“空间”的重要性,对男人保持若即若离,用一点空间来稳固对方的爱意,彼此间有一点距离的张力,便能营造出一种朦胧之美,它能将两人的爱心拴得更紧。

距离左右婚姻,在现实生活中有很多这样的佐证。“小别胜新婚”就是这个道理。有了距离,你的丈夫才会对你有更多的思念,他对你的优点才会历历在目,进而更加增进彼此的思念,夫妻感情也就会随之升华。

那么,具体来说,作为妻子的你,应该如何做到对男人放手呢?

1. 给男人一些他自己的空间，不要表现得无时无刻都需要他。

2. 一天只打一通电话

在对方意犹未尽时先挂断，保持适度的神秘感。

3. 迁就太多就成了懦弱

谁也不欠谁的，爱他是他的福气。在恋爱中，两个人都是主角，要有自己的主见，懂得适当地拒绝。

4. 不要天天厮守

爱情的生命力是有限的，要想让爱情的寿命长一点，就要保持一个适当的距离。

5. 让彼此都有自己的生活圈子

鼓励丈夫建立自己的社交圈子，同样，你自身也是如此，不要一结婚就原地蒸发，和所有的朋友都断了往来，这只会让你的生活越来越狭窄。

的确，做到对丈夫放手是一种信任的表现。婚姻就像我们的身体，两人之间的充分信任，以及由此产生的亲密就是喂养它的粮食，你不能一天二十四小时都吃饭，否则的话，你就会被粮食撑死。然而，你也不可以一天不吃饭，因为吃饭毕竟是一个人生存的前提。因此，做任何事都要适可而止，婚姻也一样。

可见，爱情是一种高贵的精神上的消费品，当然需要保鲜。而如何保鲜，可以说，关键在于妻子。幸福的女人并不一定要整日和自己所爱的人耳鬓厮磨在一起，等待自己心爱的男人归家的脚步声时的那份温柔渴盼更是一种发自心底的爱意涌动！

不要随意翻动他的隐私物品

有人说，婚姻犹如行驶在大海中的一帆小船，有时风平浪静，一帆风顺；

有时则有风暴,有暗礁。而这只小船,只有婚姻双方划动信任的桨,挂起理解的帆,同心协力才能到达幸福的彼岸。的确,不可否认的是,信任是互相的,但在现实生活中,我们却发现,作为妻子的一方似乎总是比丈夫更容易产生猜疑心,而在这种猜疑心的作用下,她们常常会做出一些错误的行为,例如,随意翻动丈夫的隐私物品。

实际上,生活不是一个论证课,而是一个体验课,要留下美好的体验才是爱情和生活的真谛!作为妻子的你要明白,每个人的心灵深处都有个叫做"秘密"的地方,他们是秘而不宣的;即使相爱的人,也应该保留各自的私人空间。如果你要强行地进入他的秘密领地,结果往往会自讨苦吃。男人,多多少少都希望给自己平淡的生活带来一丝新鲜和刺激的东西。你的爱人对你有秘密,你对你的爱人有秘密,你要承认这样一切都是正常的,千万不要认为不正常,更不要像悍妇一样刨根问底!也不要像奸贼一样探个究竟!

小李和丈夫小张大学的时候就开始恋爱了,毕业以后,两人顺利地步入了婚姻的殿堂。可以说,他们是周围的同事、同学、朋友羡慕的模范夫妻。小张是个体贴的男人,在学校的时候,他就一直充当着大哥哥的角色照顾小李,而且无微不至。而小李则像一只温柔的小鸟,总是偎依在小张的身旁。

婚后,小张提出自己创业,并要努力为妻子换个大房子。于是,他们便把几年存下的积蓄拿出来,开了自己的公司。从此,小张起早贪黑地工作,常常应酬到半夜才回家,然后倒头就睡,偶尔早回家,也是埋头查资料、写方案。

小李变得孤独了。刚开始,他总是在丈夫身边,希望丈夫和自己说说话,但丈夫太忙了,他期盼着成功,期盼着为妻子奉上高品质的生活。然而,小李对丈夫并不理解。她常问:"你总和什么人在一起?""孙总、李小姐……"丈夫回答。

但她并不信任丈夫,"他支支吾吾的,肯定有什么秘密。"想到这一点,她

便想到一个很好的主意。这天，等丈夫下班后，她悄悄地打开了书房的保险柜。果然，她发现里面居然有一瓶男士香水。看到这里，小李变得抓狂了，肯定是哪个女人送的！

晚上等小张回来后，小李开始咆哮起来："你在外面是不是找了狐狸精了？"

"你说的什么话？"

"那你告诉我，那瓶香水是怎么回事？"

"你开我的保险柜了？"小张说到这里，已经开始生气了。

"是啊，你先告诉我，香水是哪个女人送的？"

"你太过分了，你知道什么叫隐私吗？你大学是不是白读了？"小张已经很生气了。对于香水的事，他也不想解释了。他什么也没说，拿起报纸到另一个房间去了。

这件事情以后，他们说的话更少了。五年后，他们如愿以偿地取得了阶段性成果，事业小有成功，可以实现买房计划了，但妻子却提出买两套小房子，而不是计划中的大房子，虽然他们之间并没有第三者。离婚的时候，小张告诉妻子，其实那瓶香水只是一个同事出国的时候给自己买的一个纪念品。

有人说，猜疑原本就是幸福婚姻生活的最大杀手，有多少甜蜜的爱人之间正是因为猜疑而分道扬镳。的确，上面案例中的小李就是因为满足自己的好奇心而翻看丈夫的私密物件，即使这一物件并没有特殊意义，但却是对夫妻双方之间信任的一种亵渎，小李之所以生气，也就是因为这一原因。

杯弓蛇影、草木皆兵都是心理作怪的经典故事。作为妻子，你也应该注意不要全都解剖了彼此的心灵，那样的话只会留下情感的僵尸！可是谁都想要灵与肉完美的爱人，而不是僵尸。

但是我们不能否认的是，女人的猜疑心、控制欲是与生俱来的，在现代

婚姻中表现得更加明显。尤其是现代社会,家外花花草草的诱惑真的很多,妻子更是防不胜防,管不胜管。假如妻子因缺乏自信而心生多疑,因担心丈夫去采摘路边的野花而处处设防,从而就干脆通过一些私人物品来捕风捉影,那么只能激怒对方。在婚姻中,爱需要自由的空间,再长久的婚姻都经不住质疑。婚姻一旦产生信任危机,便岌岌可危了。

明白这一点以后,你不妨迷糊一点吧,也不要涉足他的私人空间,更不可以随便翻看他的物品。具体说来,这些隐私的物品一般包括以下几种。

1. 钱包

除非他对你说:“老婆,帮我看看,我今天花了多少钱。”否则,在没有得到他允许的情况下,千万不要查看他今天的消费记录,这是对他的一种质疑。

2. 信件

也许你的丈夫也曾经经历过羞涩的暗恋阶段,也许他也曾有过刻骨铭心的初恋或者有段难以忘记的年少时的友谊,而这些信件,都为他记录下了点点滴滴,对于过去的情感或事件,他可能是不希望你涉足的。因此,如果你的丈夫把这些信件放在了不愿意让你看见的位置,那么千万不要去翻看它。

3. 日记

你要明白,既然他选择以日记的方式记录自己的心情,而不是向你倾诉,那么你就要尊重他,不要翻看他的日记。

当然,一个男人的私人物品还有很多,这些私人物品一般承载着某些私人秘密,学会去捂,这才是最聪明的做法和最有情感的做法!

别让手机成为你们婚姻的手榴弹

现代社会，随着通信行业的发达，手机已经成为人们相互联系的最方便、最快捷的方式之一。然而，它在给人们带来便捷的同时，也给一些人带来了困扰，其中就包括那些婚姻中多疑的女人。当男人们一回家，她们做的第一件事不是对丈夫的慰问和关心，而是翻看其手机，无论是短信还是通话记录都不会放过。工作之后身心俱疲的他们还要面对妻子的一通检查，长此以往，男人们只会感觉到窒息，他们必当会采取措施以改变现状，例如，理论、吵架，甚至离婚。女人们，难道这是你们想要的结果吗？

事实上，我们发现很多家庭关系的裂痕都和“万能的手机”有着莫大的关系。曾有报道说，从电影《手机》上映以来，很多夫妻吵架，妻子也都因此开始回忆丈夫曾经类似的行径，查看丈夫的手机。因此，聪明的女人们，给男人信任吧，不要让手机成了你们婚姻的手榴弹。我们先来看下面的一个情感故事吧：

小刘和丈夫结婚三年了，结婚的第二个年头里，他们就有了一个可爱的宝宝。可以说，小刘的生活一直是幸福美满的，但那次手机事件差点毁了这一切。

那天，她把儿子送到了公公婆婆那里，然后收拾一下就和自己的几个好朋友出门逛街喝茶去了。终于能忙里偷闲，她感到一种好久未有的轻松。

逛街的过程中，她明显地发现好友菊子的心情不好，询问过后才知道菊子的老公出轨了。菊子告诉她：“我一直以为他对我是忠诚的，但那天晚上，我听到他手机响了，他去洗澡了，我就接了一下，没想到是一个发嗲的女人。后来，我就质问他，他也承认了。我到底做错了什么？这么多年，我舍不得吃舍不得穿，就是为了给他节省点，好让他存钱创业。我辛辛苦苦地上班，还要带孩子。结果却换来……现在的男人怎么都这样？”菊子的话让小刘心里一惊，自己和菊子是极好的朋友，他们的家庭模式也很相同，而她自己对于丈夫也是信任有加的，难道他也会……

抱着这样的想法，小刘也想对丈夫一探究竟。这天，趁着丈夫带着儿子到楼下散步的工夫，她从丈夫的外衣口袋中拿出手机，一条条地翻看着他的短信。此时，她的心理是微妙的，她想寻觅到什么，又不想发现什么。但最终，除了几条节日快乐类和服务类的信息，她并未发现什么。查看完短信，她又开始翻看通讯记录，她不明白的是，为什么丈夫的通讯记录上的号码都没有姓名显示，为什么都是陌生号码呢？正当她思索之际，丈夫居然推开门进来了。

“你在干什么？”丈夫的话让她回过神来。

“我……我……”她顿时愣住了，因为的确是她做得不对。

“我一直以为，你和那些整天疑神疑鬼的女人不一样，你让我没有后顾之忧，但现在看来，是我错了，既然你不信任我，为什么还要嫁给我？”

是啊，既然嫁给他，为什么又不信任他呢？小刘扪心自问。

“对不起，真的对不起，以后我不会这样了，我保证。”

听到妻子这么说，丈夫一把搂住妻子，小刘分明地看到，这么多年从没流过泪的老公眼里滴出了两滴热泪，他伤感地说：“相信我，我要给你和孩子幸福。”

外面已经下起了雨，但这个小小的家中却充满了暖意。

看到这一幕，我们也不禁为这对幸福的夫妻感到高兴。但生活中，有几个男人能和故事中的丈夫一样大度，能原谅妻子对自己的质疑和不信任呢？面对妻子对自己的手机的侦查，大部分男人估计会怒火中烧，一场争吵在所难免，甚至会引发婚姻危机。

因此，聪明的女人们，请记住，爱人手机里的秘密，我们永远不要去触碰，只有给对方留一份空间，我们自己才能多一份安全感。

可能很多人会说，我在乎他，才会想知道他和谁联系。的确，表面上看，猜疑是一种在乎爱人的体现，但实际上，这是与自身置气的一种表现，是一种无中生有的错误心理。信任，从含义上来讲就是指相信而敢于托付。当你选择和一个人在一起的时候，就证明你完全信任他，把自己完全地交给了他。谁又愿意和一个不相信自己的人待在一起呢？当然不会！

那么，具体来说，作为妻子的你，应该如何对待男人的手机呢？

1. 尽量不要接丈夫的电话

如果对方致电的原因是丈夫工作、事业上的事务，那么，你不仅会让通话陷入尴尬中，也会让丈夫觉得你多管闲事，甚至影响了他的工作；而如果致电者是丈夫的好友、同学等，那么，你会让对方对你留下管家婆的印象，也会让男人没面子。当然，如果丈夫有事，并且请求你接电话，则另当别论。

2. 不要查看丈夫的电话

事实上，无论你能否从侦查中发现什么，都是对彼此信任的一种威胁。

女人，还是做个快乐的傻子吧。如果你像机敏的侦察员一样活着，会使你苍老、憔悴，会打破原本平静的生活，失去本该属于你的幸福。你只要把握住风筝的线，任他飞得再高再远，终究还是要回来的。有时候，你了解他越多的秘密越难过，倒不如不知道为妙。

学会聊天，别用审问的口气质疑他

谈到婚姻，男人说："幸福的婚姻有一个共同点，妻子都特别'好'。"女人不同意："男人在干吗？"男人又说："好男人是靠培养的，所以有'好女人是一

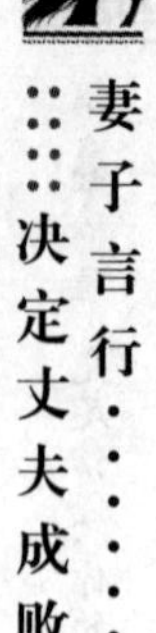

所学校'这句话。"的确,因为女人聪明,女人心细,女人在家庭中占的分量更重,所以婚姻便成了一支以女人为主的交谊舞,舞跳得好不好,很大程度上取决于女人怎么带。到底什么样的女人才最能打动男人的心呢?很多女人认为,是女人的善良、温柔、勤勉。诚然,这是好妻子的表现,但真正聪明的女人除了具备以上的品性外,还有个重要的特质,那就是会说话,她们很善于抓住男人的心,巧妙地将自己在生活中的情感、愿望、意图表达出来。聪明的妻子在任何时候,都能掌握主动,即使面对某些信任问题,她们也不会用审问的口气质疑丈夫。

而事实上,在现实生活中,却有这样一些妻子,他们总是希望男人二十四小时向自己报告行踪。一旦男人回来晚了,或者发现某些所谓的"蛛丝马迹",便对男人大加盘问。实际上,每个人都有自己的生活空间,他也是独立的个体,而并不是你的一部分。因此,如果你发觉他向你隐瞒了某些事实,不妨巧妙地引导他说出来,而不是用审问的口气质疑他。我们先来看看下面这样一则故事:

小黄和小美经过一段时间的了解,双方都对对方感到满意。在双方父母的祝福下,他们结婚了。

一天晚上,小黄很晚还没回家,小美就给小黄的几个朋友打电话,结果他们都不知道小黄在哪儿。小美索性就坐在沙发上等,直到十点半,小黄才回来,

见到小黄,小美劈头就问:"你到哪儿去了,这么晚才回来?亲爱的,你知道我爱你,你可不能对不起我呀!"

小黄听了这话就很生气,说:"我怎么对不起你了?我在单位加班了,你如果不信任我,那咱俩就离婚!"

结果,结婚还不到一个月的小两口就离婚了。

的确,爱情与婚姻都是建立在真诚、理解和信任的基础上的。上例中,

不能说妻子小美不爱丈夫，但她表达不当。她若能在小黄回来后说出一番“亲爱的，你这么晚回来真让我担心。现在社会治安不好，以后如果没有要紧的事，晚上尽量早点回来，好吗？”等关爱的话，对方听后感动都来不及，又怎么会心生反感呢？

那么，具体来说，妻子如何说话才能让丈夫容易接受呢？

1. 以尊重男人为前提

只要在交流中不突破这个底线，基本上便不会出现问题。在生活中，一些妻子在与丈夫交流时，之所以会出现问题，几乎都是突破了尊重底线的“恶果”。

人是非常在意脸面的，在意脸面就是在意尊重。男人更是好面子的一群动物。有句话说得再明白不过了“人活得就是一张脸”。所以在日常生活的交流过程中，妻子更要明白这个道理，一定要守住底线：尊重！只要你心中有尊重，你就会注意自己说话的态度和措辞，就不会说话不走脑子，信口开河，逮着什么说什么，把语言当成武器来伤害自己最亲近的爱人了。

2. 不要涉及对方的“交流雷区”。

在生活中，每个人都有自己的交流“禁地”，也就是不愿被人提及的话题，或是身体上的某种问题，或者是曾经做过的丢脸的事情等。作为妻子的你，和丈夫生活已久，应该熟悉对方的“交流禁地”，因此，即使你对丈夫心生疑虑，也不可以拿这些交流禁忌问题出来伤害对方，例如：“你别以为我不知道，你当初那些风流韵事在单位是出了名的。”别以为这样说是帮你出了一口恶气，这样说，除了伤害到你的爱人、让他离你更远以外，没有其他效果。

3. 以理服人

中国人有个弱点，习惯于“熟不讲理”。因为熟了，所以说话办事就会不注意态度和方式方法，容易直来直去，正因为如此，往往在不经意间会伤害对方的感情。婚后的女人更是被认为是不讲理的最大群体。

很多妻子认为，和丈夫在一起生活时间长了，竟会熟到忽略对方的存在，真正地成了“熟视无睹”。“不讲理”的程度也更甚一层，有话也不好好说，开口就是讽刺、挖苦、打击、揭短，语言粗俗，态度蛮横。尤其是家中的“大女权主义”者，甚至当着外人的面，也口不留情，常常弄得爱人窘迫异常，下不来台。

妻子在日常生活中与丈夫交流时，应该把握好以上三点，如果再加上点幽默、风趣的语言，交流便会成为夫妻日常生活中的一道靓丽的风景线。

当他应酬时，给予他充足的空间

现代社会，随着竞争的日益激烈，男人们的生存压力越来越大，于是，他们不得不在努力工作的同时，还参加各种各样的应酬。可以说，应酬已经成为现代男人是否成功的一个重要标志。即便一个不喜欢应酬的男人，行走于世久了，也会慢慢地变得离不开应酬，甚至习惯了这种“花天酒地”，即使推杯换盏间，他的胃已经出了问题，但他依然乐此不疲，没了这份忙碌，他会觉得心理失衡，会觉得自己的价值正在贬值。正如女人之间会攀比男人和家庭一样，男人之间也会攀比自己的社交圈子，每天按时下班回家的男人谁都觉得没本事，这就是男人之间的“社交虚荣心”。所以，作为妻子的你，一定要理解你的丈夫。同时，你要明白，你哭也好闹也好，都很难真正地从应酬场合把他拉回家。我们先来看看下面这个故事：

阿丽自从结婚后，就变成了一个全职太太，周围的姐妹们都很羡慕她，因为她有个会赚钱的老公，她不用和其他女人一样，整天在外奔波。但阿丽也有自己的苦恼，那就是，一个星期根本见不到丈夫几面，他大部分的时间都在外面，要么是出差，要么是应酬。

阿丽其实也明白，酒桌上吃吃饭交流一下感情是可以理解的，男人也需要有自己的朋友、同事和空间。但她最受不了的就是这些男人一应酬就去一些娱乐场所，每次都喝得醉醺醺的回家。

有一天晚上，丈夫回来后，阿丽就闻到他脸上有女人的胭脂水粉味。在她的逼问下，丈夫承认自己去了KTV，阿丽哭着告诉他要他珍惜这个家，她说自己不喜欢他出入那些场所。丈夫看到阿丽哭了，就劝慰说："这又没什么，就是和小姐喝喝酒你哭什么。"后来，阿丽居然亲自抓到丈夫在KTV搂着小姐玩筛子，他当场被抓，竟然恼羞成怒，对阿丽动了手，这次是他结婚以来第一次对阿丽动手，那晚，阿丽流了一夜的泪。

后来，为了挽回和丈夫之间的感情，阿丽把包厢的同事请回了家，她这样做，是想告诉这些同事，女人真的没有几个可以容忍自己的丈夫在外花天酒地。在那一次后，丈夫表示以后尽量不去那些场合应酬，但过了不到一个月，丈夫还是经常和这些同事出入各种娱乐场所。阿丽打电话询问，他索性欺骗阿丽说同事开车撞人在处理。

为这事，阿丽没少和他吵架。丈夫对阿丽说她这样老是逼他回来，已经被同事笑话了。

阿丽很苦恼，到底该怎么办？

从这则故事中，我们看到了一个妻子的苦恼。对于丈夫的行为，我们先不做论断，但很明显，对丈夫经常出入娱乐场所的应酬行为，阿丽的打压式的做法是无效的；去KTV抓他的现行、大吵大闹，这是一种愚蠢的做法。抓得次数多了，他会麻木，当他麻木了，索性就破罐破摔了。做女人，永远不要把男人的"无耻心"激发出来，你要懂得给他留点含蓄，让他不敢放开胆子跟你硬碰硬，让他心里始终对你留点"隐瞒"，如此，他才能有愧疚，有愧疚的男人就会有顾忌的。

妻子之所以会反对男人无节制的应酬，一般是出于两个原因：第一，她

担心男人的身体吃不消,毕竟酒精并不是什么真正含义上的琼浆玉液,而是摧毁身体的杀手;其次,风花雪月的场所,男人更容易犯下作风错误。人们常说的“常在河边走,哪有不湿鞋”,就是这个道理。

前一种担心是对的,后一种担心也不无道理,但多半时候,女人更是一种猜测,也会带来一些困扰。作为女人,你要相信你的男人,他已经见多识广,已经产生了“免疫力”,何况如果他真的想犯错误,未必会选择应酬时,如果你对男人管得太紧,反而让男人躲着你。我们不难发现,很多女人总是在男人应酬时如夺命催魂一样,左一个电话,右一个电话;更有一些女人,一旦丈夫应酬回家,便采取“侦探式”的盘问,不放过任何一个细节,要死要活地不让人睡觉。这其实是一种自虐和他虐行为,是一种心理疾病。其实你的老公没有那么大的魅力,是你在那儿自我炒作,自己吓唬自己罢了。

那么,针对男人应酬这一问题,作为妻子的你,到底应该怎么处理呢?当然,这要视具体情况而定。

第一类,如果他参加的是正常的应酬活动,那么,你需要给他足够的时间。

不可否定的是,很多情况下,男人的事业经营得如何,是与其应酬活动的多少有很大关系的。作为妻子的你,最应该做的事是为丈夫准备一碗醒酒汤,而不是不断地电话打扰。

第二类,如果他夜夜流连于应酬场,是为了寻开心,那么,你要给他找点“麻烦”。

在这种情况下,先别要求他每天下班就回来陪你,你可以试着用自己的干预,逐渐地减少他外出的次数,现在他也许一周只能陪你两顿晚饭,渐渐的,你可以让他陪你三顿、四顿……直到不必要的应酬不再出门去。你要做的是培养他的良好的生活习惯,而非单纯地纠正他的生活错误。等他习惯了做个“良民”时,你的日子就舒坦了!

例如，你可以把家中事务分解一部分出来让男人去承担，例如，老人看病、孩子的接送……事事都请他来拿主意，让他经手，他就不会有那么多所谓的业余时间出入应酬场合了。而对于这些家庭琐事，男人是不会拒绝的，因为这是他的义务与责任。同时，聪明的你还可以给他周围的同事树立一个“依赖丈夫”的形象，而不是一个“悍妇”的形象。对于柔弱无助的女人，人们恨不得都伸出援助之手；而对于一个“悍妇”，人们则希望充当“拯救者”，把男人从她身边拯救出来。如果你在丈夫应酬的场合大哭大闹，那么，你别指望周围的人会心疼你，他们只会瞧不起男人，认为你的丈夫是个“妻管严”，男人间最瞧不起“妻管严”了，难怪你的老公屡教不改，时间久了，他会有逆反心理。

当然，男人们理当自重。在应酬之外，要尽可能地抽些时间陪伴妻子。其实并不是每个女人的要求都很高，多数妻子只是希望男人多一些时间在家陪陪孩子、陪陪自己；有机会陪妻子逛逛街、购购物，她会更加满足，哪怕你根本当不了参谋。如果你能兴致盎然地发表一点有益的高见，妻子会感到无比的幸福。

学会等待，别轻易猜疑和打搅他

女人，当你披上婚纱，被一个男人牵着手走进结婚礼堂的那一刻，你就要把自己那些所有关于爱情的美好憧憬收藏起来，不是说你们的爱已经终结，而是你们的爱才刚刚开始，这种刚刚开始的爱更多地需要你的尊重、理解、宽容和珍惜，因为所有的感情都禁不起猜疑。

诚然，任何一个女人都希望男人能用更多的时间来陪自己和家人，都渴望婚姻能和谈恋爱时一样激情澎湃。然而事实上是，男人有自己的事业、工

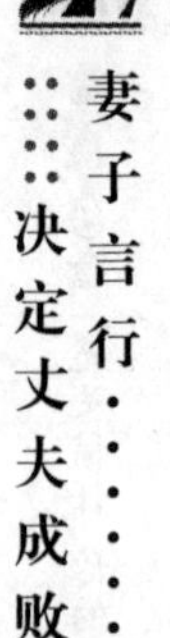

作,他们承担着比女人更多的家庭负担和压力,他们已经不可能再像恋爱时那样把所有的精力和时间都放在你身上了。作为妻子的你是否理解男人呢?男人需要的不是二十四小时盯紧自己的管家婆,而是一个甘愿在自己忙碌的时候,静静地等待并信任自己的妻子。然而,在生活中,我们还经常听到女人这样质问男人:“几点到几点之间,你在干什么?”等,似乎男人一刻不在女人的眼前出现,就是在外面有不轨行为。

我们不妨先来看看下面这位妻子是怎么做的:

一个男人,事业有成。这天是他与妻子的结婚纪念日。早上,秘书提醒他这点后,他给首饰店打了个电话,订了一枚最新款式的戒指。他对服务员说:“请把戒指包好,天黑之前送到我家,给我妻子,我还要参加一个会议。”并让服务员帮忙写了一张卡片:“亲爱的,晚上我还有一个会议,抱歉不能与你共同庆祝。”

晚上,他开完会后顿感疲惫。他独自来到天台,准备透透气,就在到达楼顶门口的时候,他看见一个老师傅在天台中央点了一排蜡烛,半跪在那里,对一位白发苍苍的老婆婆说:“老伴儿,今天是我们结婚三十年的纪念日,三十年以来,谢谢你对我的照顾,我们无儿无女,我希望我们都还能再活三十年,彼此依靠。”简短的几句话,充满了情意,男人的眼眶湿了,是啊,两个白发苍苍的老人,尚且明白表达爱意、保鲜爱情,自己为什么总是以工作忙忽视妻子的感受呢?

接下来的事情是,他跑下楼,开动引擎,赶紧回家。当男人开车回家时,看到妻子对着一桌子的菜发呆,不禁失声哭了出来。

他向妻子保证,以后每年都要带她去看看外面的世界,带她去吃最好吃的食物,看最美丽的风景,让她当世界上最幸福的女人。男人和他的妻子度过了一个快乐的结婚纪念日。

我们在感叹这一唯美故事的同时,在赞扬男主人公懂得珍惜的同时,可

能忽略了这位妻子，她是个勤恳、信任丈夫的女人。深夜，她为丈夫做好了一桌子的菜，她静静地等待着丈夫，而并不是不停地电话催促，她的等待终于唤醒了丈夫的反省。可是，让人久久思索的是，在生活中，有多少女人能和故事中的妻子一样，懂得守候一个男人呢？

其实男人应该拥有自己的生活空间，这个空间是自由的，毕竟男人有着自己的事业和交际圈，爱他就要相信他，相信他就要给他以呼吸的空间，一次两次责问可以，多了就有间谍的嫌疑，彼此之间就会产生隔阂。从法律上讲，男人没有义务事事向女人汇报。有些女人也许会说，我的那位就不生气，我问他就会老老实实地回答。这不一定就是好事，男人让着女人并不代表他就是怕女人，他或是心疼，或是不屑纠缠，就算是真的怕了女人，那这个男人也就彻底地失去了棱角，成了不为人所敬仰的“妻管炎”，这一点，女人千万不要引以为豪！

那么，具体说来，在婚姻生活中，我们应该从哪些方面着手呢？

1. 允许他有自己的爱好，最好能附和、认同他

一个妻子在与自己的闺蜜谈心时聊到：“有一个休息天，丈夫在和电脑下围棋，我擦地板，擦到他那儿，我让他挪挪位置，他露出一副紧张的样子说：‘别动，别动，我马上就要赢了。’因为我知道他从没赢过电脑，这次快赢了，我也很来劲，二话没说，放下拖把就凑过去看，还和他一起计算最后的一步一招。一番厮杀后，他果真赢了。那一刻，他高兴地吻了我。接着他一边兴奋地和我讨论围棋，一边又帮我拖地板，还提议晚上出去吃饭——我只在他感兴趣的事上附和了他一下，他竟然会这么喜出望外。那晚，坐在点着蜡烛的餐桌前，忽然想，如果下午我硬是让他挪位子而让他输了棋，或许就没有这样一个浪漫的夜晚了。”

上面案例中的这位妻子就是聪明的。任何一个男人都有自己的兴趣爱好，作为妻子，如果你能放下手中的家务活，和丈夫一起聊聊它，那么，丈夫

一定认为你不仅是一个好妻子,还是一个知心人,对你就更疼爱有加了。

2.关心要适度

可能你认为,经常给丈夫打电话是关心他,但你想过吗?也许他正在开会,正在思考一个方案,正在向领导汇报工作,那么,你的关心是不是起了反作用呢?聪明的女人会懂得把握关心的频率,如果你的丈夫要加班,那么,夜深人静时,你可以为他端上一杯热茶,但不要发出声音。

的确,女人都是感性的、缺乏安全感的,但爱情,不仅仅是一种爱,还是一种学问。我们若想珍惜爱,就要做到包容一点,大度一点,多信任一点!

第14章

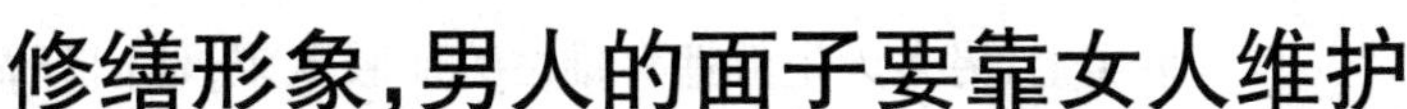

修缮形象，男人的面子要靠女人维护

人都爱面子，男人更爱面子，男人的面子就等于男人的自尊与自信。因此，聪明的妻子要学会该示弱的时候就示弱，女人的凶悍与泼辣对家庭感情有着极大的杀伤力，而女人的温柔与眼泪绝对是征服男人的最大武器。学着给自己的男人留足面子，你也同样会享受到其中的成果，他会更疼爱你，更珍惜你。给男人面子，就等于给自己留下余地，让自己变得温柔体贴，让男人变得阳刚潇洒，快乐也就无时不在。

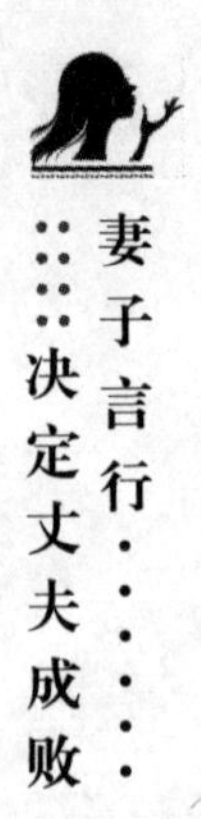

在男人面前，女人要尝试角色转换

现代社会，很多女性已经和男性一样驰骋于职场，她们有能力，有知识，有文化，有品位，有修养，她们被人们称为“女强人”。应该说，她们在很多方面都是令人羡慕、崇敬和神往的，但是优点和长处往往是双刃剑，既能讨人喜欢，也可能产生意想不到的负面效应。这些女性总是习惯于控制场面。

事实上，男人天生就拥有雄性的征服欲望，他们都希望自己的老婆是个听话的女人。试想一下，如果他在外面奋斗了一天，甚至因为工作问题被上司批评了，被同事挤兑了，回到家却还要和你因为一些琐事而争得面红耳赤，那对男人来说，不论是在生理还是心理上都是一件很痛苦的事情。

然而，在现实生活中，我们常常可以看到这样的镜头：一对夫妻到一家餐馆去用餐，太太问先生：你要吃什么？先生说，我要吃炸酱面。太太马上说，你要吃什么炸酱面，吃那个对你不好，又没有营养。连先生自己吃什么的权利都被剥夺了，这位太太多半是一位“女强人”。

如果你也是这样的妻子，你是否已经发现，你在单位喜欢发号施令，这种习惯自觉不自觉地就带到了家里。家里有什么事，你先发表观点，先生要是不同意，你就一直说服他。慢慢地你会发现，你的先生不爱说话了，你们的关系也很紧张。你开始反省，我该怎么办？

其实，要解决这个问题很简单，就是及时地转换自己的身份。上班的时候当个“女强人”，和男人一样雷厉风行地工作；下班回到家中，就要变得小鸟依人，在家里甘居下风。

婚姻是两个人的舞蹈，关键是怎么跳才和谐。若一方只知道迈着自己

独特的舞步，那么另一方就会因为跟不上而逃避。既然婚姻是两个人的舞蹈，那么再忙也要每天坚持跳上一段。只有两个人不断地磨合和练习，互相习惯对方的舞姿，婚姻才能达到默契。女人不要在心爱的男人面前做女强人，学会和自己的男人撒娇不丢人。男人需要的是需要他照顾、怜惜的女人，这样他才能够发挥出他男子汉的气概和尊严，用心地保护你。一个女人应该独立，但千万不要太强，特别是在男人的面前摆老大、老板的架势，那就大错特错了。这样的结果不是不欢而散，就是彼此强烈地伤害。女人在心爱的男人面前就是彻头彻尾的女人，要发挥特有的女人味道，哪怕是装出来的。

因此，女人不妨做出以下角色转换。

1. 职场味少点，多一些女人味

在工作中，你可能担任的是部门领导或者更高级的职位，甚至拥有自己的公司，你职场范儿十足，总是穿着细跟的高跟鞋、一身职业装，被人们认为是女强人，对于下属和员工，你习惯了以颐指气使的态度与他们说话。

但你要记住，习惯性的领导意识不可以在情感世界的二人交往中过多地体现，要及时地转换角色。因为你们是夫妻关系而不是上下级关系，你们在情感的世界里是平等的，只有建立平等的关系，家庭氛围才会温馨、浪漫。如果你能够做好职业女性和温柔的妻子这两种角色之间的转换，那么，你的婚姻生活必定是幸福的。

2. 适当地多一些主动，少一些被动

或许你生长于一个传统的家庭，你的父母告诉你女人要矜持；或许你曾经有很多的追求者，但请记住，在感情的世界里，不一定非得男性主动，那些优秀男人的自尊心往往比女人更强，被人拒绝是一件很没面子的事情。同样，婚姻中也是如此，你不妨主动给你的丈夫打个电话，中午时间不妨约他出来吃个饭……也许主动越多，他对你的忠诚度、依赖程度就越高，完全成

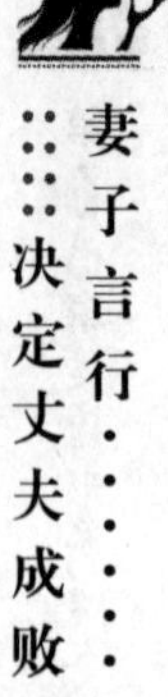

为你手心里的小蚂蚱,贪恋你这个美食,赶着让他蹦走他都不想离开。

3. 多一些自然,少一些压抑

可能在工作中,你已经习惯了对下属不苟言笑,因为这有助于你树立权威,但在情感中,你必须改变,努力做个小女人,展现女人柔美、妩媚的一面,偶尔撒撒娇,靠在他的肩膀上说悄悄话都是很不错的选择。因为你要知道,你那么美丽和优秀,站在你面前的一定是个非常优秀的男人,也和你一样面对紧张的职场生活,他在工作的八小时之外,并不想见到自己的妻子还如其他女同事一样不苟言笑。总之,女人要有女人味,男人要有男人气概。

所以,爱不是像电视演的那般诗情画意、阳春白雪、波澜不惊的,爱是一门哲学,或许说是物理学。别再执著于为什么一定要女人为男人改变、为什么男人不肯为女人改变之类的问题,所有这些,都是为了爱和自己所爱的那个人。变或者不变,完全在于你自己怎么看而已。

做男人的“女儿”,树立他的高大形象

一个女人,无论自身多么优秀,无论在工作中如何强势,她们都有一个美好的梦,那就是嫁一个好男人、做一个好妻子。但实际上,并不是所有的女人都能懂得为人妻之道。任何一个男人都希望自己在妻子面前的形象是高大的,他们更希望自己的妻子在自己面前小鸟依人,他们更希望自己能像一棵大树一样伟岸,可以保护好自己的妻子和家人……因此,如果你能懂得示弱,尝试着做男人的“女儿”,树立他的高大形象,那么,你一定能得到丈夫更多的疼爱。

漂亮的晓雪是博士美女,当年的相亲标准并不高——为人诚恳、有事业

心、上进心。就这样，她选择了公务员小张。可是，婚后不到三年，晓雪越来越看不起小张，眼瞅着自己的同龄人也开始坐轿车买洋房，而小张宁愿在筒子楼里知足常乐，晓雪气就不打一处来，摔锅摔盆的。

晓雪宁愿长期在外地出差，也不愿意陪着不求上进的老公，最终她“摔碎”了脆弱的婚姻。如今，小张依然知足地过着简单而平凡的生活，又娶到了一个温柔可心的老婆。但孤身一人的晓雪，却不知道自己错在哪里。

太聪明、太独立的女人反而让男人感觉不到温暖，很难与她分享浪漫。上面案例中的晓雪如果能够改变一下自己，在爱人面前，要学会收敛过强的上进心和自尊心，那么，绝对不会以离婚收场。

一个妻子悲痛万分地哭诉：“我家的那个男人简直是个畜生，我每天累死累活地赚些钱，而他却用我赚来的这些钱到外面玩女人！”其实，这样的女人应该明白，你赚再多的钱给他的都是钱，而他更需要的是一个女人，一个可以满足他作为男人所有需要的女人，其中最重要的一点便是女人的温存，但你没有给予他这一点，你每天回到家里都骂他窝囊废，说他一事无成，说他没有你会赚钱能干……这样的日子，也许一两天他能忍受，可时间长了他就只有到外面去寻找其他女人的温存了！

相反，我们再来看看小米是怎么经营自己的婚姻的：

小米嫁给现在这个大男孩是二婚，丈夫是个富二代，但一点架子都没有，相反，他对小米非常好。

当初，丈夫要给自己找个保姆，但小米拒绝了，她说：“自己动手，才能感受到家的温暖。”于是，在找了一份轻松的工作之余，小米还决定承担家务。

小米很少抱怨自己太累，只是偶尔的时候，她会对丈夫撒撒娇：“我做的饭菜好吃不？”

“好吃啊，也不看是谁做的？”

“那就好，可是，你知道，我每月要去超市买米，那个很重啊……你没觉

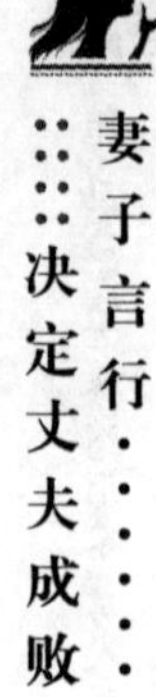

得我最近矮了点？被压得耶！"

听到妻子这么说，丈夫心疼地说："哎，我不是跟你说了不要太累，这样吧，明天下班，我早点回来，我们一起去超市，把该买的都买回来。"

小米一听，高兴得手舞足蹈。果然，第二天丈夫早早地下班了，不仅帮小米买了很多东西，还做起家务来。

我们发现，故事中的小米就是个很懂得示弱、向男人求助的妻子，她这样做，不仅能让男人意识到自己的责任——帮助女人分担家务，还能增加夫妻间的感情。

所以，越是事业成功的女人，越要懂得示弱。做男人的"女儿"，让男人多担当一些，他们不但不会觉得疲惫，反而会觉得轻松。

所以，在中国这个国度里，女人要适时地懂得"示弱"，它并不是让女人失去自我，对男人言听计从，完全寄篱于男人的眼色下生存，而是教女人如何更加轻松自如地管理自己的婚姻，在点滴的感悟中得到更加实惠的幸福。它是一种女人婚姻的艺术，其中至少蕴涵着以下两大方面的内容。

1. 凡事不必亲力亲为，可求助于男人

一个不甘示弱的女人，总是事必躬亲，无论是工作还是生活，她们总是把自己弄很累。其实，你不妨示示弱，很多问题请他帮帮忙，让他感受到你需要他，那么，一定会给你的婚姻带来甜蜜。

例如，你可以撒撒娇："老公，你看我最近的手又粗糙了，今天晚上你能不能刷刷碗？"相信他是不会拒绝的。

2. 凡事多问问男人的意见

男人一向都以家中的顶梁柱、男子汉自居，如果你能重视并多听取他的意见，那么，这不仅是对他的一种尊重，更是一种在意他、需要他的一种表现。

总之，女人有时候还是得学会示弱，太过强势的女人总会让男人感觉到

压力。有时候我们只是为了多承担一点，但不知为什么态度就是咄咄逼人，这恐怕是很多强势女人的共有想法。而其实你不必太好强，让男人来分担点，这样自己轻松了，男人也承担了责任。男人都是惰性动物，但同时也和女人一样是听觉动物，只要你说几句好听的话来夸夸他，男人就会举双手投降了。所以说，女人要善于调动男人，要懂得适时地示弱，这样才会让他的心更忠于你，因为你对他的需要也是一种爱。

做男人的“秘书”，维护他的“统治地位”

世界之大，每个女人都是宇宙苍茫里一粒细小的尘埃，到底什么样的女人最美，众说纷纭。有人说：少女最美，因为她纯真、青春、靓丽，脸上总是挂满无忧无虑的笑容；也有人说：新娘最美，因为此时此刻，她是全世界最幸福的女人，伴随着众人的祝福，身边是交付一生的丈夫，她身着婚纱、笑语盈盈，这一天即使是最平凡、最普通的女孩也会变得光彩夺目、美艳绝伦、光彩四射。这两点我们都不能否认，但更有人说，懂得男人心的女人最美。男人的心到底是怎么样的？女人回答：男人是爱面子的，男人更希望自己在家里有统治地位，就像任何一个成功的男人都有一个能顺从自己的女秘书一样，如果你也能够做男人的“秘书”，那么，你们的婚姻生活必定是幸福的。

漫漫的历史长河将我们带到了现代，女人开始寻找自己的社会价值，但我们并不能否定，女人的家庭本位观念仍然影响着现代甚至未来的女性，尤其是作为一名妻子，女人更应该清楚自己的角色定位。当然，要做好一个妻子绝非易事。不知你是否发现，任何一家公司可能会经常出现人事调动，有人被炒鱿鱼，有人升迁，但秘书这一职位好像总是那么一个人。为什么会这

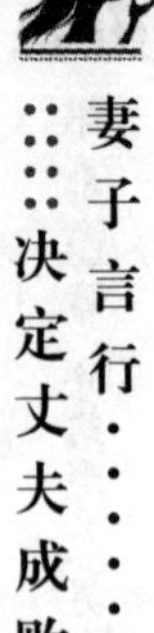

样？因为秘书对领导是绝对服从、绝对忠诚的，并且他们能够做到随时为领导鞍前马后，让领导在工作上毫无后顾之忧。那么，作为妻子的你，是否有所启发呢？

我们先来看下面一则故事：

已为人妻人母的小白，现在比从前更有一番娇美的风韵。提起婚姻，掩不住满脸幸福的小白说，其实婚姻生活也曾出现过问题。

可用小白的话来说，就是因为自己“傻”，所以从没有失去丈夫的疼爱。新婚燕尔时，丈夫自然陪伴自己多一些，这让同住一起的婆婆很不满。所以只要丈夫不在家，婆婆就指使小白干这干那，就怕小白歇着。而等自己的儿子一回家，婆婆就开始干活，累得一会儿说这里疼，一会儿说那里不舒服，让儿子忙里忙外地照顾她。她还到儿子那里告儿媳的状，说她就知道照顾孩子，不懂得孝敬老人。

面对这一切，小白从没有吭过声，她白天笑脸对着婆婆，尽心做家务，夜晚却躲在丈夫的怀里偷偷地哭泣。其实摸着小白粗糙的手，丈夫怎能不知道小白的苦。

小白就是这样最终赢得了婆婆的接受和丈夫的疼爱。

在这个故事里，妻子小白可以说就如同一个秘书一样，为了不让自己的丈夫难做、在事业上分心，她选择以沉默和忍受来接受婆婆的冷眼。同时，她也用娇羞和眼泪赢得了丈夫的疼爱，这绝对是令男人怜惜到心底的法宝，默默地流泪比号啕大哭更能打动丈夫的心。其实能让老公说自己“傻”的女人是最幸福的女人。美满的婚姻需要女人不断地调剂，热情时骄阳似火，让爱人情不自禁；而柔弱时如蓓蕾初绽，更令人怦然心动。

作为一个妻子，对待丈夫也是如此，防止自己受伤害最好的保护伞是微笑。他暴跳如雷也好、误解你也好，你要用一颗宽容之心，包容他，以不变应万变，始终保持微笑，那么最终他的心里好好珍惜的只有你。

可能很多女人不明白，为什么男人在已经有了家庭的情况下，依然会找情人，尤其是找自己的“女秘书”，这是因为“女秘书”的身上有某些妻子已经逐渐失去的特质。而一个妻子，如果也能具备“女秘书”的特质，维护男人的绝对统治地位，那么，就会对老公保持长久的吸引力。

那么，作为妻子，应该如何做好一个“女秘书”呢？

1. 不忘装扮自己

女秘书每天都是光鲜亮丽地出现在办公室内，尽管她们的工作繁忙，但她们不会忘记化妆。为此，你不妨偶尔为丈夫打扮一下自己，经常更新自己的服饰与妆容，让丈夫随时都有“审美新鲜感”。

2. 为丈夫打点好生活起居，让他没有后顾之忧

任何一个男人都希望自己的女人能做好妻子的本分，他们不希望晚上回家冷锅冷灶，不希望自己的衣物杂乱无章，更不希望自己在繁忙的工作之余还要担心父母与孩子的生活问题，因此，如果你能做好这些，那么，你在丈夫的眼里必是能干的、温柔的、贤惠的。

3. 交流时，不要凌驾于男人之上

男人都是爱面子的，尤其是在与自己的妻子说话时，他们更希望自己的话对于妻子是受用的，而不是妻子凌驾于自己之上。如果你能聆听他说话，相信他会感受到你的乖巧、懂事！

谁说现代女性不能平衡好婚姻与事业？如果你能在紧张的工作之余，调整一下自己的生活，做男人的“秘书”，给足男人面子，那么，平凡的生活将会有滋有味！

当男人遭遇言语攻击时，女人要巧妙回击

任何一个女人都知道，男人是好面子的，中国人的面子问题在男人身上

尽显无疑。有人曾打了这样一个比喻，如果说人类是一种高级动物，那么男人是这个世界上最爱面子的高级动物。可以这么说，小到夫妻吵架，大到国际战争，其实都是男人们的面子惹的祸。也曾有人说：外面大爷派头，在家下跪磕头。男人的要求其实很简单，就是要求女人给他面子，给他撑架子，让他在外面风光无限，有模有样；女人做足了表面文章，男人的回报也很丰盛，在家当牛做马，任劳任怨。可是，许多时候，男人和女人往往达不成共识，于是，男人会在人多的时候大发雷霆（即便是在家像个小绵羊，从来不发火），这是为什么呢？因为女人让他没有了面子。

因此，聪明的妻子总是能照顾到男人的面子，除了给足男人面子，还懂得维护男人的面子，尤其是当男人遭遇到他人言语攻击的时候，她们更懂得适时地站出来，给予对方巧妙的回击，从而让男人感激于她。

刘某是一名电影演员。这天，他带着妻子去市郊游玩，但路遇塞车。刘某一个劲地鸣喇叭，前面那个开车的司机恼火了，索性停了下来并骂起来：“着什么急啊，急着投胎啊？”刘某一听，火冒三丈，不甘示弱，甚至有要打架的架势，刘某的妻子一看不对劲，赶紧下了车，走到前面这辆车前，说：“不好意思，我老公脾气急了点，我们的确有鲁莽之处。我认错，该打，大家快打吧，不过可要轻点打，别往脸上打，我还算是个美女，要是打坏了，老公就不要了啊。”大家被刘某妻子的一席话逗乐了，一场不愉快就这么平息了。而事后刘某也很感激自己的妻子，他说：“我真冲动，就是不如你啊，那天要不是你，我估计要被那帮家伙打死了。”

在这个故事里，刘某的妻子就是一个善于化解矛盾、为丈夫争面子的女人，她以以柔克刚之法，把责任揽到自己头上，话语幽默又诚恳，从而化解了矛盾。

我们不难发现，那些和丈夫和谐相处、婚姻幸福的女人，她们多半都能意识到面子对于男人的重要性。于是，无论何时，他们都能揣测男人的心

思，随时为男人鞍前马后。

其实，男人在生活和工作中需要面临各种人际关系。他在处理各种人际关系的时候，也会因经验或能力的不足而面临尴尬的局面，或与客户争吵，或被同级嘲笑……面对各种压力，他们也有控制不住局面需要人帮助的时候。但是在自己的妻子面前、在有他人在场的情况下，他们又是好面子的，所以他们很少主动开口要求女人给自己提供帮助。因此，作为妻子遇到这种情况，应该自觉地帮男人寻找一个台阶，帮男人“打圆场”，以尽快地让男人摆脱难堪的局面。这样，你的丈夫一定会心存感激。我们再来看下面一个故事：

小琴与丈夫的关系一直不错，因为在她的丈夫眼里，她总是那么贴心。

有一次她和丈夫参加了某个同学举办的聚会，朋友们不知怎么就谈起了“存在方式”的话题，聊得不亦热乎。而一向性格内向的老公也很想参加朋友们的讨论，但却因为不好意思而不敢加入。于是，他只好借故去饮水机接水，听听他们在聊什么。这时，他听得入神，一不小心打破了一个茶杯，“咣”的一声，客厅内一下子便安静了下来。有人开始嘲笑：“小刘，怎么连个茶杯都拿不稳啊？”丈夫顿时很尴尬，不知道说什么好。这时候，小琴只是耸了耸肩，说：“这个茶杯想改变自己的存在方式。”大家便都轻松欢快地笑了起来，丈夫也松了口气。于是，小琴就这个问题问丈夫：“老公，我们也想听听您关于‘存在方式’有什么高见呢？”

这下子正中了老公的下怀，看到小琴的邀请，他向小琴投去了感谢的眼神。于是，小刘就“存在方式”这一问题和朋友们热火朝天地聊了起来。

自从那次之后，丈夫对小琴更好了。

在上面的案例中，妻子小琴为什么让丈夫感到贴心？因为她在丈夫处于尴尬境地时，巧妙地帮丈夫打了“圆场”，让丈夫留住了面子，丈夫自然心存感激。

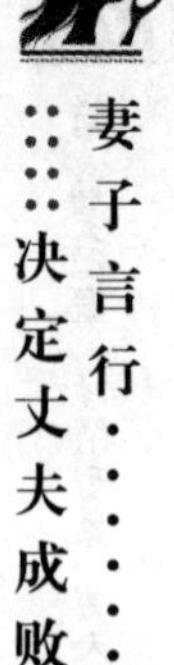

当然，帮男人打圆场，维护他的面子，并不是脸红脖子粗地对语言进攻者进行反驳，具体说来，需要注意以下两点。

1. 彬彬有礼

可能对方的言语很无理，甚至有明显的攻击意味，但无论遇到何种情况，你都要控制自己的情绪，不要激动，千万不可感情用事或者与对方争吵起来。只有这样，才能表现出自己的涵养与气度；只有这样，才能想出行之有效的对策。

2. 幽默是最好的方法

在现实生活中，当别人对你的丈夫冷嘲热讽，让他难堪或困惑时，你是以牙还牙、横眉冷对吗？这固然是一种解决问题的方法，但人人都爱面子，以柔克刚，从容应对，化解这场战争才是上上之策。可以说，幽默是化解冲突最好的良药。

无论何时何地，都要给足男人面子

作为妻子，回想一下你是否有过这种经历：

一般来说，偶尔家中有美女做客，你的丈夫似乎会显得不大一样，他比与你在一起时更兴奋和更富于表现力，更显得有风度……每每这时，你往往有一种备受冷落的感觉，有时你甚至会想，丈夫是不是不爱自己了，是不是开始移情别恋了？因而一旦家里的这些美女离开后，你会对丈夫抱怨起来，而这一点，会让他莫名其妙。

关于这点，你必须明白，这是完全正常的，问题在于你自己，因为丈夫在那时也许只是更想表现自己的才思与智慧而已。而异性的那种欣赏和赞扬的目光是很多人尤其是男人们所渴望的，因此，他们更有表现欲。另外，男

人都是爱面子的，如果你当众不给他好看，他会下不来台，进而恼怒你的“无聊”。

有这样一则故事：

小林是个爱干净的女人，甚至可以说有点洁癖，而她的丈夫却相反，他经常会在小林不在家的时候，把家里搞得脏乱不堪。

丈夫是个很爱面子的人。这天，他在街上遇到了好多年未见的几个同学，大家都提议聚一聚，而小林的丈夫慷慨地说：“到我家去。”可这几个同学故弄玄虚地说：“是否需要和嫂夫人打个招呼？”小林的丈夫被这么一将，自然男子汉的自尊心油然加重，一拍胸脯：“咱们家没这规矩。”

于是，接下来的事情就发生了，小林回到家，突然看到丈夫领来了一帮不速之客，买了好多烟酒肉菜，搞得满屋子杯盘狼藉。小林的心里挺不高兴，带着一副勉强的笑脸匆匆地走进卧室。晚上丈夫就和小林大吵了一架，丈夫说小林太不给自己面子了。

上面案例中的小林的确做得不对，对丈夫的行为再不满，也不能当着众人的面给丈夫脸色看，让他下不来台。

作为妻子应当理解丈夫的心理，他只是不希望被人认为是怕老婆，其实他心里着实是有些歉意的。要给男人一些自作主张的机会，哪怕是一时的或表面的也好。

张先生开了一家餐馆，生意兴隆，生活过得还算不错，虽然老婆的脾气有点大，但还懂得处处给自己留面子。有一天，餐厅打烊后，两人又为一点小事吵起来。张先生情急之下逃至桌下，恰好客人返回来寻找丢失的东西，正好撞上，进退尴尬。这时，八面玲珑的太太急中生智地拍了拍桌子：“我说抬，你要扛，正好来帮手了，下次再用你的神力吧！”客人走后，张先生直夸夫人想得周到，一场面子危机轻松化解。

男人是很爱面子的，作为女人一定要明白，珍惜男人，更要珍惜男人看

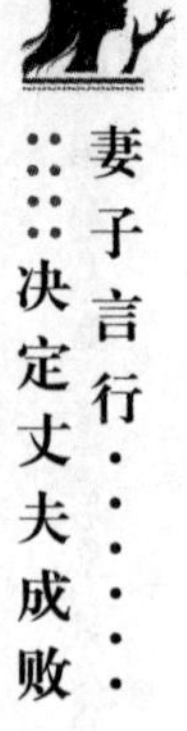

得比生命还重要的面子。

有的妻子喜欢研究健康问题，她不断地向丈夫强调锻炼、饮食结构以及经常性医疗检查的重要性。而且无论丈夫吃什么喝什么，妻子都要唠唠叨叨地说明各种食物的毒性。然而，她无法理解的是，她说得越多，他听得越少，原因就在于他觉得自己被当成了小孩子，太没面子了。

类似的事情还有很多，若不注意，很可能无事生非。因此，对丈夫的话要理解，千万别胡乱猜测，以至于向他耍脾气，闹得丈夫不知你为何发难，把平静的日子搅得烦躁不安。

而给面子对于很多女人来说都比较难，女人放不下自己的虚荣心，给男人面子不就是要让自己低头吗？于是乎，为了自己的虚荣心，女人往往会在男人面前显得不可一世，恨不得让人人都知道这个男人怕老婆，唯老婆是从。其实有这样想法的女人犯了很大的错误，给男人面子不是灭自己的威风，而恰恰体现了一个女人的涵养。要是你不给男人面子，而且还要让男人为你的虚荣心牺牲，那么后果可想而知。

那么，作为妻子应该如何给男人面子呢？当然，这要视具体情况而定。

1. 在男人的朋友面前

任何一个男人，无论人际关系如何，都会有几个朋友的，他们一般都会很在乎这些朋友的眼光，希望得到他们的赞誉和认可。因此，聪明的女人即使和男人的朋友关系很熟，也不会说话无所顾忌。

2. 在男人的父母面前

你的老公是他的父母的孩子，为什么在他们面前还会爱面子？其实我们换个角度想想也就明白了，如果你的父母在场，你的丈夫还冲你大喊大叫，你作何感想？并且男人孝顺可以说是无可厚非的，要是你在男人的父母面前对着男人大喊大叫，做一些不给男人面子的事情，那么你的幸福也即将结束。其他方面男人可以容忍，但是在这方面男人绝不会对你妥协。

3. 在男人的同事面前

不要以为只有女同事之间才会聊八卦，男人们也是如此，他们对于谁家的女人好谁家的女人不好都一清二楚。那么，作为男人的妻子，要想让男人的同事不要以你为议论的对象而让男人抬不起头来，最好要给足男人面子。

4. 穿衣打扮

每个男人都希望自己的女人懂得穿着，给自己争面子，男人在这方面都是虚伪的，拿自己的老婆和别的女人相比会有一种优越感和成功感，如果你做到了这一点，那么你就得到了这个男人的认可，是一个男人们都喜欢牵手的女人，哪怕是你要求他陪你去逛街，他们也会毫不犹豫地答应你。这就是所谓的双赢。

5. 遇到突发事件沉住气

真正聪明的女人不但有应付突发情况的能力，更重要的是有较好的心态。她们不会在男人面前大哭大闹，即使她们自己处理不了，她们也会相信自己的男人能够很好地处理这件事情，越是糟糕你越是沉得住气，这其实就是给了男人莫大的面子。男人也是人，也有弱小的一面，不要一相情愿地认为男人就是要保护女人，有时候女人也可以保护男人。

看穿不说穿，保存男人的满足感

《红楼梦》中曾有这样的表述：女人是水做的人儿。的确，细腻、温柔是女人的天性。女人的这些特质体现在各个方面，渗透在各种细节里，她们对男人无微不至的关心、对家庭无私的奉献。然而，女人又是粗心的，例如，平时看似不经意的话语，日积月累，只会伤害了别人，也伤害了

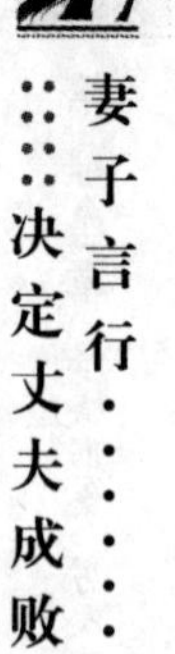

自己。而这些伤害性的话语，多半是和男人的面子有关的。很多时候，当男人在公共场合侃侃而谈、发表自己的见解的时候，作为妻子的你，却无意中发现丈夫的观点存在问题，你是如何做的？当丈夫向你炫耀在单位人缘是如何好，但就在刚才你还听到他同事对他的抱怨，此时的你，又是如何做的？

面对这些，聪明的女人往往会选择装糊涂的方式，她们会看穿不说穿，因为她们深知，男人是爱面子的，保存男人的满足感，远比给男人任何甜言蜜语都重要。

的确，男人最怕没面子。面子就像一把无形的枷锁套住了男人的脖子，为了面子，男人什么苦都可以吃，什么罪都可以受，什么都能为之付出！

男人固执地死要面子，往往舍本而逐末，在一些琐事上绕圈子，自以为是，把原先的目的放在一边，到头来只能是作茧自缚、陷入困境。

因而，有人说，男人什么都可以丢，就是不能丢了面子，也有人说男人的面子是女人给的。那么作为妻子的你，如果发现丈夫的言行与实际情况并不相符时，你该怎样做才能保全男人的面子呢？

从前有个笑话，说有个男人是“妻管严”，在家为了讨妻子高兴，在纸牌上写了三个大字——“怕太太”，每天回到家里就挂在脖子上。有一天，家里来了客人，他竟忘了摘下，被客人看见了，惊问是怎么回事，这位老兄当时只好说：“我老婆怕我呗，我为了让她知道这一点，就让她天天看着念‘太太怕’。”

而在这时，妻子正好推门而入，听到了丈夫的话。此时，这位先生窘得满脸通红，不知道如何说，此时的妻子赶紧说：“老公，你把咱家这点丑事都抖搂出去了，我多没面子呀！”丈夫一听，松了口气，对妻子投去赞许的目光，而在场的其他人，也对男人竖起了大拇指，一个个取经，问这位先生是怎么做到的。

这个给男人留足面子的妻子倒是够机智的，她发现丈夫为了给自己解围，把这三个字倒过来念，这与事实情况完全是不符的，但为了给丈夫面子，她并没有拆穿丈夫，而是配合他把戏演完。面对这样明理的妻子，恐怕这个丈夫每天将“怕太太”的纸牌挂在脖子上都是愿意的。

当然，看穿不说穿、给男人面子，不是让女人委曲求全，而是在恰当的时间、适当的场合，给男人体面的自尊。给男人面子，说小了，有助于家庭和睦；说大了，有利于社会稳定发展。丢掉面子的男人会变得疯狂，或无所顾忌。无论走到哪个极端，其实对家庭来说都是很不幸的。所以聪明的女人应该偶尔装装糊涂，不要总是试图表现自己的精明。因此，即使你发现了男人言行中的某些问题，你不但不能指出来，而且还要不露声色地认同他。对此，你需要做到以下四点。

1. 不要在公共场合挑剔他的言行

如果他的生活细节和礼仪上做的有什么不妥的地方，那么，要悄悄地替他圆场，而不是当众指出来。

2. 不要当着你的朋友暴露男人的隐私

即使是开玩笑也不行，男人是爱面子的，这些朋友下次可能就会拿着这点隐私开男人的玩笑，那时就不好收场了。

3. 在他人面前，不要随便地唠叨和训斥对方

在丈夫的上下级面前，不要随便地责怪对方。而在孩子面前，这点更重要。如果互相指责、揭短，就会在孩子面前失去威信。

4. 即使他犯了错，也要在可能的范围内宽容他

谁都会犯错，你的丈夫也不是圣人，因此，一般问题，只要无伤大雅，完全可以一笑置之。给他点面子，满足他的虚荣心，像宽恕一个犯错的孩子一样宽恕他，他会觉得你很善解人意。

所以，如果你的丈夫偶尔吹吹牛，就装装傻吧。例如，如果他在你面前

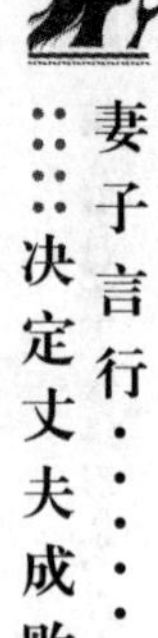

吹嘘他曾经陪同某个重要领导人考察，赚过多少钱，你大可不信，但千万不要打击他的“谈兴”，你揭了他的老底就是让他有失“尊严”。有时候，男人宁愿死也不可以没有“尊严”，为了尊严，男人可以和最好的朋友翻脸。当然，男人有时候也可以不要“脸”，目的却是为了以后更“有头有脸”。

的确，男人的面子就等于男人的自尊与自信。聪明的女人要学着给自己的男人留足面子，自己同样也会享受到其中的成果，他会更尊重你，更珍惜你。给男人面子，就等于给自己留下了余地。

表达你的绝对信任，令他更有成就感

我们知道，男人都是爱面子的，面子就是一种成就感。在现代社会激烈的生存竞争中，不少男人的身体有创痛、心灵有委屈，可为了面子，他们只能将创痛和委屈隐藏起来，压抑下去，并且还须频频地向世人展示那艰涩的笑脸。男人之所以爱面子，是因为受传统观念的影响，中国人往往赋予男人极高的期望值——男人要肩负起“兴国富家”的重任，而这一重任同时也增强了他们的自尊感和成就欲，养成了他们爱面子的秉性。男人时时处处在捍卫面子，聪明的女人只有花心思维护男人的面子，才能把两个人的小氛围经营得越发和谐。其中，女人对男人的信任，就是对他的一种肯定，这会令他更有成就感。

男人由于面子重的原因，其实更需要女人对他充分地信任。男人有时候感觉自己为了家而辛苦工作，本来已经十分不容易，这时妻子对自己却连最起码的信任都没有，一定会感到非常寒心。男人在生活中本来很多事情都身不由己，已经很累了，如果回到家里还要受到妻子的误会和责备，你说他能开心吗？相反，如果你能告诉他，你十分信任他，相信他能经营好自己的事业、能对自己忠贞不渝、能爱护好家庭，那么，便是对他最大的肯定，这样，男人必当会产生一种责任感，也会对你疼爱有加。

我们先来看看下面案例中的这位妻子是如何阐述自己对婚姻中信任的理解的。

“我的脾气比较差，而老公却是比较温和的人，但是我从来不会管他的钱财，我们家的经济是我赚的钱自己花，他赚的钱给儿子交学费，家里的管理费、停车费以及水电费、出门购物等一直是他花钱。他也从来不会管我的钱如何花，我可以买自己喜欢的东西，他也可以自由地支配自己的钱财。当然，他赚的钱比我多许多，除了以上种种，他依然会有很多的余额，但是我从来不会问他钱花到哪儿了，一来是老公本属比较节约的人，二来是对他的一种尊重，三来男人身上没有钱不行，因为我希望他与我的相处是开心的，每次与他的朋友吃饭，看到他豪爽地埋单，还有朋友们眼里的那份羡慕，我也觉得很值得。

老公告诉过我，他有些朋友结婚后就被老婆控制住了经济权，因为怕他们有钱就变坏。而我对他的这份宽松，让他感觉很有面子。我总是认为夫妻之间关起门来说什么都可以，但是在外面，一定要控制好自己的脾气，所以不管是在长辈还是朋友面前，我都会给老公留足面子。结婚几年，我们也经常会吵架，但是绝不会在别人面前吵。与他外出和朋友吃饭时，我总会装出一副淑女的样子。男人都喜欢吹牛，我老公也不例外，看着他眉飞色舞地说，我都是微笑地看着。记得有一次，有个朋友开玩笑说，看到老公带另一个女人出去玩，我就说，那说明我老公有魅力，之后那个朋友对我老公说，你这老婆真不错。

老公是做生意的，所以难免会有应酬，所谓的应酬不过是叫上几个小姐陪着喝酒唱歌。那些小姐为了做生意，总会搂搂抱抱，主动献身，但我从来不会在他应酬时频频地打电话催他回家，我认为夫妻之间最基本的是信任，如果会发生的事，我二十四小时盯着也会发生。曾经与他的朋友出去玩，看着他的朋友被老婆左一个电话、右一个电话地催促，场面好不尴尬，甚至被人笑称为'妻管严'，我不想我的老公也生活在这样的阴影下。男人也需要有自己的独立空间，因此如果老公应酬太晚了，我会发个短信提醒他不要喝太多酒，我在等他回家，而老公也向来很自觉，通常是在午夜之前就会回家。"

听完这位妻子的叙述，我们不得不羡慕他们之间的关系。可以说，这位妻子是一位聪明的女人，她深知自己的信任对于经营婚姻的重要性。同时，她的信任也为男人带来了面子。一个男人有了妻子的信任，有了朋友、同事以及周围人羡慕的眼光，还怕没有干劲吗？

那么，具体说来，女人应该如何表达自己对男人的信任呢？

1. 从不向他的朋友、同事打听他的下落

你可以给男人发短信："你在哪？"但不要把这种疑问传达到他的朋友或者同事、上级那里，这样会让他很没面子，他也会成为众人嘲笑的对象。

2. 告诉你的丈夫："你是能干的，我相信你能做好。"

男人不是铁打的，社会压力、生活压力、经济压力都让男人常常感到身心俱疲。实际上，男人比女人更脆弱，因此，女人要学会理解与包容他。在他累的时候，安静地陪着她，用你柔软的手帮他按摩酸痛的双肩；在他意气风发的时候，给他多一点鼓励与支持，这样男人会觉得他在你心里是多么重要。

另外，男人总会有力不从心的时候，但是不要因为他的力不从心而抱怨他，而是应该给他温柔的抚慰，如小鸟依人般地睡在他的怀里，千万不要露出失望或是烦躁的样子，可以给他一个温柔的吻，搂着他一起先睡一会，或是转移话题，说一说与他初相识的浪漫，告诉他你很爱他。

3. 少责备，多关心

当你的丈夫因为应酬而酒醉深夜回家的时候，这时候你要做的不是埋怨和猜疑，而是语言上的问寒问暖、行动上的知冷知热，用你对他实际的体贴让他明白你对他深深的爱。你应当为他端茶送水，因为你也知道他的酒量不好，也不愿意喝酒，但是现实的生活却让他不得不喝酒。

第15章

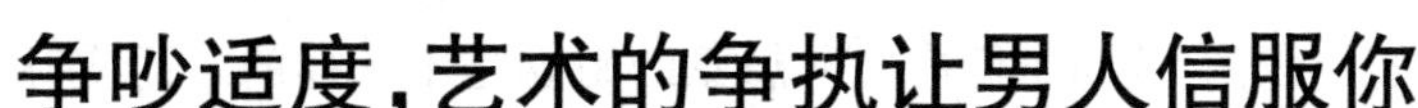

争吵适度，艺术的争执让男人信服你

在家庭中，夫妻吵架是常见的。但在人们的印象中，吵架是一种有伤感情的攻击行为。如果夫妻之间“大吵三六九，小吵天天有”，当然不是一对好夫妻。但从不吵架的夫妻就是恩爱夫妻吗？当然不是！没有争吵的感情才是真正可怕的。在夫妻的二人世界中，争吵在所难免，夫妻意见不合，发生分歧后很容易发生争吵，而如果不懂得争吵的秘密，恶性争吵则会伤害夫妻之间的情感，坦诚的争吵则是一种健康的沟通方式，能够增进夫妻间的感情！当然，要把握好争吵的度，是一门婚姻中的艺术，需要作为妻子的你细细研读。把握这门艺术，即使争吵，也能加深你们之间的感情！

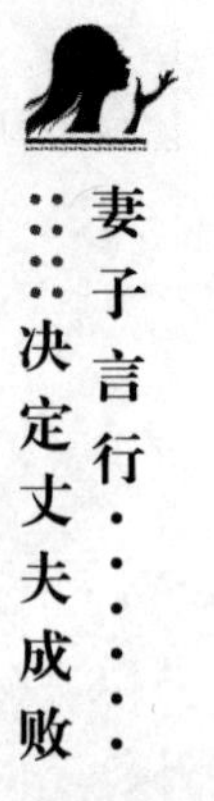

调节心态，婚姻无法避免争吵

任何一个女人都希望婚姻中能与丈夫相亲相爱、相敬如宾，这本来无可厚非，但如果你希望在婚姻中完全避免争吵，那是不可能的。人们常说，牙齿和舌头都会打架，更何况朝夕相处的夫妻。一旦结婚后，缺点比优点更容易暴露出来，彼此也不再是情人眼里出西施了。

然而，在现实生活中，很多女人一旦和丈夫吵架，就把离婚挂在嘴边，因为她们以为，这与她们内心所想象的婚姻是不一样的。而实际上，这只是你的心态问题。看那些幸福美满的婚姻，夫妻双方不都是三天一小吵、五天一大吵吗？

小雨和丈夫结婚已经满三个月了。她和丈夫是通过相亲认识的，谈恋爱的时候，她对这个男人实在太中意了，他潇洒大方、事业成功、家世殷实，以至于他在向小雨求婚时，小雨想都没想就答应了。但婚后小雨发现，原来婚姻并没有她想象中的那么幸福，她一下子由一个美丽的女人变成了整天和锅碗瓢盆打交道的妇女，每天都要面对丈夫的臭袜子。最可恨的是，丈夫是个大男子主义者，他希望小雨什么都听他的，这哪里是小雨的风格？于是，吵架开始了，一气之下，小雨带着怨气回了娘家。

椅子还没坐热，小雨就一股脑儿地把自己的委屈都说了出来。母亲一直很宠小雨，就安慰自己的女儿："不是吧？结婚前我看他挺好的，怎么是这样的人？太小心眼了吧？"

"是啊！哎，要是知道结婚后天天会吵架，我打死也不结婚啊，我现在都想离婚了。"听到女儿这么说，在一旁看报纸的父亲急了，赶紧也凑过来。

"你这傻孩子，别动不动就说离婚，夫妻双方吵架是很正常的事，小李人

不错，你在路上的时候，他就打电话来了，还跟我们道歉，只要没有原则性问题，吵吵架也没什么啊，越吵越热闹啊！”

听到父亲这么说，小雨扑哧一声笑了：“合着您的意思就是鼓励我们吵架？”

“那肯定不是嘛！我的意思是，你别还像没结婚时一样，希望周围的人都围着你转，男朋友哄，爸妈疼着，结了婚就为人妻了，要调整好心态，不要动不动就提离婚，说多了会伤害夫妻感情的。”父亲的话似乎很有道理，小雨听完后，收拾了东西，洗了把脸就回家了。

在这则案例中，已为人妻的小雨因为和丈夫吵架而回到娘家，但最终被父亲劝服。的确，任何一个女人都应该明白，夫妻吵架在所难免，万不可抱着吵架就离婚的心态。当然，这并不是鼓励所有的女人和丈夫吵架，而是应该调节自己在婚姻中的心态。

事实上，绝大部分女人与男人吵架的原因无非与厕所马桶盖是敞开还是合上，或者是轮到谁去倒垃圾这样的问题有关。一旦你明白了这一点，你就可以接受婚姻中最令人吃惊的一个事实：夫妻间的绝大部分争吵是无法解决的。夫妻双方年复一年地试图改变对方的想法，但都没能成功，而这就是婚姻。

家庭矛盾是无法回避的。既然有矛盾就会有斗争。夫妻相爱一生的经历也是“战斗”一生的过程。争吵作为一种“战斗”的方式，有时也是一种必要的而且行之有效的选择。因此不要将吵架视为洪水猛兽，吵架是我们家庭生活中的一部分，正像天晴久了就要下一阵雨一样的自然。

的确，夫妻间免不了磕磕碰碰，在明白这一点之后，你还需要明白的是，即使吵架，也不可伤害夫妻间的感情。可能有不少女人在与丈夫互相指责时都扮演了受害者的角色，但指责的话刚脱口而出，你就后悔了。和对方说话总是生硬的，或者你的本意也许是好的，可说出来却全变了味——这时一场争执往往在所难免,错误信息的传递眼看就要引发家庭大战。但这时候,就需要你改变说话的方式,化解矛盾。为此,我们在与丈夫产生矛盾而进行沟通时,需要掌握以下原则。

1. 带着情绪时不要沟通

因为情绪会直接影响到你的沟通态度,进而影响到沟通的效果。据说,拿破仑曾经为军队树立了一条纪律,就是士兵犯错后,军官不得马上批评,因为马上批评,会受到情绪的影响而起不到真正的批评作用。沟通亦然,带着情绪沟通,就很容易使沟通走偏。

2. 站在对方的角度思考,给予必要的肯定和理解

为什么对方和你的意见不同?这必然是有原因的,那么,为什么不理解呢?你应该理解。如果你表示一下理解,那么在情感上就相当于给了对方一个极大的安慰,使其郁积在胸中的不良情绪得到缓解和疏通。

3. 要诚恳地道歉

不要认为自己没有错,其实只要是与丈夫发生了矛盾,这里面就一定有你的错处。一个巴掌能拍得响吗?退一万步说,即使真的没有错,那么因为你和对方发生了矛盾进而伤害了家人的感情,这是不是错呢?所以你只要想道歉,就一定能够找出道歉的理由。理解和道歉之后,你再把自己的理由和道理讲出来,对方便会容易接受。

夫妻难免会发生口角,但又不是快刀斩乱麻般地断绝情义;在这种“割不断,理还乱”的感情状况下,如果你能调节好心态,采取正确的方法沟通,那么还是能够解决好问题并加深夫妻感情的。

争吵请注意挑选场合

家庭生活是现实生活中的一部分,充满了矛盾和困难,而且很多矛盾和

困难不以我们的意志为转移，很难克服和解决。夫妻之间的成长经历、生活习惯、家庭背景、文化水平的差距和社会经济地位的不平等，对子女教育态度的不一致，对双方父母照顾的不平衡，价值取向的不一致等都可以成为夫妻矛盾的导火索和触发点。总之，夫妻吵架是再正常不过的事情，但作为妻子的你，一定要记住一点，男人都是要面子的，即使与他吵架，也要注意场合。

俗话说，床头吵架床尾和，夫妻之间吵架虽说是一种沟通，但沟通效果如何，关键还在女人。就算吵架，也要关起门来，因为公共场所吵架只会让别人看你的好戏，男人很容易为了所谓的尊严彻底地和你翻脸。

老张一家是社区的五好家庭，她和丈夫已经结婚十年，并且有一个可爱的八岁的女儿。老张的脾气不大好，因此，在结婚之初，她就拟定了一个"条约"，其中最重要的一条是，不能当着众人的面吵架，不能当着父母、孩子的面吵架，更不可无限制地吵下去。

一直以来，老张和丈夫就教育女儿的问题都有分歧。这个周末，女儿去外婆家玩了。老张心想，终于可以歇歇了。但此时，丈夫居然又将到底是让女儿学钢琴还是舞蹈的事情翻出来，老张一提到这事儿就火，因为他们交涉过无数次了都没有结果，孩子还小，不可能什么都学，于是，两人唇枪舌剑地吵起来了。

正当他们吵得热火朝天的时候，没想到门开了，女儿站在门外，他们一看到女儿回来，立即停止。

"爸爸妈妈，你们在干啥？"

"是啊，你妈妈演的还可以哟，对了，你怎么一个人突然回来了？"

"外婆今天要去和老太太打牌，我在家一个人写作业无聊得很，就跟外婆说我想回家上网了。"

"哦，是这样啊，那要不我们三个今天休息一下，一起玩一下电脑吧。"

“好啊⋯⋯”妻子和女儿都附和道。

于是,一家人其乐融融地开始了他们的周末生活。

在本案例中,妻子老张就是个很识大体的女人,即使和丈夫吵架,她也很注意场合。在女儿突然出现的情况下,她能立即控制住自己的情绪,并转移话题,从而避免让女儿看到一场“腥风血雨”的家庭大战,影响孩子的成长。

的确,任何一个女人都知道,夫妻之间应该凡事互相商量,多作自我批评,增进相互理解,加强情感沟通。但生活中的事情太多了,夫妻关系不可能总是这样一种境界。人的本质方面有很多劣根性,夫妻之间有时也是“欺软怕硬”。如丈夫通宵打牌、经常酗酒,妻子的规劝常常无效,这时吵架就成了一种必然的选择。而妻子迷恋歌厅、舞厅,追求享乐等,丈夫规劝不听,吵架就成为必然的结局。由于吵架具有爆发、激烈的特点并带有“火药味”,对对方的影响和震动也就更大,对对方的行为也就能产生更好的约束效果,同时使自身愤怒和压抑的情绪得到发泄,一方感受到另一方的愤怒和压抑往往会增强自身的责任感。婚姻中仅仅有爱情是不够的,责任感对幸福的婚姻而言是必不可少的,吵架在特定的情况下也是一种传递和增强责任感的方式。

那么,哪些场合不应该作为吵架的场合呢?

1. 不要在公共场所吵架

夫妻间吵架本就是私人化的事情,在公共场合提高分贝进行理论实在有失礼仪,而无论是作为妻子本人,还是丈夫,都会成为众人的笑柄。因此,识大体的女人绝不会把夫妻间的问题带到公共场合,即使男人无意中已经提及,她也会加以制止。

2. 不要在双方的工作单位吵架,不要在单位的领导面前告状

男人在家里可以是你的“床头柜”,可以是“妻管严”,但到了单位、公司,

他们都是要面子的，尤其是在同事、领导面前，他们更希望自己的妻子尊重自己，希望展现给大家一个和睦的家庭气氛。因此，不要以为这些领导、同事都能倾听你的苦水，他们反而会把这些当做茶余饭后的笑谈，你的男人也会因此大失面子。

3. 不要当着孩子、父母的面吵架

要知道，在孩子的眼里，父母的一言一行都会对他们的成长有一定的影响，如果他们经常看到父母吵架，那么，他们会认为父母是不相爱的，家庭是破碎的，他们的心灵也会因此而蒙上一层阴影。

李女士跟丈夫之间的默契就是：不要在孩子或父母面前吵架。"自从有了小孩之后，我们特别注意给孩子树立一个良好的榜样，即使两个人都很生气，也一定要回到自己的房间解决。在教育孩子的问题上，如果夫妻意见不合，最好也不要在孩子面前争论，因为对于没有分辨能力的小孩来说，两个截然相反的观点带来的负面影响，可能比一个错误观点的负面影响还要大，这会让孩子觉得无所适从。不当着任何一方的父母吵架更是必须的，可以防止战火蔓延。"

从父母的角度看，他们总希望自己的晚辈能够和睦相处。这样，他们的晚年也是安详的，因此，懂事的儿媳妇也不会让"战争"发生在父母眼前。

当然，吵架还要有一定的"游戏规则"，要适可而止，只可打"常规战争"。吵架之后由于夫妻情感得到了宣泄，吵过之后有时会更加亲密，正如"雨过天晴"一样。当我们的家庭空气太沉闷时，不妨让它下一场雨吧！

适时忍耐，理性对待男人

任何一个女人都知道，很多时候，吵架的导火索都在自己，而能否息战

的主动权也在自己。一个有趣的现象是,很多夫妻争吵到最后,妻子怒气冲冲,丈夫则莫名其妙。例如,很多妻子在工作中遇到问题,回到家闷闷不乐,但丈夫似乎对此无动于衷,她就觉得非常伤心。妻子的想法是:如果他足够爱我,就应该能看出我的需要!但丈夫的想法是:她为什么总是无理取闹?在这种情形下的吵架,其实只是妻子的一种发泄而已。但如果妻子能忍耐一下,然后平心静气地把自己真实的想法说出来,那么,或许能够真正起到吵架的作用。

一对沟通良好的夫妻,并不是不吵架,而是他们会在吵架中来了解彼此,了解婚姻中的问题。在生活中,很多妻子与丈夫吵架却是斗气。这种没有目的、纯为意气的争吵,除了彼此伤害之外,没有任何用处。所以那些怒火冲天的女人们要懂得"忍耐"。例如,当你累死累活地打扫卫生时,却看到丈夫在抽烟看报纸,此时你的心中怒火中烧:"你看不到我在忙吗?"这很可能会招致丈夫的反感;但如果你换另一种方式,先忍耐一下,告诉他"你能和我一起打扫厨房吗?"男性天生有乐于"讨好"女性的一面,因而也就更愿意满足妻子这样的"请求",而妻子的目的也就轻松地达到了。在解决这一问题之后,如果你再来告诉丈夫,一个男人若能帮妻子分担家务,是一种有魅力的体现,那么,你还用担心下次会因为这一问题而发生分歧吗?

我们先来看看这样一个生活中的场景:

妻子下班回来说:"喂,我今天要做事,你去接孩子,回来做饭!"

丈夫一听也火了:"你没见我正忙着吗?"

妻子也不是等闲之辈:"忙,就你忙,难道这个家的事都我一个人包了?"

结果,一来二去两个人就吵起来了,各自装了一肚子怒气。

这样的例子在生活中不胜枚举,从人们的接受心理看,盛气凌人最容易引起对方的反感;妻子希望丈夫做饭、接孩子,完全可以不用吵架来解决,忍耐一下,告诉丈夫你需要他的帮助,或许会是不一样的结果。例如:

妻子从单位回来，对正在看书的丈夫说："晚上我得去单位加班，你去接孩子，回来做饭！"

丈夫一听也火了："你没见我正忙着吗？"

妻子原本想发火，但一想还是忍住了。于是她接着说："我知道你不想让你老婆累死，那今天你能不能帮我接接孩子、再做做饭？"

丈夫说："行，我这就去。"

这样说不但达到了目的，而且还可以使彼此的关系更加和谐融洽。的确，一般情况下，能让人欣然答应的事情，通常是通过商讨的语气来达成的。当你需要丈夫的帮助时，切莫用生硬的命令口吻，应该委婉柔和一些，其中撒娇就不失为良好的方法之一。

在生活中，一些夫妻为了制约彼此在吵架过程中会意气用事，会制定"吵架公约"。诚然，这是夫妻双方相处的一种技巧，但关于吵架，作为妻子的你需要学习的还有很多。再恩爱的夫妻之间都会发生冲突，吵架不是问题，问题是怎么吵架。

对此，如果女人能够适时地扼制一下自己的"口才"，理性一点，忍耐一下，在吵架的过程中本着解决问题的态度，那么，你是能得到对方理解的。为此，你需要记住以下几点。

1. 将吵架视为夫妻双方深入沟通的特殊手段和机遇

要珍惜每次吵架背后的价值，所谓"不吵没用的架"。

2. 先做好心理建设

在挑起纷争之前，自己先做好心理建设，告诉自己是为了解决问题，而不是要跟对方争长短，并考虑用什么方式去向对方表达自己的期待和诉求。例如，你知道自己生气时会口不择言，则可以试着找其他渠道来表达，如写信、MSN、找中间人等。当自己对自己有足够的了解和认识，知道自己的问题在哪里，就可以避开激烈的冲突。

3. 针对事情本身，而不是针对人

“公约”可以帮助你改进“吵架”的技巧，让你变“吵架”为“争论”。

4. 多以“我”为开头，少以“你”为开头

例如，同样一件事情，可以说“我今天为这件事情感到很生气很郁闷”，而不要说“你怎么这么笨！这点事情也做不好？”

5. 情绪发泄和理性分析相结合

吵架是女人们宣泄情绪的方式，但请记住，千万不要让战争升级。作为妻子，你一定要给自己和丈夫一个台阶，先忍耐，然后劝服对方冷静一点，两个人再坐下来重新分析，说出自己真实的感受，并倾听对方，不再以吵架的情绪讨论问题。

诚然，婚姻的“围城”需要夫妻双方共同经营，也难免潜伏着两个人的战争，一触即发之际，是火上浇油，还是春风化雨，往往决定于妻子的言语。有时候，做到忍耐一点，理性分析，不仅能平息争端、掌握主动，还能让你们的婚姻在磨合的过程中更亲密、更融洽。

用感性的话语触动他的心房

作家约翰·葛瑞曾在自己的书中这样描述男女之间的不同，他将男人与女人分别譬喻成火星人、金星人。他认为前者重视能力、效率和成就，主要透过他达成结果的能力来诠释自己的存在意义；而女人则重视爱、沟通、美与关系，并透过感觉和关系质量来诠释自己的存在意义，因此当火星人与金星人相爱，进而飞到地球共同生活时，某天赫然发现彼此像是说着不同的语言，双方难以沟通……一般来说，男人代表理性，女人代表感性。因此，身为妻子，如果在与丈夫沟通的过程中，能发挥女人感性的优势，说一些温暖

丈夫心房的话，打动你的丈夫，那么，还有什么问题不能沟通和解决呢？

曾有一项婚前调查表明，女性常倾向于将心情上的不舒服表达、宣泄出来，希望能得到伴侣的安抚以及情绪上的抒发，但有时候表达方式不恰当，往往使得丈夫觉得妻子在无理取闹，希望对方能“讲道理”。双方期待有落差，自然就沦为各执己见的僵局。

我们先来看看下面的场景：

小雪是一名中学教师，平时生活比较有规律，下了班就回家做饭、照顾父母。和她不同的是，丈夫因为自己经营了一家公司，需要在客户和供应商之间周旋，常常应酬到深夜才回家。对此，小雪从没有责怪丈夫不早点回家陪自己，而只是担心丈夫的身体。她知道，若丈夫长此以往下去，那么，可能人到中年会有一些存款，但他的身体肯定也垮了。

这天晚上，又到十二点多了，小雪还在等丈夫回来，锅里的小米粥热了一遍又一遍。终于，她清晰地听到了楼下汽车的声音，她马上出去开门，果然，丈夫东倒西歪地走了过来。小雪气急了，对丈夫说：“你有本事就别回来了嘛！”

“你这是什么话，我辛辛苦苦地在外面赚钱养家，你怎么这么说？”

小雪一听，知道自己话说重了，但她是在担心丈夫，于是，她又说：“老公，你知道吗？嫁给你好几年了，我很幸福，但随着你现在的事业越做越大，我担心的就越来越多，尤其是你每天的应酬，你的胃经常痛，你的健康状况也越来越差，你是家里的顶梁柱，千万要照顾好自己的身体。”

听完妻子的话，原本还不清醒的丈夫顿时眼眶湿润了，他一把搂住小雪，对小雪说：“老婆，对不起，让你担心了，以后能不去应酬的话，我尽量推辞，你放心吧。”

小雪用力地点了点头。

在生活中，可能很多妻子都遇到过这样的情况，你们是怎么做的？上面

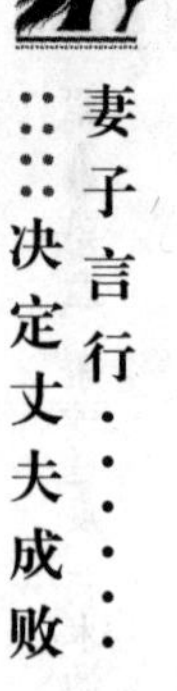

案例中的妻子小雪的做法是正确而有效的，面对应酬到半夜才回家的丈夫，她并没有多加责怪，而是从关心的角度对丈夫说了一番动情的话，让丈夫认识到妻子对自己的关心和担心，于是，一场眼看即将开始的争吵就这样在一片温馨的氛围中息止了。

由于性别差异，女性多半擅长口语表达，而且较被允许发泄情绪；而男性较拙于言语，情绪上也较压抑，倾向于短时间地解决问题，属于问题导向思考。因此，大多数情况下，女人在吵架的时候，多半不容易控制自己。但吵架要有建设性，不能只为逞口舌之快，因为最终的目的是要达成双方共识，而不是拼个你死我活，假若一方赢了，却没达成共识，也不是最好的结果。因此，作为妻子的你，可以利用女人感性的优势，说一些动情的话语来打动他。具体说来，你可以从以下几个方面做到。

1. 沟通时机要选择好

如果你希望自己的话能对丈夫起作用，那么，明白自己或对方的状态是很重要的。例如，自己或对方是否处于压力危机中，情绪是否忍耐到几乎快爆炸，或是有喝醉、身体不适、精神状态不佳等。如果遇有上述情况，自然不是沟通的好时机，若硬要沟通，效果通常不会太好，甚至容易演变成一发不可收拾的激烈争吵！因此必须先观察自己和对方是否处在高压力或情绪激动的时候，若人们处在激动的状态下，通常会无法冷静地思考，当然也不利于双方沟通。

2. 理解对方的立场

要打动男人，就要理解他。了解丈夫的立场和处境后，你可以用理解的口吻向丈夫表达："我知道，很多时候你并不是为了喝酒而喝酒，而是为了公司更好的发展"等。

3. 安抚自己与对方

夫妻吵架后，难免元气大伤，因此，作为妻子的你若能记得安抚自己与

对方，借由写信或用口语等具体方式，向对方表达自己能够有对方陪伴的感谢与开心，并且记住每次有效沟通的成果，在下次发生冲突时，提醒自己曾有过很好的互动质量。

把握好尺度，别说伤感情的话

人们常说，“相爱容易相处难”。当爱情面临生活中的柴米油盐酱醋茶等考验时，伴侣间难免会起口角、纷争，也使得无数对原本是人人称羡的佳偶，最后却变成怨偶；有的夫妻更是因为吵架失去理智，进而使孩子成为最无辜的牺牲品！然而，通常来说，夫妻双方沟通情况的如何，是否会让矛盾升级，多半的主动权都在妻子的手中。因此，作为妻子的你，如何拿捏表达要领、把握好尺度，将争吵化为有效的沟通，是维系良好婚姻的关键，也是家庭和睦的重要基础！我们先来看看下面的场景。

小路和丈夫结婚一年多了，婚前，他们曾定下协议，无论遇到什么问题，都尽量不要吵架。即使吵架，也不要把双方的父母牵连进去。然而，小路和丈夫都是脾气火爆的人，经常动不动就拌起嘴来，甚至把七大姑八大姨都扯进来，这不，他们之间的家庭战争又上演了。

这天丈夫发了工资，下班后，他去超市给小路买了点营养品，想回家好好孝敬“老婆”。当他高高兴兴地回到家时，小路第一句话问的就是：“工资呢？交上来！”小路这么一说，丈夫的心里顿时像泼了凉水一样，随手把买的东西扔给了小路：“给你买的！”

“买什么东西，家里每天开销那么大，哪里有闲钱买这些？工资卡呢，拿给我！”小路继续追问道。

听到妻子这么问，小路的丈夫赶紧在口袋里找卡，谁知道，他怎么也找

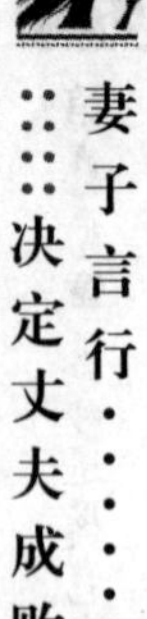

不到了，他突然想起来，公交车上有个男人一直鬼鬼祟祟的，难不成……果然，他发现身上的现金也没有了，他只好对小路说："老婆，不好了，我遇到小偷了，钱和卡被人偷了。"

"什么？你怎么这么没用？我看你这个月还活不活？我看这日子没法过下去了。"刚说完这些，小路就跑进房间，收拾东西，要回娘家。

"回就回！我辛辛苦苦地挣钱给你买东西，却好心没好报。得，我今天也回我爸妈家住……"

丈夫也要离家出走？小路慌了神了，赶紧说："我们不是说好了吗？不管怎么吵架，都不让爸妈知道，不就丢了一张卡吗？你身份证又没放一起，今天我们去银行补办一张，不就没事了吗？"

"是啊，不能跟爸妈说，他们只会担心，对了，那要是补办卡的话，得赶紧去，这会银行还没关门……"

小路擦了擦脸上的泪水，收拾收拾和丈夫一起出门了。

可能这样的场景在每个家庭中都会上演。上面案例中的妻子是冷静、理智的，原本要回娘家的她在听到丈夫也要出走时，才意识到问题正在被扩大化。于是，她赶紧搬出曾经和丈夫立下的条约，一场原本要爆发的家庭大战就这样被遏制住了。

的确，很多夫妻在吵闹后，都会发出这样的感叹："假如夫妻不吵架，该有多好啊！"然而，这只是一种美好的愿望，天底下很难找出这样的夫妻，夫妻本就是在吵吵闹闹中度过漫长的婚姻生活的。或许有些女人会反驳说：我们夫妻就从没"红过脸，拌过嘴"。其实这并不代表你们没有吵过架，而是因为你们懂得把握好吵架的尺度，夫妻之间没有"红过脸，拌过嘴"，并不能表示他们真的就没有吵过架，没有一点矛盾，而是因为他们把握好了吵架的尺度，化吵架的消极因素为积极因素，把恶性吵架变成了良性吵架的结果。

夫妻之间性格有异，脾气不同，当夫妻之间的纠纷发展到将要失去理智

的程度，作为妻子的你，如果不希望战争扩大化，那么，就必须冷静下来，积极地寻找解决纷争的办法，切不可火上浇油。

其实夫妻之间难得有大是大非之争，吵架大多是因为鸡毛蒜皮的小事而起，如果夫妻之间不能互相尊重，相互宽容，以求同存异的原则来规范夫妻的日常生活，而是有“刺”就挑，针尖对麦芒，那必然是“小吵天天有，大吵三六九”。把握好吵架的尺度应该以不伤害彼此的感情为前提，要避免吵架的升级，你需要把握以下几点。

1. 多提醒自己有无吵架的必要

人们似乎总是喜欢用最刻薄的语言去伤害自己最爱的人。的确，往往越亲密的人，吵得越凶！女人更喜欢以提高分贝来提醒男人自己在家庭中的重要性，诚然，我们不能否定的是，吵架是一种沟通手段，争吵的存在至少证明双方已经发现了问题，并有心去改善。但在争吵的时候，并不是所有的人都能理智、清醒地告诉自己要本着解决问题的原则，因此，在下一次你准备吵架前，最好告诉自己有无必要，能这样理智地考虑问题，争吵很多时候就能够避免。

2. 对事不对人，避开人身攻击

或许你已经习惯了指责丈夫：“你就是这样不负责任的人”“你自私自利”等，但你这样说，丈夫会觉得受到了攻击。在这种情况下，他会本能地想逃开或是反击。那么，更激烈的争吵就开始了。其实要想解决问题，你完全可以采用其他的威胁性较低的话语，例如，告诉对方他做了什么事情让你产生了什么样的感觉，这样的表达方式等同告诉对方：我不舒服是因为事情所造成的结果，而不是你这个人，他接受起来才会更轻松些。

3. 不踩对方的痛处

男人的忍耐也是有极限的，如果你明知对方的死穴在哪里，还非要探险的话，那么，你只能招来对方的反感。

4. 了解对方与自己的诉求为何

争吵的出现一般都是因为分歧，既然存在分歧，那就必然有个双方都能接受的中和点。要寻找这个中和点，你就必须放弃企图完全改变男人的不切实际的幻想。

5. 告知对方后离开战场

若争吵有越演越烈的趋势，那么，此时你不妨选择离开现场的方法，或出去散散心，或回到房间冷静一下。

6. 可以互相对骂，但切忌骂父母、伤自尊、发毒誓

吵架难免不会骂人，但就算是骂人也要有技巧，切记不要"株连"——不要骂到父母、祖宗上去。因此，作为妻子的你千万不要把自己变成怨妇，也不要为了证明或澄清一点小事就非得要他发毒誓，很多女人和自己男人的母亲和妹妹争夺情感，毒誓发多了不但不灵验，还会让他彻底地伤心，这无疑是一种愚蠢的做法。

因此，如果你是一个明智的女人，那么，一定要把握好吵架的尺度，一旦发现吵架升级，火药味浓烈，便要立即偃旗息鼓，鸣金收兵。

切忌翻旧账，学会就事论事

夫妻之间天天锅碗瓢盆，难免会出现吵架，吵架的结果无非两种，一种是夫妻感情得到有效的沟通，更加恩爱；还有一种是因为一些小矛盾而导致问题的扩大化，甚至多年的夫妻分道扬镳。的确，两性关系本质上就是一场角斗。有婚恋专家分析说，夫妻间的吵架多半是一种连锁反应，男人的负面言行引起了女人的某些负面情绪，而由女方发起争吵。男女吵架的目的也不一样：男性多为表达想法，而女性则是为了表达情绪；男人需要对自我的

认可和尊重，女人则需要爱。其实这点很容易在生活中得到验证，吵架完毕，男人喜欢自己安静地待着，而女人则喜欢被男人哄，当然，很多时候，胜利者还是女人。

吵架时，男性多半就事论事，而女性则会充分发挥自己的发散性思维，婚前婚后的事情都能被她数落一遍。所以吵架时，作为妻子的你，如果不希望让吵架损害夫妻感情，不希望矛盾范围扩大到不可收拾的地步，那么，你最好告知自己，要牢记吵架的目的，注意自己的语言，不要把问题扩大化。也就是说要学会就事论事，而不是翻旧账。

有这样一对小夫妻，他们经常爱为一点小事而争吵不休。每吵一次架，妻子必提到男人曾遭前女友抛弃的事，她常把这样一句话放在口头：难怪别人不要你，原来你这样不上进、懒散、没用。男人恰恰怕听也最不爱听的就是这句话，而事实上前女友不要她，并不是他的错，而是前女友另有新爱。所以男人一听到这句话后，就更加歇斯底里地同女人大吵大闹，导致矛盾升级，从热战到冷战，经常闹到两个人分床而睡。

那天，女人和邻居聊天，邻居对她说："你们其实争吵的都是一些鸡毛蒜皮的小事，为什么总是闹到夫妻冷战的地步呢？原因是，你总爱哪壶不开提哪壶，你不应该翻对方的旧账的，你只能就事论事。"

女人一听，觉得很有道理，于是女人决定向男人道歉，男人也接受了女人的道歉，从此小两口和睦多了。

俗话说，天上下雨地下流，夫妻打架不记仇，白天同吃一锅饭，晚上同睡一枕头。这其实就是很形象地告诉人们，夫妻之间要相互包容，容忍对方的过失，因为金无足赤，人无完人，万万不可翻旧账。

通常情况下，女人在理亏的时候，经常会翻旧账来挽回局面。殊不知当翻旧账的时候对方也有迹可循，依然说起了陈年往事，这样的争吵便是乱吵一通，是一种简单的斗气，对于情感和解决问题都是有损无益的。就事论

事，事情便会出现转机，一味地扩大争端只会让吵架变得永无休止而毫无结果。

“凭什么总是我洗碗，而你从来不洗”“凭什么我们要去看你爸妈，不去看我爸妈……”这些话在争吵的夫妻间实在不陌生。

翻旧账的女人以自我为中心，要求付出多少就得到多少。一味地翻旧账，会让对方觉得永远纠缠于过去的问题中，看不到现在，对方最后索性就会说出“我就这样了，你怎么着吧”这样的话来。

因此，作为女人，无论你和丈夫争论什么事情，都要“就事论事”，决不可以翻旧账。如果为钱的事情争论，就一定只谈钱不谈别的。倘若东拉西扯，那就一辈子也争论不清了。夫妻之间切不可记仇，不管争论得有多厉害，过后都不要在意。如果非要把旧账记住，下次再一笔一笔地翻出来算，那就是在旧伤口上一层一层地撒盐。

具体来说，你需要注意以下几点。

1. 不笼统地否定对方

卡瑟琳的丈夫下班后如果没有应酬，往往会躲到书房里上网、看球赛、打游戏。卡瑟琳下班后要做饭，吃完饭后，还要独自整理家务。一天，卡瑟琳终于爆发了：“你吃完饭就放下筷子玩游戏，你根本不关心我……”

很多女性在抱怨小事时，她想表达的是自己的要求。然而，卡瑟琳的表达方式没有表达出自己需要对方关心的真实需求，而是丈夫给了笼统的否定性的评价，这很容易引起对方的反感，甚至逆反心理。不如换种表达方式：“你最近几个星期都没有陪我一起看电视了，今晚有没有时间……”“我今天有些不舒服，你能不能帮我把碗给洗了？”相信这样让事物尽可能地近期化、具体化且略带委屈的表达，会让丈夫意识到自己的疏忽给妻子造成的影响。

2. 用行动表达意见

吵架时，要一码事归一码事，有时甚至不需要用到语言。如果你的爱人

只吃饭不洗碗，多次提醒无效后，你可以找机会将所有的碗放在他的那一侧床上，保证他以后永远记得。

3. 一次只吵一件事

你可以和丈夫立下条约，双方约定不要翻旧账，把争吵的焦点放在同一件事就好，其他不满则另找时间处理。

4. 不提及过去的事

如果你和丈夫发生纷争，要就事论事，不能搞“株连、算总账”。把过去的事情全盘搬出来，摆出一副得理不饶人的姿态，老是提对方过去的过错，这样最容易引起对方的反感和对立的情绪。

可以先认错，再让男人思考他的错误

夫妻在一起生活，难免有误会并引发矛盾，只要处理得当，很快便能和好如初的。但是，如果处理方法不当，各抒己见，互不相让，问题没有解决，反而又进入“你不理我，我不理你”的冷战状态，这是婚姻中的大忌，好多红杏出墙、丈夫出轨的事情就由此而生。再者，长期的冷战会导致双方情绪处于压抑和愤懑状态，久而久之，对身心健康也是有百害而无一利的。因此，作为妻子，你要明白，争吵后能够主动地打破僵局，求得和解是建设性争吵不可缺少的一环。其实主动道歉，说声“对不起”，多数情况下就能达成和解。很多智慧的女人们都说，她们和丈夫也有争吵的经历：“我们是吵过来的”，但她们也告诉我们，争吵以后一定要做好善后工作，否则就会伤害夫妻感情。

我们先来看看下面这位女士与丈夫的争吵经历：

“昨天跟老公吵了架，又是为些鸡毛蒜皮的小事儿。我俩挺奇怪的，遇到大事，都会为对方着想，把自己弄得特无私那种，可却会为些小事闹别扭。

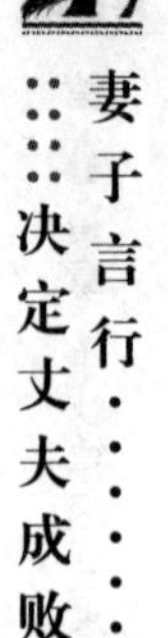

也许这样算是恩爱,多少夫妻平常看起来磕磕绊绊,但真遇到大事情终究也是齐心协力、不离不弃。但未必小事不能被吵成大事,又有多少夫妻不是在鸡毛蒜皮的小事里分崩离析的?

跟老公吵架,其实都不能算是吵架,因为几乎没有互动。对方通常顶我两句就不做声了,之后我最起码要说上九十八句才算了事,迫不得已的时候我还要自问自答。九十八句可能还是不解气,主要是因为没有互动,对方已经躺床上蒙着被子睡去了,于是我索性也挤到被子里去。对方没动静,则仍然不解气,用胳膊肘子捅对方的后腰,补充道:'今天不做饭了,你自己看着办。'

我想对方大概也是有点生气了,因为他什么都没说。于是乎,望着对方的背,我开始反省,老公的脾气真是好,无论我说什么,他总是包容我,即使吵架,他也只是生气,从不顶嘴;平时家里所有的衣服也都是他洗;每月的工资都交给我,这样的老公哪里去找?

反省了这么多,已经觉出自己错了,转脸儿瞅老公,竟然已经睡熟了,大概根本没与我一般见识。

转脸儿瞅老公,睡得很踏实,打着小呼噜,样子很招人喜欢。瞅着瞅着,又后悔刚刚不该说'不做饭'的话。男人和女人吵架,女人最不能干的事儿就是撂挑子不做饭,完全可以做好了饭,吃饱了,再与他继续开战。

于是,冷静了个把钟头,我灰溜溜地从被窝里爬出来,到厨房里烧饭去了。

饭烧好了,焖在锅里,自己看电视,冷眼看对方起床,从锅里把饭端出来大口吃,与我说话,我也不搭理,顺势给上几个白眼,对方不还,我也就算是占了上风。

两个人闷头过上几个小时,单看电视不说话,遥控器在我手里,我看啥他看啥。实在憋不住了,我钩上对方的脖子撒娇,道:'你是不是错了?'

‘嗯，我错了！’

‘真错了？’

‘真错了。’

‘那我原谅你了。’

……”

估计这样的场景每对夫妻都遇到过，并且是温馨、甜蜜的。上面案例中的女人也是聪明的、知进退的。的确，夫妻间争吵多半是由妻子引起，但能否真的化解矛盾，关键也在妻子。因此，千万不要认为，你是女人，应该由男人主动和解，要知道，男人也是好面子的，如果你能主动和解、承认错误，那么，你在他心里一定是明事理、贤惠的，他也一定会反省自己的过错，这样的吵架才是有效果的。

善于低头的女人是厉害的女人，越是强悍的女人，示弱的威力就越大。男人的天性中有种保护欲，同情弱者，怜香惜玉。女人的微笑、娇羞和眼泪，绝对是令男人怜惜到肝儿颤的法宝。越是事业成功的女人，越要懂得示弱，少一些咄咄逼人，少一些斤斤计较，会让男人更轻松，也更惬意。

因此，女人们要明白，吵架是要解决问题而不是要一较高下。很多时候过于理性地去看待夫妻之间的问题只会让情况越来越糟，偶尔夹杂着一丝感性则可以缓解紧张的氛围。和爱人争执绝对的对与错太过理性，不适用于婚姻，大事化小，小事化了，才是争吵的最高精髓。

那么，在与丈夫争吵后，女人应该如何认错呢？

1. 先思考清楚吵架的目的

你与男人吵架是为了什么？是你需要更多的关心，还是对方存在某些不足的地方？明确这些问题，能避免一些琐事引起的不必要的争端。

2. 注意认错的态度

“行了，行了，都是我的错还不行吗？”这句话多半是男人在吵架后来息

止战争的托词。你肯定能听出来，这种态度哪里是认错？那么，反过来，如果你在吵架后，也以这样的态度认错，对方也能听出来你是在敷衍，这会让对方更郁闷——你连吵都不让我吵了，你没有真的觉得这件事需要改进吗？在这种情况下，你应该做到真的反省，并让爱人把话说完，然后要用论据证明自己做错了，让对方知道你确实把话听进去了，起码被重视、被理解了。

3. 开个玩笑

当你的爱人真的生气了，你可以开个玩笑："难道你真的不理我了？老婆我好伤心啊。"然后试图扮小丑状来逗对方发笑。笑是一种拉近距离的重要社会手段，笑能让对方的火消掉一大半，剩下的就好办多了。

女人示弱、认错并没有什么损失，反而你的认错、示弱会赢来家庭的和谐，能够给予男人更多的自信和安全感。可见，小吵怡情，适当的争吵可以增进夫妻间的感情，而无休止的争吵则是不可取的。所以，吵架之前也要思考，问题是否只有通过吵架才能解决，心平气和地沟通真的不可以吗？

第16章

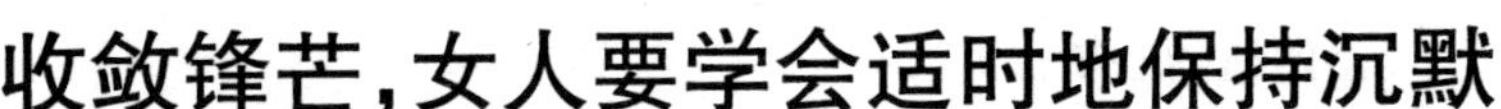

收敛锋芒，女人要学会适时地保持沉默

婚姻围城中到处潜伏着战争因素，一个不小心就会引发夫妻的争吵，作为妻子的你，不要总以为争辩就能占上风，不要总以为他爱你，就应该听从你所有的喋喋不休的言论，男人有时候也需要自己的空间、时间来思索自己、思索人生、思索过错。因此，作为妻子，即使你是个急性子，即使你再优秀，也应该懂得去了解男人的心，给他时间与空间，适时地沉默。可以说，女人的安静是一个家庭和睦相处、夫妻恩爱的重要前提。

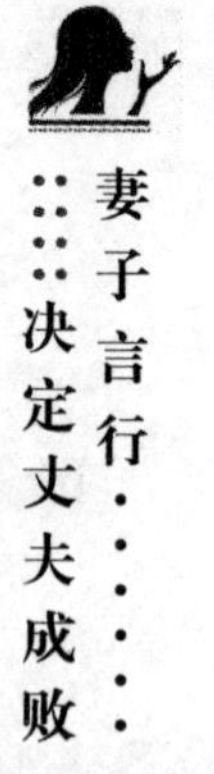

不要总在男人面前炫耀自己的功绩

俗话说,男怕入错行,女怕嫁错郎。反过来,男人也希望自己取个“对”的妻子。有人说,男人娶了什么样的妻子,就等于选择了什么样的人生,这句话不无道理。《菜根谭》的作者洪应明就说过:“悍妻诟谇,真不若耳聋也!”人生在世,短短数十年,最重要的就是要有一份恬淡的心情,而这一份美好只有和睦的家庭才能给予。对于男人来说,娶一个好女人,就能赋予自己闲适的心情。

任何一个好女人都明白,对于男人最重要的是尊严,因此,即使她再优秀,她也是丈夫的妻子,都是丈夫面前的小女人,她都不会在丈夫面前炫耀自己的功绩。然而,这是个女人说“我行”的时代,无论是付账、开车,女人都可以坦荡荡地说“我行”。当然,独立、能干的女人,对于任何一个男人都具有无法阻挡的吸引力。但已为人妻的你,千万不要以为,你对于自身能力的种种自我夸赞,会让丈夫真的认同,他在表面说“我的老婆当然厉害”的同时,可能内心里的某些自卑感正在逐渐上升,而长此以往,不仅男人自己,包括你们周围的朋友,也会给你们这对夫妻一个定位——妻强夫弱,那么,男人的颜面何存?

林女士是某私营企业的一名外事经理,B 型血,活泼、开朗、大方,能办事,会说话,同样的话从她的嘴里说出让你觉得无比舒服。她关心朋友,关心同事,孝敬公婆。说起林女士,人人竖起大拇哥,最恰如其分的评价就是两个字:豪爽!

但就是有一样,林女士无论家里家外都太强势,总觉得别人处理事情不如自己,脾气比较急,家里家外的事情都是自己搞定。

十几年前，她替丈夫调动工作，工作轻松了，但企业没有效益，原来的单位虽然苦些累些，但工资有保障。后来，新单位实在是效益糟糕，她就出钱给丈夫买了一辆出租车开。这下子，林女士在家中的地位就更高了，而且一回到家，她就喜欢向丈夫夸耀她在单位的事迹："老公，你知道不？我今天又替公司赚了三百万，厉害吧？""我今天又拿到单位的奖金了。""你要是也能跟我一样，每个月挣两万，咱们的房子可能早就换成两百平的了。"

刚开始，她的丈夫会为她高兴，并和她一起庆祝，但后来，他明显地感到周围的人在背后议论自己："你说老王家真是奇怪，老婆一个月挣那么多，老王倒也心安理得啊。""这年头反了。"

本来，丈夫的心里已经很不是滋味，再听到这些闲言碎语，他更是心中郁闷，便回去找林女士吵架。林女士不知所以然，丈夫便提高分贝："我知道你能干，但你是我老婆，我也需要自尊。"听到这些，林女士愣住了，原来一直以来自己错得这么离谱。

在生活中，又有多少和林女士一样强势的女人呢？他们确实能力突出、待人处事豪爽，但在婚姻生活中，她们却忽视了一点：与她们相处的是要面子和尊严的男人，男人是不希望自己的妻子像女王一样高高在上的！因此，如果你是个聪明的女人，那么，就不要把你在单位、公司的业绩带到家中并喋喋不休地传达给你的丈夫。

当然，现代社会，很多女人已经认识到这一点，她们已经在小心翼翼地躲避"男人婆""女魔头"这样的称号，为运筹帷幄打上"女性气质"的标签。那么，作为一个妻子，在婚姻生活中，应该如何把这种成就感转让给男人呢？

1. 展现你的温柔

任何一个男人都希望自己的妻子不仅能干，而且还要温柔。因为男人都喜欢征服，从而显示自己男性的魅力。我们不难发现，男人们都喜欢温柔的女人，因为女人的温柔正是满足了男性的这一心理需求。那些好莱坞的

大女人们回到家里,未必不乐于扮演小鸟依人的角色。实际上,男人唯一受用母爱的时候,是在身体出现故障、失去战斗力的时刻。那么女人何不把展现柔弱当做日日拼搏中的一个假期呢?

2. 展现你的需要

照顾好丈夫被认为是女人的本职,那些能干的女人通常能同时将子女、父母、自身包括男人的生活打理得井井有条。这样的女人在一段时间之后,会开始抱怨自己的男人对别的女人比自己要好得多。设想一下,当一个男人连桶装水都不需要自己换时,他还会觉得这个女人需要他吗?失去了"被需要"的感觉,男人就像回到了"妈妈的男孩"的心理模式中,他必须另外寻找一个需要他的女人来帮助他长大。

3. 为他提供发挥的空间

女人能干固然很好,但太能干了会显得男人无能。因此,即使你在阅历与能力上都高于男人,也不要对男人的行为和思想太过束缚。你可以提一些建议,但大主意还是要他自己拿,即便错了,也无所谓,几番下来,他也会知道自己错在哪里。此外,如果你能再发挥赞扬的作用,那么,他一定会受到鼓舞,会非常有自信的,工作起来起码不会被家庭所累,能够全身心地投入到他的事业当中去。

而相反,如果你喜欢"事必躬亲",好像男人没有你就活不下去,不给老公一定的空间,那儿好多事情一定会适得其反,影响心情并影响他的工作情绪。其实在家庭里,女人是要做出一定牺牲的,因为我们不得不承认一点,这个社会中,冲在前面的多半还是男人,他们在累了的时候,也需要有个温柔的怀抱迎接自己。

做温柔的妻子,就不能河东狮吼,而是要关心、体贴他,给他足够的空间和时间,他会静下心来,思考自己的方法是否可行,他会变得逐渐理智和睿智起来。

当然，毋庸置疑的是，男人的能力还要靠他自己，如果他不争气，不上进，那说什么也没用。但无论怎样，家的温馨与安定始终是男人奋斗的动力与源泉，家也是男人累了倦了之后休憩的港湾。

有些场合男人需要一个娴静的老婆

古人云："英雄难过美人关"，并不是因为女人的美丽打动了男人，而是女人的温柔征服了男人。所以女人不一定要美丽，只要她柔情似水、端庄娴静，那么她在男人的眼里就永远是最美的！但女人似乎生来就喜欢用语言来诠释自己的情感、思想，无论是在家庭中，还是公共场合，我们总是能听到女人不断地向男人说："你觉得这件衣服怎么样？""你怎么老是打游戏，陪我看电视嘛！""怎么还不走，你哪有那么多话和朋友说？"此时的男人心情会怎样？他们多么希望自己的妻子能安静下来，静静地等他们把事情做完、把话说完！

的确，任何一个男人都希望自己的妻子能够"静若处子，动若脱兔"，这就是男人"挑剔"的眼光。

我们先来看看下面的故事：

杨女士与丈夫王先生吵了一架，王先生觉得很烦，披了件外套，走出房子打电话给哥儿们刘先生找他去喝酒；杨女士哭着打电话给姊妹，她在电话中开始抱怨"我觉得他根本就不爱我！他每次都不听我说话……"

此时在酒吧内的王先生喝了一口闷酒，微醺的他对哥儿们咕哝了几句："喂，我问你一个很严肃的问题。"

"什么问题？"（喝一口酒之后把杯子放到桌上）

"女人到底都在想什么？"

"……如果我知道的话，我就不会坐在这里陪你喝闷酒了。"

"为什么女人的话多得不得了？"

"是啊，为什么？"

的确，很多时候，男人都希望自己的妻子能安静下来，但数千年来的演化造成了男女大脑结构的差异。

有这么一个说法：男生擅长数理推演，女生专精语言记忆。男人休息的方式是发呆，不管是钓鱼、看电视等维持坐着不动的姿势，这表示你的男人正在休息。而根据统计，女人一天平均可以说（约）两万到三万个字。当女人今天在工作场所只说了几千字的时候，她会想把剩下的没用掉的两万字用完；而这个时候如果碰上她的男人回到家，悲剧就发生了。

据X光片显示，女人的大脑中负责处理语言的部位大概是男人的六倍。因此不要问女人为什么多话，她们就是这样。

男人只有在需要的时候说话，也就是说，男人说话是为了解决问题，而女人说话只是为了说话。这两种迥然不同的思考逻辑相遇时，就会发生很多分歧。

细心的人会发现，无论是影视里还是现实里，那些温柔娴静的女人总是优雅的、充满魅力的、知性的，总是能给男人带来不一样的感受。

为什么那么多人喜欢看四十岁以后的张曼玉，年轻的张曼玉有的是青春朝气娇艳，但娴静优雅却是四十岁以后透露出的韵味，而且让人久久回味，好比品茗一般。

所以聪明的女人，有时候、有些场合下，不妨安静些吧。那么，在哪些场合下，男人需要一个娴静的老婆呢？

1. 男人受伤的时候

男人在人前表现出来的永远都是刚强的一面，但他们也有内心脆弱的一面，尤其是当他们遇到挫折和内心受伤的时候。家始终是他们认为最可

靠的宣泄内心脆弱的地方，但如果你是个过于“理性”的妻子，面对这个受伤的男人，你不是安慰他，而是不断地训导他、教育他，甚至挖苦他，那么，他是怎样的感受，可能是沮丧至极点吧！

其实，男人寻找女人做妻子，很多时候是希望对方在某些方面和自己互补，也就是他们稀缺什么，他们就往往希望对方具备什么。所以外表刚强的男人往往因为内心的脆弱而希望寻找到温柔娴静的妻子，以疗养和修补自己内心深处的脆弱裂纹。

因此，聪明的女人们，不妨在男人受伤时，将男人的头靠在自己的胸口，什么都不说，试着用手轻轻地抚摸他们的头发、脸颊、脖子，他们会像一个乖巧的孩子般静静地感受你的每一次触碰。

2. 男人累了的时候

男人赚钱养家非常不容易，作为一个女人，应该学会适度的宽容。如果你爱他，就在适当的时候把他当孩子看。这并不是一种轻视，而是一种温柔的关爱。你的温柔娴静可以缓解他的压力，让他在心理上获得放松，有时一个温柔爱怜的眼神会胜过平淡的千言万语。所以只有懂得温柔的女人才是最聪明的，她们知道怎样去爱男人，也知道怎样才能让男人更爱自己。

3. 男人处理事务的时候

男人在专注于自己的事情时，是绝不希望被打扰的，此时的你，不妨为他递上一杯清雅的茶水，然后静静地走开。

事实上，一个娴静的妻子也不会把自己所有的时间都花在男人身上，她们每天会有一个时间让自己安静下来，去沉思自己，去想自己在家里的位置、在社会上的位置，她会去考虑她在这个世界要做的事情的优先次序，她会安排自己的生活。总之，她是温柔的、娴静的，就像一汪碧蓝碧蓝的湖水，沉静而美丽。

不要做口无遮拦的“泼妇”

在这个世界上，美丽的女人是一道靓丽的风景线：有的婉约淡雅如茉莉，沁人心脾；有的热情如玫瑰，风情万种；有的圣洁素净如月季，清爽朴素……女人以不同的姿态、不同的容光、不同的故事、不同的灿烂，抖下千种风情、百种芳华，装点着一片灿烂的天空。做个美丽一生的女人，是很多人痴痴追求的绮梦：美丽优雅可以吸引更多的眼球和换来更多的疼爱，既可以娱人也可以悦己……每个男人也都希望自己的妻子是美丽的，但是，如果一个女人口无遮拦，那么，所有的美丽将会黯然失色。

毋庸置疑，几千年以来，中国男人都对温柔的女人情有独钟。温柔是发自内心的女人味，散发出来，到了极致，就可以有化指为柔的魅力，温柔体贴的女人总让男人心仪。温柔的女人心思敏捷，玲珑剔透，善解人意；温柔的女人，是微笑天使、爱心大使，所到之处，抚慰心灵，平复创伤。

温柔的女人会更让男人心生怜爱，男人都喜欢居高临下地抚慰女人，因此，聪明的女人们，尽量不要在男人面前趾高气扬，更不可以口无遮拦。因为口无遮拦是一种无知、修养差的表现，没有一个男人能容忍一个泼妇。所以温柔体贴的女人，方能如一树花似的在男人面前永远繁盛。

中国哲学史上，那些娶了悍妇为妻的先哲们并不少，孔丘先生就是一例。虽然经书为圣人讳，没有提及，但我们还是能想象得到的。不然为何会有“唯女子与小人难养也！”的感慨。除了孔丘，还有庄周。他的夫人病故，庄周高兴地鼓盘而歌。当惠子批评他太过分时，庄周还掩饰地说：“不然，是其始死也，我独何能无慨然？察其始，而本无生；非徒无生也，而本无形；非徒无形也，而本无气。杂乎芒芴之间，变而有气，气变而有形，形变而有生；

今又变而之死；是相与为春、秋、冬、夏四时行也。人且偃然寝于巨室，而我噭噭然随而哭之，自以为不通乎命，故止也。”这段话也就成了道家著名的哲学思想。

然而，现代社会，随着中国女权主义的解放，女子“当家做主”已经有被妖魔化的趋势，从一极走到了另一极，呈现出另一种样子。在家里，翻男人的私房钱，严格控制经济命脉的女人越来越多，勒令男人下厨房的女人越来越多，就跟朱德庸画的那个《双响炮》一样，整日咆哮，无比剽悍，那就是传说之中的“河东狮”。

那么，日常生活中，身为妻子的你，应该如何注意自己的言行，才能避免有泼妇之嫌呢？

1. 凡事讲理，以理服人

在与丈夫相处的过程中，一切依理，说话、做事也就有了尺度，自然就不会口无遮拦。

2. 多读书，能明理

我们发现，那些明事理的女人一般说话时都能言之有理，并且有让人过目不忘、回味无穷的气质。而这种气质，并不是一朝一夕就能获得的，它需要岁月的浸染、学问的充实和修养的支撑方可在全身弥漫。所以聪明、美丽的妻子一般都爱读书，读好书，爱读书的女人亦会变得像一本好书那样经久耐看。

总之，聪明的女人和丈夫相处，难免会出现磕磕碰碰，偶尔你可以发发牢骚，但仅仅是为了逞一时嘴皮之痛快，你也可以时不时地“作”一下，但绝不能作天作地。察言观色之后，看似情况不妙就要赶紧找个台阶下，绝不可以口无遮拦，伤己伤人。

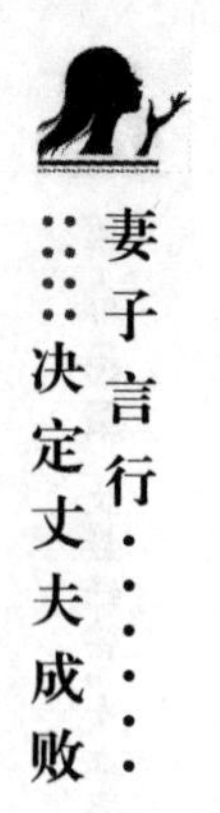

男人不想回答一定有他的苦衷

自从2008年春晚后,“为什么”成为当时的流行语。直到现在,在我们周围依然随时都能听到这句话,“为什么呢”确实比过去多了起来,特别是一些女性开口闭口就是“为什么呢”。如果在工作上爱问“为什么呢”,当然对工作进步有好处;麻烦的是女人不管什么问题,都要问男人个为什么?是不是都合适就值得研究了。

自然,聪明的女人不会平白无故地犯低级错误。女人如果能预测到不好的后果,还是不要问男人为什么的好。一些明知道男人很难回答,或者根本就是让男人撒谎的问题,憋死都不要问为什么。有时候,男人不想回答,是因为他有难以启齿的苦衷,你又何必苦苦相逼呢?

的确,男女之间互相信任、不分彼此是亲密关系的体现。但聪明的妻子不追问男人某些问题,更是一种对他的信任,他会感激于你的善解人意。

吴女士有个幸福的家庭。这些年,她经营自己的服装店,丈夫开了一家工厂,全家日子过得红红火火,吴女士手上也存了不少的私房钱。但她对丈夫的事业从不过问,第一,她不懂丈夫那行;第二,她充分信任丈夫。

这天,恰逢她和丈夫结婚十周年,她早早地关了店门,买了蛋糕,买了菜,回家做了满满一桌子菜,等待丈夫早点回来,她特地没有提醒丈夫今天这个特殊的日子,因为她知道丈夫一定记得,每年这天,她都会收到丈夫的玫瑰花。

时间一分一分地过去,丈夫并没有回来。她看着手机,等待着丈夫的电话,但也没有。到了十二点多,当她准备收拾饭菜时,门开了,丈夫推门进来了,不,这分明是一个醉汉!出了什么事?平时那个意气风发的丈夫怎么喝

了这么多酒？吴女士揣测着，但她并没有问。

“老婆，对不起，我记得今天的日子，但我的心情实在不好，对不起……”

“没事的，明年再过也行啊。”她安慰丈夫道，她知道这个男人肯定遇到了什么难过去的坎儿，她等待着丈夫自己说。

“老婆，你能不能先把你的五十万拿给我……”五十万？这是笔不小的钱，吴女士这么多年的存款！但吴女士明白，丈夫是个要强的人，从没在自己这里拿过一分钱，他既然开口，肯定是不得已的，因此她赶紧说：“当然可以，我们是夫妻，这么多年了，还说这么见外的话。”

当她把银行卡拿给丈夫的时候，丈夫一把抱住了她。他很庆幸，自己娶了个好女人。

一个星期后，丈夫把那张卡拿给她：“老婆，谢谢你，现在这些钱还给你。”她倒也不客气，收下了这笔钱。

“你不问问我拿你这些钱去干什么去了？”丈夫很好奇。

“我相信你，你跟我开口，肯定是遇到了什么难处，我相信你能做到。你看，今天我的愿望不是达到了吗？”

“看来，我们彼此都没找错人，哈哈……前几天，工厂副总拿着公司的钱走了，我到处筹钱，就差五十万，当时想到了你……”

这则案例中的吴女士就是个善解人意的女人，在丈夫向自己求助的时候，她并没有追问丈夫拿钱的原因，因为她明白，丈夫必定有不愿意说出来的原因——一个男人，事业上出现问题，是不愿意告诉妻子的，这是一种失败的体现。

可是现实生活中的很多妻子却并不能体会男人的心情，她们似乎总是在发挥自己的口才，喋喋不休地问男人为什么。然而，你想过吗？既然他不愿意告诉你，必然是有其苦衷的，你为何不尊重他呢？

那么，哪些问题是男人不愿意回答的呢？具体说来，可以归结为以下

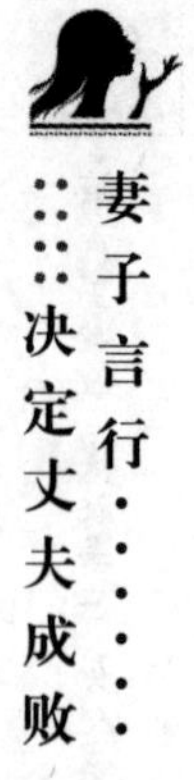

几类。

1."你想什么呢?"

男人最怕女人入侵他们的脑袋,他又不想让你生气,所以回答也不是,不回答也不是。面对他的尴尬,你会觉得自己在自讨没趣,所以还是让他去梦想吧。

2.不要问男人为什么喝酒

现代社会交往增多,很难想象一个男人没有社会交际是什么样子。

要交际就会有酒局,喝酒多了也是常事。女人要明白,男人喝多了酒,没几个是自找的。想想那些社交场合,领导让喝,不喝行吗?不是有句话说"能喝一斤喝八两,这样的人要培养;能喝八两喝一斤,这样的人才放心"。

遇到比自己阶层低的人敬酒,不喝就是不给面子,怎么好意思呢?遇到多年不见的朋友,那就是一醉方休了。这是中国的传统决定的。

女人在男人醉酒后,问男人明明知道醉酒伤身,又没那么大的酒量,为什么要喝那么多呢?你让男人怎么回答,让他说他官瘾很大,他逞强,能说得出口吗?

中国男人最要面子,这层窗户纸是不可以捅破的。

3.不要问男人曾经的恋情

对于男人来说,过去的恋情就如同身上的伤痛,每被提及,就会痛一次,那么,你又何必去揭这层伤呢?

4.不要在男人求助时问为什么

偶尔,男人会身体不舒服,他躺在沙发上看电视,但作为妻子的你却看不惯。于是,你会说:"一个大男人坐没坐相,躺没躺相,像什么样子。"男人告诉你,让你给他倒杯水,但你却心里不痛快,不情愿:"你没长着手,为什么要我给你倒。"其实你并不知道男人生病了,你觉得一个男人生病了应该躺在床上,而不是懒散地躺在沙发上,但无论如何,如果你给他递上一杯水,他的心里必定是温暖的。

5. 不要问男人为什么总是无法升迁、加薪

在生活中，这样的女人并不少见，他们将自己的命运寄托在男人身上，所谓“夫荣妻贵”；此外，为了满足她们的虚荣心和依赖性，她们不惜给丈夫施加各种压力。当然，鼓励丈夫发奋图强并没有错，但是，如果不根据实际情况制造压力，可能会适得其反。一句话：逼夫成龙的女人太愚蠢。

生活中的妻子们，想一想，你是否曾将这些话脱口而出呢？记住，如果在不恰当的时间提出这样的问题，会影响到两人的关系。所以，“谨言慎行”也是女人的一种智慧。

争辩不必非要争出谁胜谁负

家是什么？每一对新人在踏进婚姻殿堂的时候，都会得到一句真诚的祝福，“白头偕老，相爱永远”。但爱一时容易，爱一生一世真的很不容易。家不是一个讲理的地方，这句话听起来很没有道理，但这句话是千真万确的真理。而争吵中，当两个人开始据理力争的时候，家便开始蒙上了阴霾，两个人都会不自觉地各抱一堆面目全非的歪理，敌视对方，伤害对方，最后只能是两败俱伤；为了表面的一个理，要么分手离婚，要么凑合一生；他们不知道，家是一个讲爱的地方，不是一个讲理的地方，更不是一个算账的地方。因此，聪明的女人，千万不要以为自己是妻子，就理应得到丈夫的让步，如果你非要与丈夫争出个谁是谁非来，那么，只能导致两败俱伤。

我们常常会听到有女人这样说：婚后我才发现他原来是这么不讲理、这么不可理喻。其实，想想这也很正常。谈恋爱时，大家总是把自己最好的一面展示给对方，极力地掩饰自己的缺点，可一旦结婚，就各自放松了警惕。

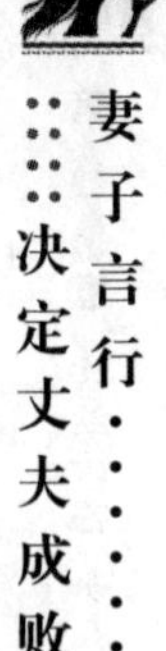

于是,大家开始“坦诚”相对,各自的缺点也就暴露出来了。其实人本身并没有变,只是因为夫妻之间没有任何神秘感可言,再加上包容心慢慢变得麻木,于是,尊重的成分少了,苛刻的目光多了;宽容的心减弱了,好胜的心变强了。这时候,“讲道理”的战争也就接踵而至了。

当双方试图在家庭中据理力争时,不妨学着好好调节一下自己的心态,用体谅和理解的态度来彼此相待。

男人通常都爱面子。作为女人,只要随时随地都能给他留个面子,男人就会感激不尽,并会以加倍的爱来回报。而有了面子后的男人,一定是乐观而自信的,有信心的男人必定是热爱生活的,而热爱生活的男人,就一定是一个热爱家庭的男人。

我们先来看看下面这位妻子是怎么处理与丈夫的争论的:

有位丈夫大男子主义非常严重。一天,他对妻子说:“这个家我说了算,你要听我的。”

妻子问:“为什么呢?难道上帝赋予了你这个权利吗?”

丈夫说:“我管他什么权利不权利,反正你得听我的。俗话说,男子汉大丈夫,大丈夫的话不听,你听谁的呢?”

妻子说:“好吧,我们意见一致时,我听你的;意见不一致时,你听我的。”丈夫听后,不禁笑了起来。他们就在这笑声中结束了争辩。无疑,丈夫的大男子主义也在这笑声中“土崩瓦解”了。

在这场争辩中,由于妻子运用了幽默的语言,使冷漠的气氛变得活跃起来,同时使丈夫的大男子主义得以改变,可谓起到了一箭双雕的作用。

在这个世界上,有幸福的家庭,当然也有不幸的家庭。幸福的家庭,是因为夫妻双方懂得家不是讲理的地方;不幸的家庭,是因为夫妻双方把家当成了讲理的地方。

的确,婚姻最忌讳的就是据理力争,这句话听起来似乎很没有道理,但却是事实。这句话是多少夫妇和家庭用辛酸和眼泪，在你争我斗的混乱中，总结出来的一个结论。当夫妻之间开始据理力争时，家庭将变成硝烟弥漫的战场，两人都会拿出自己的一大堆所谓的道理，抨击对方，以求打倒对方，最后弄得两败俱伤。多少夫妻，为了争一个“理”，落得心情沮丧。她们忘记了，家不是讲理的地方，不是争辩谁是谁非的地方。

夫妻之间，实在是没有必要非得分出个对错来，许多不幸的家庭正是因为忽视了这个道理，才搞得夫妻之间矛盾不断。

那么，聪明的女人，应该如何处理与丈夫的争论呢？

1. 接受差异

即使是夫妇，你与丈夫也是两个完全独立的个体，自然在很多方面存在差异。所以，如果你希望把丈夫改造成你所希望的样子，那么，你的幻想最终会破灭，甚至会引发婚姻危机。而如果你能尊重差异，接受差异，不去改变它，那么，自然能够和平共处。

2. 理解与认同

夫妻关系是建立在情感需要的基础上的，而这种情感需求多半指的是内心的情感、情结。因此，作为妻子的你，只有先了解丈夫的情感需求，理解对方、认同对方，才有可能接纳对方。

3. 增加感性的交流模式

夫妻关系也属于人际关系中的一种，但它比其他任何人际关系的相处模式都特殊，它既牢固又脆弱。夫妻在婚姻里是否有幸福感，取决于是否存在富有感性的情感交流。因此，你可以：

吃饭时选择一些轻松的话题，例如，音乐、电影，而不是工资或者批评；

对方有负面情绪时，你温柔地问：“你今天好像心情不好，能告诉我发生什么事了吗？”而不是一瓢冷水“你又怎么了嘛”；

对方做完一件也许不太完善的事，首先是了解缘由再论理，而不是出口

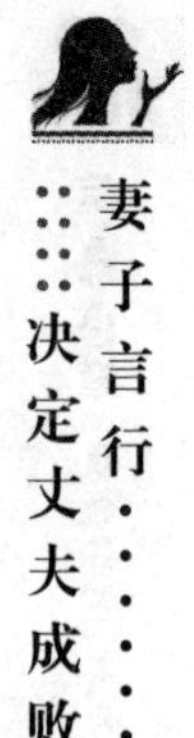

就批驳；

在对方有困惑或困难时，默默地陪伴他，而不是教育他，是用心帮助到底，而不是忽视；

在对方为你做得很好，或在他事业领域取得成绩时，给予他微笑、赞美、拥抱，而不是说“人嘛，该有点追求”“都老夫老妻了，讲究那么多干嘛”之类的话；

能共同享受重要的节日、纪念日。

总之，夫妻生活在同一屋檐下，很多时候，情感是一点一滴培养起来的，付出的爱多一点，所得到的情感回报就会越来越多。所以身为妻子的你一定要记得：家是一个用来积攒爱的地方，而不是用来讲理的地方。

别再追问，给他一个单独思考的空间

我们都知道，女人似乎总是缺乏安全感，尤其是婚后的女人，男人的一言一行似乎都会触动她们敏感的神经。于是，一旦她们发现丈夫的行为不对时，便不断地追问。为此，男人们不厌其烦，问题也会在追问中不断激化，甚至引发婚姻危机。而事实上，聪明的妻子对于丈夫的任何行为，都不会喋喋不休地追问，而是给男人空间，让他自己去思考，让他自己得出结果。我们先来看看下面这位妻子是怎么做的：

一名男子与他的妻子度过了婚后的一段日子后，开始对平庸的生活产生了厌倦。这名男子在与妻子的女友的交往中渐渐地对她产生了爱慕，在几经反复与踌躇后，他向妻子的女友发出了邀请，妻子的女友答应了他。

出门的时候，他若无其事地对妻子说晚上有事，要晚点回来。妻子也没说什么。

他在妻子的女友面前侃侃而谈，免不了要谈到他的妻子，他抱怨妻子如何如何地让他感到厌倦，说妻子只懂得柴米油盐，不懂得浪漫。他试图握住妻子女友的手表白心意的时候，妻子的女友对他说："对不起，时间到了，我答应了我的朋友。"

他惊讶地说："你的朋友是谁?"

妻子的女友说："你的妻子。"

他愕然了，一副垂头丧气的样子。他觉得做了很对不起妻子的事情，他拖着沉重的脚步推开家门的时候，妻子在等他。妻子对他说，这不怨你，我还有做的不到的地方。他感到无地自容，只有深深地愧疚和感动。他们俩紧紧地拥抱在了一起。

后来的日子，他们彼此之间多了一份信任，一份恩爱。

上面案例中的妻子是一位大度的女人，当朋友告诉她自己的丈夫有出轨的想法时，她并没有气势汹汹地和丈夫吵闹，而是给了丈夫一次反思的机会，然后心平和气地承认自己的不足，并表示自己是爱丈夫的。她的智慧与宽容挽救了她的家庭以及幸福。

然而婚姻中，在遇到此种情况时，有多少妻子能做到如此呢？恐怕很多女人会不断地追问："你是不是有外遇了?""到底是哪个狐狸精?""你对得起我吗？我辛辛苦苦地为这个家……"而很多时候，男人并没有出轨，如果他真的出轨，那又另当别论。但女人也不要整天抱着怀疑的态度到处搜集，要知道与异性的正常交往是自然的事情，不要过分地压抑伴侣正常的心理需要，否则到了压抑不住的时候，你的丈夫就会更容易出轨。

的确，每个女人都想做男人心中最钟爱的女人，但追问并不能解决问题，男人需要时间去思索自己的行为，反思自己的过错，那么，你不妨也冷静下来，安静地等待结果。那么，具体来说，应该做到以下几点。

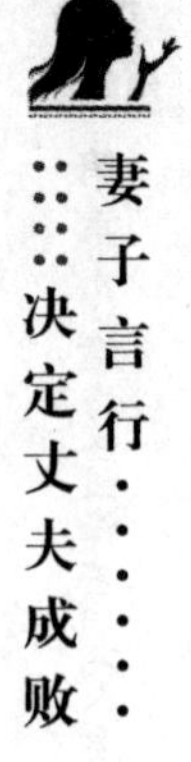

1. 镇静下来

无论你得到了什么消息，或者事实已经是怎样，你都不能一直沉浸在伤心、绝望或者自怨自艾中，你需要做的是解脱，不但要接受事实，还要懂得抚慰自己的灵魂。比如，你可以多参加一些聚会、和朋友一起旅行等，这些活动既可以分散注意力，又能够让你找回自我。

2. 给对方一个思考的空间

冷静下来后，你还应该给对方一个思考的空间，这有利于他反省自己的行为。如果你大吵大闹，那么，只会让他心生反感，这并不利于问题的解决。

3. 坦诚相对

如果你的丈夫真的出轨了，在冷静之后，你们应该坦诚地谈一次，不可回避的一个问题就是：是什么原因促使那个人背叛了你们的爱情而做出了出轨的事情。可能的原因是，你长时间以来忙于工作和孩子，而忽视了他内心的感受，他开始对此不满；还有可能是经不住第三者的诱惑等。如果他和那个人的关系还没有结束，不妨给他一个期限，让他有充分的时间作出抉择。

4. 不要指责

在事件结束后，聪明的妻子也不要揪住问题不放。以感情问题为例，即使感情的碎片得到了重新修补，那么，在修补之后建立相互信任也仍然是非常必要的。你不要因为对方曾经做过伤害你感情的事而处处加以斥责，恨不得将对方昭告天下，或者跪下来保证再也不会犯类似的错误。这样做其实是毫无意义的。如果你们还像从前那样在乎彼此之间的感情并希望继续在一起的话，那么，两个人多拿出一些时间坐下来心平气和地谈谈心，大概就没有什么解决不了的疙瘩了。

5. 向前看

无论什么事，过去了就不要再提，试着给彼此一次机会，在处理这件事

情的时候，可能反而会发现一些以前从未注意过的两人之间的默契和灵犀。塞翁失马，焉知非福？也许你们的婚姻会从此因祸得福，重新焕发出生机。

可能女人总是自认为，他爱我就理所应当地要告诉我一切。于是，一旦男人做了什么错事或者有什么失误，就从来不顾及他的内心感受。要知道，他是因为真的爱你，才会包容你的任性、你的坏脾气，但并不代表你这样做是正确的。爱就要互相包容，真正地做到尊重他、关心他，让他知道你的重要！

如果他说了伤人的话，用静默让他去思考

可能在每个女人的眼里，自己的丈夫都是完美无缺的，这就是人们常说的“情人眼里出西施”。但事实上，每个人都不是完美的，你的丈夫也是如此。在与你相处的过程中，他也会犯错，尤其是在与你争吵的时候，他也会发脾气，甚至说出伤人的话。此时，如果你揪住问题不放，非得让他认错，那么，男人的反叛心理此时就要起作用了，他会据理力争，真正的家庭大战就要爆发了。而如果你能保持冷静、选择沉默，让他自己去思考，他必定能感受到你的宽容。这样，不仅能化解争端，还有利于加深夫妻间的感情。

的确，婚姻生活中会出现很多问题，但这并不可怕，可怕的是没有解决问题的勇气。可能很多妻子在男人说了伤人的话后，都很容易产生不良的情绪。不平衡、生气等的不良情绪是很可怕的，不仅不能解决问题，还会阻碍夫妻间的进一步沟通，会让男人对自己的错误产生麻痹的态度。因此，对于女人来说，不该说话的时候闭上嘴，真的是一种美德。女人要想拥有幸福的婚姻，也必须懂得适时地保持沉默。我们先来看看下面的故事：

认识了很久的两个人结婚了，妻子的脾气有点大，每一件小事都能成为

争吵的理由。垃圾不倒、开门时把门撞到了墙上，吃饭发出声音……因为相知甚深，妻子在争吵的时候就毫无顾忌地指责丈夫。

这天，丈夫发了工资，早早地回家了。回到家后，妻子收了工资，又开始数落起来："你真是没出息，这么点工资，嫁给你我真是倒霉了！"其实，丈夫那天心情不好，在单位刚被领导批评，回家后又……心情差到了极点，就回了一句："我娶了你才倒霉了呢。"听到丈夫这么说，妻子以为自己听错了，但他真的这么说了。妻子愣住了，她不知道怎么把话接下去。于是，她什么也没说，走进了房间，她开始回想，丈夫为什么这样说，自己是不是难受？那自己平时不也是无数次说这样的话吗？丈夫是不是也很难受？想到这些，她知道自己错了。

而此时，丈夫也在客厅抽起了烟，他也开始想，妻子是个要强的人，心眼很好，平时对待公婆、邻居、朋友都很好，就是嘴厉害了点，整天叽叽喳喳的，现在她不说话了，可见是真的伤心了，看来我的话说重了！正当他低着头思考时，妻子从房间走了出来，递给他烟灰缸："别把烟灰弄到沙发上去了。"妻子说道，但话里完全没有了硝烟味，只有温柔。

丈夫赶紧说："对不起，老婆，我把话说重了，我今天心情不好，连累到你了。"

"没有，老公，都是我不好，我从来只顾自己说，从没想过你的感受，今天我才知道，原来我这张嘴有时候这么讨厌，对不起。"

于是，两人在互相道歉中和好了。从此，这个家里，妻子的唠叨声、吵闹声少了，夫妻俩甜蜜如新婚般。

在上面的案例中，夫妻俩吵架是怎么和好的？其实，它源于妻子的一反常态。丈夫说了伤害她的话，她选择了沉默和反思，才发现原来一直以来，自己都在这样伤害着丈夫，而冷静下来的男人也意识到了自己的错误，于是，两人和好如初。试想，如果妻子和平时一样，选择用吵闹的方式逼丈夫

认错，恐怕这个心情已经很差的男人只会“一条道走到黑”，那么，家庭大战就真的要爆发了。

《婚姻美满的7条准则》一书的作者，哲学博士约翰·葛特曼认为：“轻蔑会加快婚姻的崩溃。”在婚姻中，无论是谁说了伤害对方的话，都会危害到夫妻之间的感情。因此，聪明的妻子，千万不可不顾及丈夫的感受，说出伤人的话。如果对方犯了这样的错误，那么，你可以选择用沉默来表达自己的情绪，让丈夫自己反思。实际上，很多时候，男人说了伤人的话，并不是故意的，而是出于无心，如果你也能秉着大事化小、小事化了的态度，的确可以解决婚姻中的许多矛盾。

那么，具体来说，女人应该怎么做呢？

1. 冷静下来，不予争辩

尽管人们常说：“有理走遍天下。”对方说了伤人的话，必定是对方的错，但一个巴掌拍不响，你必定也有错。那么，你就不要和对方说理，而应该冷静下来，思索自己的过错。斤斤计较只会让对方觉得你很唠叨，这样会使他反感。

2. 事后选择其他的、温和的方式提醒

如果对方没有跟你道歉，那么，你可以适当地提醒，让他知道你是关心他的，又不会过于唠叨，这样才能让他服服帖帖的。很多时候不便当面指出他的错误，怎么办呢？一张简单的爱心纸条便可以解决问题。写一张小纸条，贴在老公经常能看到的地方，说出他的错误，注意委婉的表达方式，最后再画上一个大大的爱心，问题就会迎刃而解。

3. 永远不说离婚

很多妻子一听到丈夫说了伤人的话，就会大声地说：“这日子再也过不下去了，离婚！”其实绝大多数人说这句话的时候并不想离婚，只是句气话。然而不幸的是，有些人在气头上说出这句糊涂的话后，又做出了糊涂的决定,真的在气头上办了离婚手续,离婚后才后悔莫及。别小看这两个字,它可以伤害人一辈子。受伤害的不止是夫妻两人,还有儿女。婚姻要用爱来维持,用情来呵护,如果家庭生活中没有必须牺牲婚姻的矛盾,就不要说离婚。

总之,当男人说了伤人的话后,女人大可认为这是一个小错,不必要和男人斤斤计较。夫妻一场,实来不易,珍惜现有的感情,不要等到失去了才后悔!

参考文献

[1] 史玉娟.会说话的女人受欢迎[M].北京:中国纺织出版社,2008.

[2] 李少聪.女人言行决定男人成败[M].北京:北京工业大学出版社,2010.

[3] 苏岑.男人那点心思,女人那点心计[M].长沙:湖南文艺出版社,2011.

[4] 吴海燕.聪明女人会说话会办事会做人[M].哈尔滨:黑龙江科学技术出版社,2012.